高等院校规划教材·网络工程系列
海南省教育科学“十一五”规划课题研究成果
琼州学院精品课程建设项目

计算机网络实验教程

林元乖　编著

机 械 工 业 出 版 社

本书是海南省教育科学“十一五”规划课题研究成果。全书共分6章，从现代流行网络应用出发，整合了计算机网络各方面的知识，以亲自动手配置网络、实现网络管理和服务为目标，进行综合实验。内容包括实验准备、计算机网络组网入门、交换机的配置和应用、路由器的配置和应用、网络服务综合实践和网络管理实验。

本书既可作为高等院校计算机及相关专业计算机网络课程的实验教材。还可供从事网络规划、部署、管理工作等的工程技术人员，或准备参加网络技术或职业资格认证的专业人员阅读参考。

图书在版编目（CIP）数据

计算机网络实验教程/林元乖编著. —北京：机械工业出版社，2012.6
高等院校规划教材·网络工程系列）
ISBN 978-7-111-38129-7

Ⅰ.①计…　Ⅱ.①林…　Ⅲ.①计算机网络-实验-高等学校-教材
Ⅳ.①TP393-33

中国版本图书馆CIP数据核字（2012）第151623号

机械工业出版社（北京市百万庄大街22号　邮政编码100037）
责任编辑：郝建伟　曹文胜
责任印制：张　楠
北京振兴源印务有限公司印刷
2012年6月·第1版第1次印刷
184mm×260mm·14印张·343千字
0001－3000册
标准书号：ISBN 978-7-111-38129-7
定价：29.00元

凡购本书，如有缺页、倒页、脱页，由本社发行部调换

电话服务
社服务中心：（010）88361066
销售一部：（010）68326294
销售二部：（010）88379649
读者购书热线：（010）88379203

网络服务
门户网：http：//www.cmpbook.com
教材网：http：//www.cmpedu.com
封面无防伪标均为盗版

出版说明

计算机技术在科学研究、生产制造、文化传媒、社交网络等领域的广泛应用，极大地促进了现代科学技术的发展，加快了社会发展的进程，社会对计算机专业应用人才的需求持续升温。高等院校为顺应这一需求变化，纷纷加大了对计算机专业应用型人才的培养力度，并深入开展了教学改革研究。

为了进一步满足高等院校计算机教学的需求，机械工业出版社策划开发了“高等院校规划教材”。我社聘请多所高校的计算机专家、教师及教务部门针对此次计算机教材建设进行了充分的研讨，达成了许多共识，并由此形成了“高等院校规划教材”的体系架构与编写原则，以保证本套教材与现阶段高等院校的办学层次、学科设置和人才培养模式等相匹配，满足其计算机教学的实际需要。

本套教材具有以下特点：

1）涵盖面广，包括计算机教育的多个学科领域。

2）融合高校先进教学理念，包含计算机领域的核心理论与最新应用技术。

3）符合高等院校计算机及相关专业人才培养目标及课程体系的设置，注重理论与实践相结合。

4）实现教材“立体化”建设，为主干课程配备电子教案、素材和实验实训项目等内容，并及时吸纳新兴课程和特色课程教材。

5）可作为高等院校计算机及相关专业的教材，也可作为从事信息类工作人员的参考书。

对于本套教材的组织出版工作，希望计算机教育界的专家和老师能提出宝贵的意见和建议。衷心感谢计算机教育工作者和广大读者的支持与帮助！

机械工业出版社

前言

以互联网为代表的计算机网络是20世纪人类最伟大的发明之一。计算机网络已经成为支撑现代经济发展、社会进步和科技创新的信息基础设施。掌握计算机网络原理及关键技术是对电子信息学科毕业生和专业人员的基本要求。

国家统计部门显示的数据预测：我国对从事网络建设、网络应用和网络服务等新型网络人才的需求将达到60~100万人，供需缺口十分巨大。我国网络人才缺乏的根本原因除了总量供应不足之外，还在于目前培养的网络人才中缺乏合格人才。一方面企业高薪聘请不到所需要的人才，而另一方面大量学生找不到满意的工作，这种反差迫切需要有积极的措施来加以协调。

目前我国高校计算机网络在实验教学方面，缺乏对学生创新能力和工程意识培养的实验环境及实验教学理念，没有形成一套比较完整、先进以及切实可行的实验教学体系，实验教学内容和手段相对滞后于网络技术的发展，严重影响了计算机网络技术人才的培养。

本书作者结合“面向应用型本科人才培养的计算机网络实践教学体系改革”和计算机网络精品课程建设进行了深入研究与教学改革实践。本书将当今计算机网络主流技术与网络工程实际相结合，主要特色如下。

（1）理论与实践相结合

每一个实验前，都简要介绍实验的项目背景和实验原理，使得本书成为一个自包含的系统，通过实验巩固所学的理论知识。

（2）教学内容的针对性与适用性

体现应用型本科人才的培养目标与培养特色，围绕应用层面的计算机网络实践及创新工程能力的训练与培养，系统而又有针对性地进行教学内容的选择，有利于学生在毕业后快速适应社会对应用型网络人才在网络工程实践能力上的要求。

（3）层次清晰递进

实验安排从易到难，逐级递进。分类实验主要是基础实验加上分类的拓展实验，第2~5章均为有针对性的综合设计案例。通过网络综合实践，可以综合运用多方面的知识，锻炼解决实际问题的能力。

（4）教学方法的有效性

在教学方法设计与运用中，按照CDIO（Conceive、Design、Implement、Operate）的理念，引入问题和案例驱动的实践教学方法，以促进网络工程意识与网络工程实践能力的培养，缩小校内教学与实际需求的差距。

（5）实验环境简单完备

实验既可以在实际的网络环境中完成，也可以在虚拟实验平台中完成。虚拟平台的搭建拓展了实验的空间，节约了办学成本，提高了效益。搭建虚拟实验平台的软件可从作者建立的教学网站上下载。

本书从现代流行网络应用出发，整合了计算机网络各方面的知识，以亲自动手配置网络、实现网络管理和服务为目标，进行综合实验。全书分为 6 章。第 1 章介绍实验准备，包括 Windows 和 Linux 操作系统下的各种网络配置命令和工具，虚拟机软件 VMware Workstation 6、网络协议分析工具 Wireshark 以及网络模拟器——Packet Tracer 的使用方法。第 2 章是计算机网络组网入门，包括双绞线的制作、组建简单的以太网、组建简单的无线局域网、对等网的规划与配置、主从网的规划与配置和综合案例设计——IP 局域网组网设计共 6 个实验。第 3 章是交换机的配置与应用，安排了 6 个分类实验和 1 个交换机综合配置实验。第 4 章是路由器的配置与应用，包括 4 个分类实验和 1 个园区网路由设计和综合配置实验。第 5 章介绍 DNS、Web、FTP 和 DHCP 等典型网络服务器的配置方法，以及一个 TCP/IP 应用环境的综合案例设计。第 6 章介绍了网络管理实验。

本书得到海南省教育“十一五”规划课题（QJI11533）、海南省自然基金项目（609008）、三亚市院校地科技合作项目（2010YD29）和琼州学院精品课程“计算机网络”建设项目的资助，在此表示感谢。

在教学资源上，作者建立了计算机网络教学的专用网站，网址是 http://jpkc.qzu.edu.cn/network/，有利于选用本书的各院校共享优质资源。实验中各种相关的软件和文件，都可以从该网站下载。

由于作者的学识和水平有限，书中难免存在不妥之处，敬请读者批评指正，并提出宝贵意见。可以通过 E-mail：lyg_top@163.com 与作者联系。

作　者

目　录

第1章 实验准备

“工欲善其事，必先利其器”。在进行网络实验及实践之前，需要进行一定的准备工作，不仅要将与网络相关的软硬件环境配置好，还需要学习基本的网络协议分析工具和方法、虚拟机软件和网络模拟器软件。本章介绍网络实验和实践之前需要做的准备工作，包括Windows和Linux操作系统的网络配置方法，虚拟机软件VMware Workstation 6、网络协议分析工具Wireshark及网络模拟器软件Packet Tracer的使用方法等。

1.1 Windows系统网络操作

Windows是目前使用最广泛的操作系统之一。本节以Windows 7为例，介绍在Windows系统下查看和配置网络的方法，以及Windows系统中常见的网络测试和诊断实用工具的使用方法。

1.1.1 图形界面网络配置

Microsoft Windows系统为用户提供了便捷的图形界面工具，以使用户方便地配置本机IP地址、子网掩码和网关地址等。掌握TCP/IP配置方法，是能够让计算机上网的基础。下面将以Windows 7为例，介绍在Windows环境下，使用系统提供的图形界面工具查看和配置IP地址等相关网络信息的方法。

1．基本图形界面

网络配置的图形界面可在控制面板中找到。首先打开控制面板，进入“网络和共享中心”，双击“本地连接”，在“本地连接状态”对话框中单击“属性”按钮，即可打开“本地连接属性”对话框，如图1-1所示。

在“本地连接属性”对话框中，用户可对网络的主要信息进行查看和配置。在这里仅讨论TCP/IP（以IPv4为例）。双击列表中的“Internet协议版本4（TCP/IPv4）”，打开如图1-2所示的“Internet协议版本4（TCP/IPv4）属性”对话框。在该对话框中，可以对TCP/IP属性（IP地址、子网掩码及DNS等）进行相应的配置。

2．基本配置

计算机在互联网上通常需要配置和使用IP地址等信息，以便与其他计算机通信，TCP/IPv4需要配置的内容包括如图1-2所示对话框中的主机IP地址、子网掩码、网关IP地址以及DNS服务器地址等信息。IP地址包括IPv4和IPv6两个版本，其中IPv4地址由32位bit组成，通常采用点分十进制数的形式表示。在如图1-2所示IPv4的设置中，IP地址和DNS服务器地址都可使用自动配置的方式，即当主机所在的网络能够提供动态主机配置协议（Dynamic Host Configuration Protocol，DHCP）的支持时，系统会在启动时自动获取并配置IP地址、DNS服务器地址等信息。

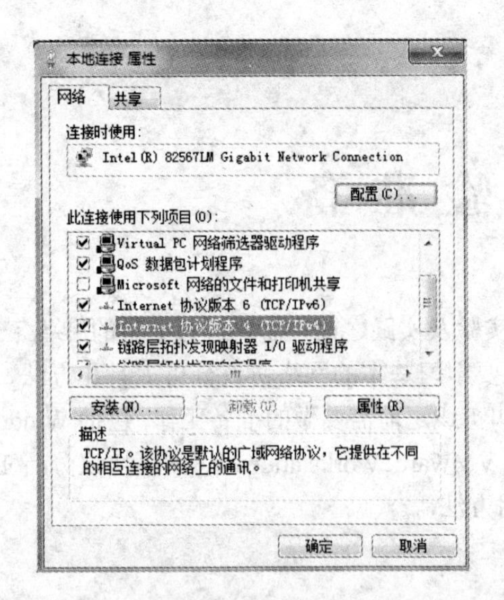

图 1-1 “本地连接属性”对话框

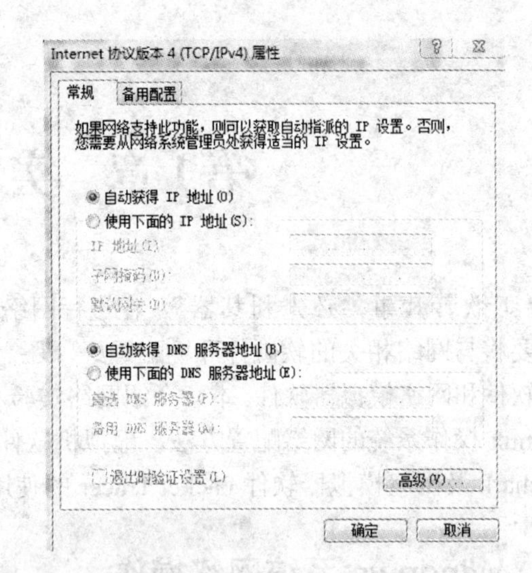

图 1-2 “Internet 协议版本 4（TCP/IPv4）属性”对话框

如果网络不提供 DHCP 的支持，或者出于某些需求要静态配置本机地址信息，可使用如图 1-3 所示的静态配置方式逐项配置 IP 地址、子网掩码、默认网关及首选和备用 DNS 服务器地址。

3. 多 IP 配置

在如图 1-3 所示的配置界面中，可以完成对系统的基本地址配置。当用户使用计算机上网时，有时需要为每个网络接口（即网卡）配置多个 IP 地址。例如，某些服务器需要多个不同的 IP 地址，以提供多个 Web 服务。按照下面的操作过程可为系统配置多个 IP 地址。

在如图 1-3 所示的对话框中的单击“高级”按钮，打开如图 1-4 所示的“高级 TCP/IP 设置”对话框。

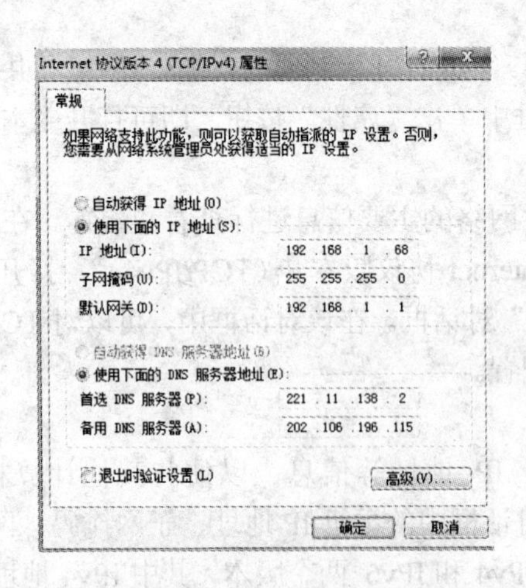

图 1-3 “Internet 协议版本 4（TCP/IPv4）属性”对话框（静态配置）

图 1-4 “高级 TCP/IP 设置”对话框

在图 1-4 所示的对话框中，可以添加、编辑或删除主机的 IP 地址。例如，单击该对话框中上部的“添加”按钮，打开如图 1-5 所示的“TCP/IP 地址”对话框。

在“TCP/IP 地址”对话框中，可以输入需要添加的 IP 地址和子网掩码，如图中所示的192.168.1.10 和 255.255.255.0。单击“添加”按钮之后，可得到如图 1-6 所示的结果界面。可以看到“IP 地址”列表中已经有刚才添加的 IP 地址和相应的子网掩码了。重复刚才的步骤可以继续添加 IP 地址。

图 1-5 “TCP/IP 地址”对话框

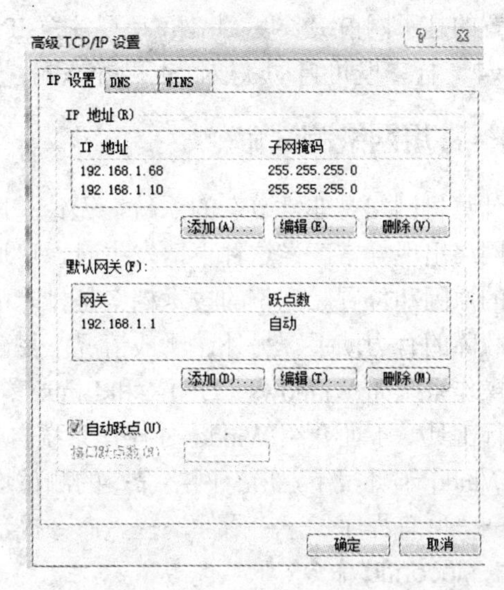

图 1-6 “高级 TCP/IP 设置”对话框（添加地址之后）

1.1.2 IPv6 网络配置

IPv6 协议是下一代互联网的网络层基本协议，目前主流操作系统都已经支持该协议，Microsoft Windows 自然也不例外。Windows 7 已经默认安装了 IPv6 协议。Windows XP 等版本的操作系统需要另外安装 IPv6 协议，才能进行配置。

在 Windows 7 中，在如图 1-1 所示的“本地连接属性”对话框中双击列表中的“Internet 协议版本 6（TCP/IPv6）”，打开如图 1-7 所示的“Internet 协议版本 6（TCP/IPv6）属性”对话框。

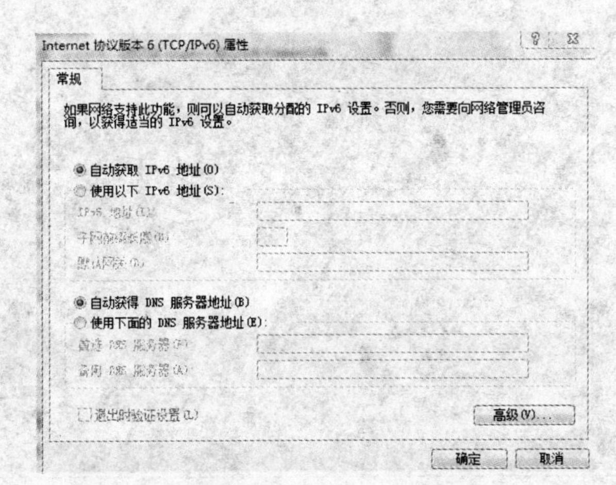

图 1-7 “Internet 协议版本 6（TCP/IPv6）属性”对话框

IPv6 地址由 128bit 组成，通常采用冒号十六进制表示法，它把每个 16 bit 的值用十六进制数表示，各值之间用冒号分隔。例如，68E6：8C64：FFFF：FFFF：0：1180：960A：FFFF。采用类似 IPv4 中 CIDR（无分类域间路由选择）中的网络前缀表示子网的长度。

按照上述配置 IPv4 的步骤可以配置 IPv6，不同的是 IPv4 中配置的是子网掩码，而 IPv6 中配置的是子网前缀长度。此外，还要注意 IPv6 地址用的是冒号十六进制数的表示方式。IPv6 跟 IPv4 一样，既可自动获取，也可静态配置。

1.1.3 常用网络测试命令

计算机网络是非常复杂的系统，无论是网络设备还是主机的软硬件设置问题，都可能会引起网络出现异常。当这种事情发生时，可通过一定的方法进行测试诊断，以尽可能地判断故障的原因和位置。完整的技术档案是排除故障的主要参考，有效测试的监视工具是预防、排除故障的有力助手。另外，一般情况下搭建一个网络后，也需要使用网络命令进行测试。许多操作系统如 Windows、UNIX 和 Linux 等，都提供了基于 TCP/IP 的用于检测网络状态的命令行工具，下面介绍 Windows 操作系统自带的测试工具。

Windows 环境下，所有网络命令的测试均是在命令窗口下进行的。单击 Windows 的“开始”→“所有程序”→“附件”→“命令提示符”可启动命令窗口。

1．ipconfig 命令

ipconfig 命令是计算机在使用过程中最常用的一个命令，用于显示当前主机所有的 TCP/IP 网络配置信息，主要显示接口的 IP 地址、子网掩码和默认网关信息。可以通过这些信息来检查 TCP/IP 设置是否正确。如果计算机使用了动态主机配置协议（DHCP），此时 ipconfig 则显示计算机是否成功地租用到一个 IP 地址。如果租用到则显示它目前分配到的信息：IP 地址、子网掩码和默认网关等。例如，在命令窗口输入 ipconfig/all，将显示如图 1-8 所示的信息。

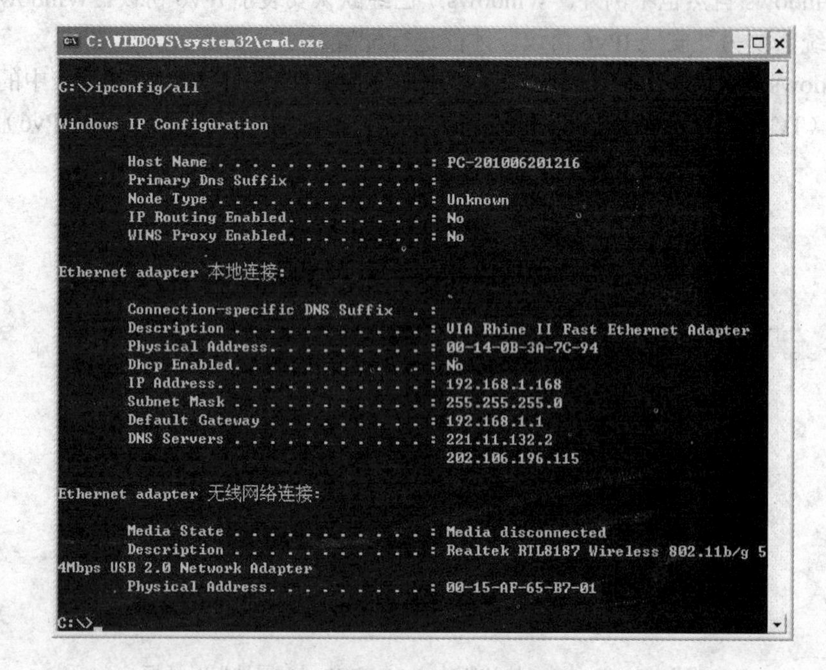

图 1-8 ipconfig/all 执行结果

从图中可看出，当前主机包含一个以太网接口和一个无线网卡接口。ipconfig 命令同时也有很多参数可以使用，通过 ipconfig/? 命令可以显示出详细的参数列表。

ipconfig 命令格式如下。

```
ipconfig [/all/renew[adapter]/release[adapter]/flushdns/displaydns……]
```

参数说明如下。

1）/all：显示所有网络适配器的完整 TCP/IP 配置信息。在没有该参数的情况下，ipconfig 只显示各个适配器的 IPv6 地址或 IPv4 地址、子网掩码和默认网关值。网络适配器可代表物理接口（例如安装的网络适配器）或逻辑接口（例如拨号连接）。

2）/renew[adapter]：更新所有网络适配器（如果未指定网络适配器）或特定网络适配器（如果包含了 adapter 参数）的 DHCP 配置。该参数仅在网络适配器配置为自动获取 IP 地址的计算机上可用。如果要指定网络适配器名称，请输入 ipconfig/all 命令所显示的网络适配器名称。

3）/release[adapter]：发送 DHCP release 消息到 DHCP 服务器，以释放所有网络适配器（如果未指定网络适配器）或特定网络适配器（如果包含了 adapter 参数）的当前 DHCP 配置，并丢弃 IP 地址配置。该参数可以禁用配置为自动获取 IP 地址的网络适配器。

ipconfig/displaydns 命令用于显示主机上的 DNS 域名列表，ipconfig/flushdns 命令用于删除主机上缓存的 DNS 域名解析列表。

2. ping 命令

ping 命令的全称是 Packet Internet Grope，即因特网包探索器。其在网络中广泛使用，用于网络的测试与测量管理。通过 Internet 控制消息协议 （Internet Control Message Protocol，ICMP）每秒向网络发送一个 ICMP ECHO-REQUEST 数据报，以监测跟踪网络中的某台计算机的连通性。ICMP 分组用于在主机或路由器之间传递控制消息。控制消息包括网络是否通畅、主机是否可达、路由是否可用等网络本身的消息。这些控制信息虽然并不承载用户数据，但是对用户数据的传递起着重要的作用。当网络不通时，一般可以通过该命令来检查和判断网络出现故障的原因。通过 ping/? 命令可以显示出详细的参数列表。

ping 命令格式（以下命令未注明前提下，默认是在 Windows 系统环境）如下。

```
ping [-t] [-a] [-n count] [-l size] [-f] [-i TTL] [-v TOS] [-r count] [-s count] [-j host-list] [-k host-list] [-w timeout] [-R] [-S srcAddr] [-4] [-6] Target_Name
```

参数说明如下。

1）-t：指定在中断前 ping 可以向目标持续发送回响请求消息。要中断并显示统计信息，请按〈Ctrl+Break〉组合键。要中断并退出 ping，请按〈Ctrl+C〉。

2）-a：指定对目标 IP 地址执行反向名称解析。如果解析成功，ping 将显示对应的主机名。

3）-n count：指定发送回响请求消息的次数。默认值是 4。

4）-l size：指定发送的回响请求消息中“数据”字段的长度（以字节为单位）。默认值为 32。size 的最大值是 65527。

5）-f：指定发送的“回响请求”消息中其 IP 标头中的“不分段”标记被设置为 1（只适用于 IPv4）。“回响请求”消息不能在到目标的途中被路由器分段。该参数可用于解决“路径最大传输单位（PMTU）”的疑难问题。

6）-i TTL：指定发送的回响请求消息的 IP 标头中的 TTL 字段值。其默认值是主机的默认 TTL 值。TTL 的最大值为 255。

7）-v TOS：指定发送的“回响请求”消息的 IP 标头中的“服务类型（TOS）”字段值（仅适用于 IPv4）。默认值是 0。TOS 的值是 0 到 255 之间的十进制数。

8）-r count：指定 IP 标头中的“记录路由”选项用于记录由“回响请求”消息和对应的“回响应答”消息使用的路径（仅适用于 IPv4）。路径中的每个跃点都使用“记录路由”选项中的一项。如果可能，则可以指定一个等于或大于来源和目标之间跃点数的 count。count 的最小值必须为 1，最大值为 9。

9）-s count：指定 IP 标头中的“Internet 时间戳”选项用于记录每个跃点的回响请求消息和对应的回响应答消息的到达时间。count 的最小值必须是 1，最大值是 4。这对于连接本地目标地址是必需的。

10）-j host-list：指定“回响请求”消息对于 host-list 中指定的中间目标集在 IP 标头中使用“稀疏来源路由”选项（仅适用于 IPv4）。使用稀疏来源路由时，相邻的中间目标可以由一个或多个路由器分隔开。主机列表中的地址或名称的最大数为 9，主机列表是一系列由空格分开的 IP 地址（带点的十进制符号）。

11）-k host-list：指定“回响请求”消息对于 host-list 中指定的中间目标集在 IP 标头中使用“严格来源路由”选项（仅适用于 IPv4）。使用严格来源路由时，下一个中间目标必须是直接可达的（必须是路由器接口上的邻居）。主机列表中的地址或名称的最大数为 9，主机列表是一系列由空格分开的 IP 地址（带点的十进制符号）。

12）-w timeout：指定等待回响应答消息响应的时间（以微秒计），该回响应答消息与收到的指定回响请求消息对应。如果在超时时间内未接收到回响应答消息，则将会显示“请求超时”错误消息。默认的超时时间为 4000（4s）。

13）-R：指定应跟踪往返路径（仅适用于 IPv6）。

14）-S SrcAddr：指定要使用的源地址（仅适用于 IPv6）。

15）-4：指定将 IPv4 用于 ping。不需要用该参数识别带有 IPv4 地址的目标主机。仅需要它按名称识别目标主机。

16）-6：指定将 IPv6 用于 ping。不需要用该参数识别带有 IPv6 地址的目标主机。仅需要它按名称识别目标主机。

17）TargetName：指定目标主机的名称或 IP 地址。

18）/?：在命令提示符下显示帮助。

按照默认设置，Windows 上运行的 Ping 命令发送 4 个 ICMP 回送请求，每个 32 字节数据，如果一切正常，应能得到 4 个回送应答。例如：ping 222.17.242.1，结果如图 1-9 所示，ping www.cctv.com，结果如图 1-10 所示。

说明：ping 以毫秒作为单位，显示发送回送请求到返回回送应答之间的时间量。如果应答时间短，表示数据报不必通过太多的路由器或网络连接速度比较快。ping 还能显示 TTL（Time To Live 存在时间）值，可以通过 TTL 值推算数据报已经通过了多少个路由器：源地点 TTL 起始值（就是比返回 TTL 略大的一个 2 的乘方数）-返回时 TTL 值。例如，返回 TTL 值为 119，那么可以推算数据报离开源地址的 TTL 起始值为 128，而源地点到目标地点要通过 9 个路由器网段（128～119）；如果返回 TTL 值为 246，则 TTL 起始值就是 256，源地点到目标地点要通过 10 个路由器网段。

```
C:\>ping 222.17.242.1

Pinging 222.17.242.1 with 32 bytes of data:

Reply from 222.17.242.1: bytes=32 time=8ms TTL=64
Reply from 222.17.242.1: bytes=32 time=1ms TTL=64
Reply from 222.17.242.1: bytes=32 time<1ms TTL=64
Reply from 222.17.242.1: bytes=32 time<1ms TTL=64

Ping statistics for 222.17.242.1:
    Packets: Sent = 4, Received = 4, Lost = 0 (0% loss),
Approximate round trip times in milli-seconds:
    Minimum = 0ms, Maximum = 8ms, Average = 2ms
```

图 1-9　ping 命令执行结果 1

```
C:\>ping www.cctv.com

Pinging g1.cnc.cctvcdn.net [123.129.252.6] with 32 bytes of data:

Reply from 123.129.252.6: bytes=32 time=83ms TTL=246
Reply from 123.129.252.6: bytes=32 time=82ms TTL=246
Reply from 123.129.252.6: bytes=32 time=83ms TTL=246
Reply from 123.129.252.6: bytes=32 time=83ms TTL=246

Ping statistics for 123.129.252.6:
    Packets: Sent = 4, Received = 4, Lost = 0 (0% loss),
Approximate round trip times in milli-seconds:
    Minimum = 82ms, Maximum = 83ms, Average = 82ms
```

图 1-10　ping 命令执行结果 2

从图 1-9 可以看到，生存时间 TTL=64，根据 64-64=0 可以知道，目的地址 222.17.242.1 与源主机之间同在一个局域网中。从图 1-10 可以看到，生存时间 TTL=246，根据 256-246=10 可以知道，目的地址 www.cctv.com 与源主机之间有 10 个主要路由节点。还对 ping 操作的发送和接收及丢包率、时长等信息进行统计。

不同操作系统默认发送的数据分组的字节数的 TTL 值会有所不同，Windows 系统默认字节数是 32（Linux 系统默认字节数是 64），TTL 值是 128。响应时间低于 300ms 都被认为是正常的，而时间超过 400ms 时，则认为网络速度较慢。

127.0.0.1 是每个主机系统内部设定的环回测试地址，可以通过 ping 127.0.0.1 来测试主机的 TCP/IP 是否安装和配置正确。

在遇到网络故障时，可以用 ping 命令来大致检查故障出现的范围，一般的步骤如下。

1）使用 ipconfig /all 观察本地网络设置是否正确。

2）ping 127.0.0.1，ping 回送地址是为了检查本地的 TCP/IP 设置情况，如果畅通，就表明 TCP/IP 设置正确。

3）ping 本机 IP 地址，这样是为了检测本机的 IP 地址设置情况。

4）ping 本网段的网关或者本网段的 IP 地址，这样做是为了检测硬件设备是否有问题，也可以检测本机与本地网络连接是否正常（在非局域网中这一步骤可以忽略）。

5）ping 本地 DNS 地址，这样做是为了检测 DNS 是否存在故障。

6）ping 远程 IP 地址，这主要是为了检测本网或本机与外部网络的连接是否正常。

如果 ping 不通对方主机，则返回信息是 request timed out。如果发现 ping 不通某一目标主机，则有可能该网络地址不存在，或是到达该网络的链路的确不通。但也有例外的情况，由于安全的原因，目前，互联网上的许多设备通过安全设置都阻止使用 ping，因此不能完全根据 ping 命令的结果作为网络通断的定论。

例如可以访问琼州学院的网站 www.qzu.edu.cn，但是却 ping 不通该网站。出于安全的考虑，琼州学院的网站主机已经设置了不让 ping 数据包通过。对于这种情况要具体分析，ping 不通目的主机其实是网络不通的一种假象，所以对于具体问题需要具体分析和综合考虑。

在检查网络连通的过程中可能出现一些错误，出错信息通常分为 4 种情况。

1）unknown host（不知名主机），这种出错信息的意思是，该远程主机的名字不能被命名服务器转换成 IP 地址。故障原因可能是命名服务器有故障，或者其名字不正确，或者网络管理员的系统与远程主机之间的通信线路有故障。

2）network unreachable（网络不能到达），这是本地系统没有到达远程系统的路由。

3）no answer（无响应），远程系统没有响应。这种故障说明本地系统有一条到达远程主机路由，但却接收不到发给该远程主机的任何分组报文。故障原因可能是远程主机没有工作，本地或远程主机网络配置不正确，本地或远程的路由器没有工作，或者通信线路有故障，远程主机存在路由选择问题等诸原因中的一种。

4）time out（超时），与远程主机的连接超时，数据包全部丢失。故障原因可能是到路由器的连接问题，路由器不能通过，也可能是远程主机已经关机。

3. Arp 命令

ARP 的全称是 Address Resolution Protocol（地址解析协议），是在仅知道主机的 IP 地址时确定其对应的物理地址的一种协议。Arp 命令通常用来检查和刷新 ARP 缓存，ARP 缓存是动态的，在不同的时刻，主机收集到的其他主机的地址映射表可能会有所变化。通过 arp/?命令可以了解 arp 命令的各个参数的用法，如图 1-11 所示。Arp 命令加上不同的参数分别表示查看、添加和删除 ARP 缓存项，不同的参数之间不能结合使用，主要的参数如下。

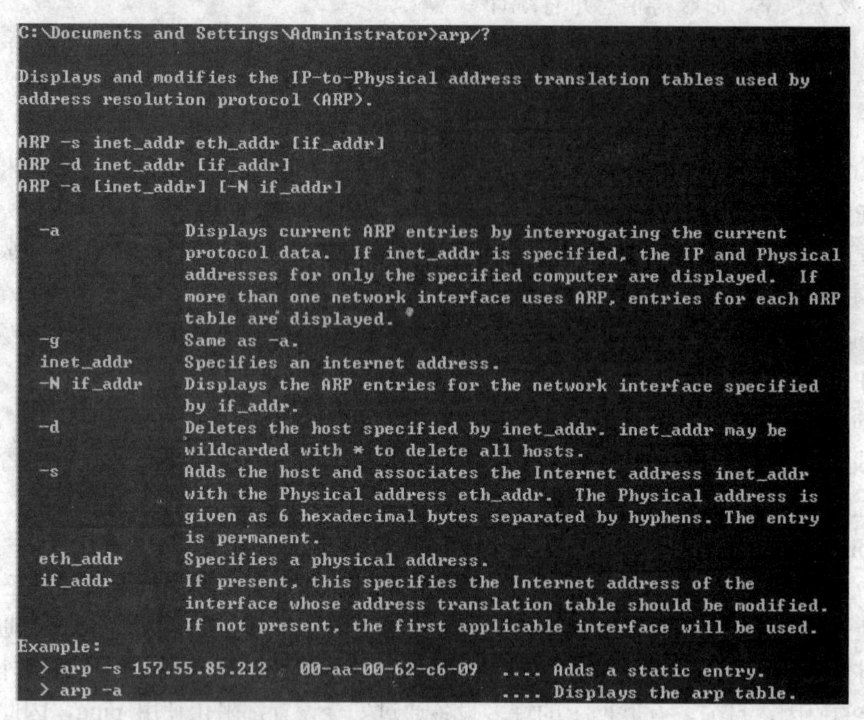
```
C:\Documents and Settings\Administrator>arp/?

Displays and modifies the IP-to-Physical address translation tables used by
address resolution protocol (ARP).

ARP -s inet_addr eth_addr [if_addr]
ARP -d inet_addr [if_addr]
ARP -a [inet_addr] [-N if_addr]

  -a            Displays current ARP entries by interrogating the current
                protocol data.  If inet_addr is specified, the IP and Physical
                addresses for only the specified computer are displayed.  If
                more than one network interface uses ARP, entries for each ARP
                table are displayed.
  -g            Same as -a.
  inet_addr     Specifies an internet address.
  -N if_addr    Displays the ARP entries for the network interface specified
                by if_addr.
  -d            Deletes the host specified by inet_addr. inet_addr may be
                wildcarded with * to delete all hosts.
  -s            Adds the host and associates the Internet address inet_addr
                with the Physical address eth_addr.  The Physical address is
                given as 6 hexadecimal bytes separated by hyphens. The entry
                is permanent.
  eth_addr      Specifies a physical address.
  if_addr       If present, this specifies the Internet address of the
                interface whose address translation table should be modified.
                If not present, the first applicable interface will be used.
Example:
  > arp -s 157.55.85.212   00-aa-00-62-c6-09  .... Adds a static entry.
  > arp -a                                    .... Displays the arp table.
```

图 1-11　使用 arp/? 了解 arp 的各参数用法

–a：查看当前主机的 ARP 缓存中的所有项目。

–g：和 a 的用法一样。

–d：删除由 inet_addr 指定的主机。

–s：向 ARP 缓存中手工加入一个静态项目，将 IP 地址与物理地址相对应，永久生效。

示例 1　在命令提示符下输入 arp –a，显示了该主机的 ARP 缓存项目（地址映射表），如

图 1-12 所示。主机 192.168.6.65 所对应的 MAC 地址为 00-0f-e2-bf-36-c4，且该 ARP 表项为动态类型（Dynamic）。经过一些时间，主机 ARP 地址映射表可能显示的又是其他一些主机的信息，如图 1-13 所示，且该 ARP 表项中的第二项为静态类型（Static）。

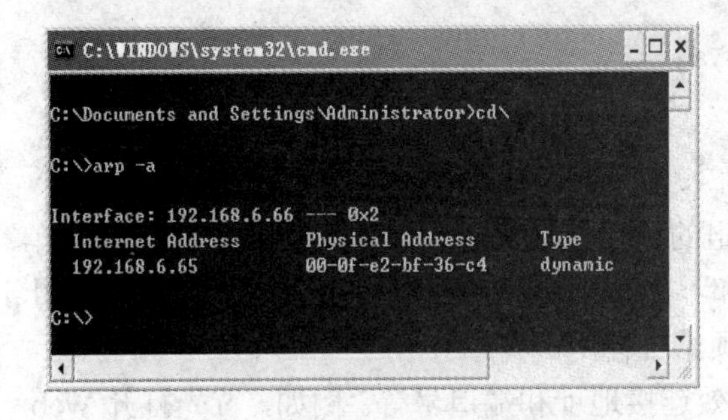

图 1-12　arp –a 执行结果 1

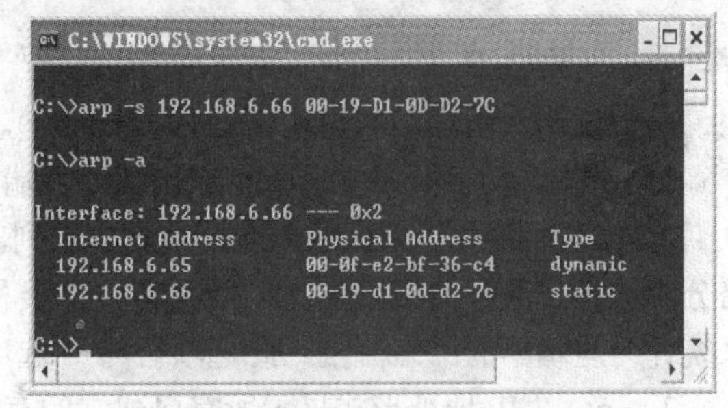

图 1-13　arp –a 执行结果 2

arp –a IP：查看与特定接口相关的 ARP 缓存。如果有多个网卡，那么使用 arp –a 加上接口的 IP 地址，就可以只显示与该接口相关的 ARP 缓存项目。

arp –s IP MAC：向 ARP 高速缓存中手工加入一个静态项目。

示例 2　在命令提示符下输入 arp –s 192.168.6.66　00-19-d1-0d-d2-7c，此时，ARP 高速缓存中会增添静态项目。运行 arp –a 查看，如图 1-13 所示。注意当前的 ARP 表项类型为静态类型 Static。

近年来，局域网内部流行的 ARP 病毒，其实就是利用了 ARP 的工作原理来达到传播病毒的目的。这种病毒的危害能力非常强，一旦局域网中的某台主机感染了该病毒，就可能导致整个网络的网速下降甚至整个网络瘫痪。

对于 ARP 病毒，可采取以下方法解决：在网络正常时，通过 arp –a 命令查看网关 IP 对应的正确 MAC 地址，将其记录下来。当已不能上网时，则先运行一次 arp –d 命令将 ARP 缓存中的内容清空，这样计算机可以暂时恢复上网。在计算机恢复上网后，应该立即将网络断掉，禁用网卡或拔掉网线，然后运行 arp –a 命令，并记录网关的 MAC 地址。如果计算机被攻击，运行 arp –a 命令，通过比较会发现，之前正确记录的网关的 MAC 地址已经被替换成攻击计算机的 MAC 地址了。运行命令：arp –s 网关 IP 网关 MAC，手工将网关 IP 和正确 MAC 绑定，可确保计算机不再受攻击。记录刚才攻击计算机的 MAC 地址，使用相关软件找出网段内与该 MAC 地址对应的 IP 地址，即病毒计算机的 IP 地址。

4．netstat 命令

netstat 命令是一个监控 TCP/IP 网络的非常有用的工具，用于显示与 IP、TCP、UDP 和 ICMP 相关的统计数据，一般用于检测本机各端口的网络连接情况。netstat 命令可以统计以下内容。

1）网络接口统计：统计网络接口收发字数、差错数目、废弃数目等。

2）IP 包统计：统计接收 IP 包总数，其中包括正确递交、地址错误和 IP 报头错误的包总数，以及转发数据包数目统计等。

3）ICMP 统计：ICMP 位于 TCP/IP 的网际层，主要负责提供 IP 数据包传递时收发消息和错误报告。ICMP 消息主要包括回应请求、回应应答、重定向和目标未到达等。

4）TCP 统计：统计当前连接数、连接失败重试次数和主动/被动打开数等。

5）UDP 统计：统计接收和发送数据包的数量及出错情况。

6）路由表：列出当前表态路由表。

netstat 命令格式如下。

```
netstat [-a][ -e][ -n][ -s][ -p proto][ -r][interval]
```

参数说明（更详细的说明请运行 netstat/?）。

1）-a：以名字形式显示所有连接和侦听端口。

2）-e：显示关于以太网的统计数据。它列出的项目包括发送和接收的数据包总字节，单播分组数量、单播分组数量，以及丢弃、错误和不能识别协议的分组数量。这个参数可以用来统计一些基本的网络流量。此选项可与-s 选项结合使用。

3）-n：以 IP 地址形式显示所有已建立的有效连接地址和端口号等。例如，首先打开 Web 浏览器，访问几个网站，然后执行 netstat –n 命令，显示结果如图 1-14 所示。可以看出，本机与远程服务器建立了 TCP 连接，其远程服务器端口均为 80。

图 1-14 netstat –n 命令执行结果

4）-s：显示每个协议的统计信息。默认情况下，显示 TCP、UDP、ICMP 和 IP 的统计信息。

5）-r：显示路由表的信息。详细显示目的网络经过哪个网关、接口等路由信息。

5. nslookup 命令

nslookup 是一个监测网络中 DNS 服务器是否能正确实现域名解析的命令行工具，必须在安装了 TCP/IP 的网络环境中才能使用。

在人们日常的工作中，经常会涉及一些域名或主机名的问题。比如上网浏览 www.baidu.com，就用到了百度的域名。其实，如果想浏览百度网站，在浏览器的地址中输入相应的 IP 地址也可以，只不过 IP 地址难于记忆；相对来说，大家更习惯于用域名。

如果使用域名的话，的确方便记忆，但是在通信之前需要先把域名成功地解析为对应的

IP 地址。DNS 服务器能够把域名解析为相应的 IP 地址。只有当域名被解析成 IP 地址之后，才可以进行后续的数据通信。

假如域名解析不了，后续的通信及应用肯定有问题。如何来判断，域名解析是否有问题呢？使用 nslookup 命令，如图 1-15 所示。输入百度网站的域名，解析之后，得到了相应的 IP 地址为 119.75.217.56，119.75.218.77。

有关 Nslookup 更详细的使用说明，请运行该命令后，输入？即可显示帮助信息。

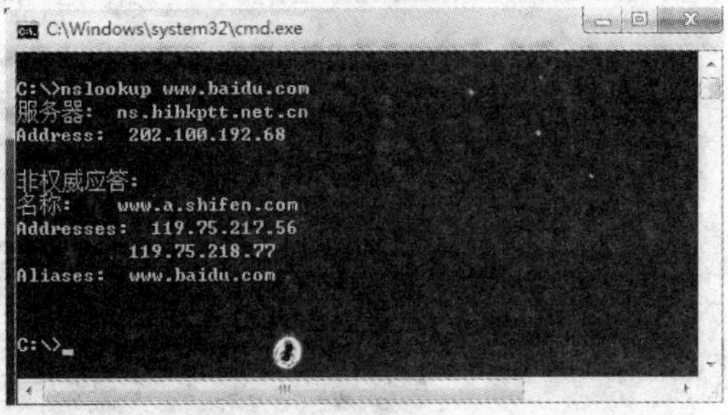

图 1-15　nslookup 域名解析

6. tracert 命令

tracert 命令是一个路由跟踪命令，主要用于跟踪测试从源主机到达某个网络目标所经由的路径，进而诊断出源端和目的端之间的路由节点。在不同系统平台的主机以及相关的网络设备上，都支持该命令，只不过使用命令的名称可能不尽相同。例如，在 Windows 下是 tracert；在 UNIX 下，一般为 traceroute；而在 cisco 路由器中，其命令为 trace。尽管表现形式不太一样，但其产生的结果是类似的。tracert 命令和 ping 命令一样，需要调用 ICMP 协议和 TTL（生存时间）。

根据 ICMP 的规定，互联网上的每个路由器在转发数据包之前要将数据包上的 TTL 减 1。数据包上的 TTL 减为 0 时，路由器应该将“ICMP 已超时”的消息发回源系统。依据这个原理，tracert 命令向目的地发送不同 TTL 值的 ICMP 请求数据包，通过接收 ICMP 超时分组，tracert 程序就可以确定到目的地所经过的路由。具体来说，tracert 先发送 TTL 为 1 的分组，并在随后的每次发送过程中将 TTL 递增 1，直到目的地响应或 TTL 达到最大值。通过检查中间路由器发回的“ICMP 已超时”的消息确定路由。某些路由器直接丢弃 TTL 过期的数据包，且不发送“ICMP 已超时”的分组，那么在 tracert 结果中就看不到这些路由器。

tracert 的功能尽管同 ping 命令有点类似，但通过它所看到的信息要比 ping 命令详细得多，它将本地送出的请求分组所到达的全部站点、所走的全部路由都显示出来。并且显示出该路由的 IP 及通过该 IP 的延时。当本机无法访问某个目的地址的时候，该命令还可判断其中故障的位置。

命令格式如下。

```
tracert [-d][ -h maximum_hops][ -j host-list][ -w timeout] [-R] [-S srcaddr][ -4][ -6] target_name
```

参数说明如下。

1）-d：指定不将地址解析为计算机名。

2）-h maximum_hops：指定搜索目标的最大跃点数。

3）-j host-list：仅适用于 IPv4，指定沿 host-list 的稀疏源路由列表顺序进行转发。host-list 是以空格隔开的多个路由器 IP 地址，最多 9 个。

4）-w timeout：指定每次应答等待的时间（Timeout），单位为 ms。

5）–R：跟踪往返行程路径（仅适用于 IPv6）。

6）-S srcaddr：要使用的源地址（仅适用于 IPv6）。

7）-4：强制使用 IPv4；-6：强制使用 IPv6。

对于 tracert 命令的使用很简单。在 tracert 后面，跟上主机名或 IP 地址即可。如图 1-16 所示，tracert www.baidu.com 命令可以测试本地主机与 www.baidu.com 服务器之间的路由。

```
C:\Windows\system32\cmd.exe

C:\>tracert www.baidu.com

通过最多 30 个跃点跟踪
到 www.a.shifen.com [119.75.218.77] 的路由:

  1     2 ms     1 ms     1 ms  192.168.6.65
  2     1 ms     1 ms     1 ms  222.17.128.193
  3    98 ms   141 ms   157 ms  192.168.10.1
  4     3 ms     2 ms     2 ms  61.186.41.65
  5   102 ms    99 ms    97 ms  218.77.150.233
  6   176 ms   152 ms   192 ms  218.77.141.97
  7   149 ms   150 ms   148 ms  202.97.26.53
  8   181 ms   154 ms    99 ms  202.97.34.145
  9   195 ms   244 ms   209 ms  220.181.16.58
 10   151 ms   155 ms   199 ms  220.181.0.45
 11   246 ms   160 ms   137 ms  220.181.17.46
 12     *        *        *     请求超时。
 13   233 ms   175 ms   199 ms  119.75.218.77

跟踪完成。

C:\>
```

图 1-16　tracert 命令运行结果

左边所显示的数字表示相应的跳数（或者说是所经过的路由器），如果跳数为 16，表示某个数据包从源主机到目标主机，共被转发了 16 次才到达目的地。因为每个节点测试 3 次，所以中间会有 3 个时间段。右边显示的是每个路由节点的 IP 地址。

当遇到网络连通性问题时，除了使用 ping 命令之外，tracert 是一个非常实用的命令。它可以很快判断出是在整个网络通路的哪一段出问题。比如，发一个 tracert 命令，一般地，如果在第一跳（即网关）就有问题，那可能就是内部网络的连通性问题；如果在几跳后出现问题，那可能是网关以外的网段出现连通性问题。

7. pathping 命令

pathping 命令是一个路由跟踪命令，它结合了 ping 与 tracert 的功能。pathping 命令在一段时间内将数据包发送到要到达最终目标的路径上的每一个路由器，根据从每一个跃点返回的数据包信息进行计算。由于该命令能够显示出数据包在任何给定路由器上丢失的程度，因此，可以很容易地确定是哪个路由器或链路导致了网络出现问题。该命令的格式及详细的使用说明可通过 pathping/? 命令获得，如图 1-17 所示。

```
C:\>pathping/?

用法: pathping [-g host-list] [-h maximum_hops] [-i address] [-n]
                [-p period] [-q num_queries] [-w timeout]
                [-4] [-6] target_name

选项:
    -g host-list     与主机列表一起的松散源路由。
    -h maximum_hops  搜索目标的最大跃点数。
    -i address       使用指定的源地址。
    -n               不将地址解析成主机名。
    -p period        两次 Ping 之间等待的时间(以毫秒为单位)。
    -q num_queries   每个跃点的查询数。
    -w timeout       每次回复等待的超时时间(以毫秒为单位)。
    -4               强制使用 IPv4。
    -6               强制使用 IPv6。
```

图 1-17　pathping 命令的用法

可以使用 pathping 命令来测试从主机出发到 www.baidu.com 的路由跟踪情况，如图 1-18 所示。

```
C:\>pathping www.baidu.com

通过最多 30 个跃点跟踪
到 www.a.shifen.com [119.75.217.56] 的路由:
  0  linyg-work [192.168.6.68]
  1  192.168.6.65
  2  222.17.128.193
  3  192.168.10.1
  4  61.186.41.65
  5  218.77.143.121
  6  218.77.143.177
  7  202.97.26.53
  8  202.97.47.77
  9  220.181.0.42
 10  220.181.17.50
 11     *        *        *
正在计算统计信息，已耗时 250 秒...
              指向此处的源    此节点/链接
跃点  RTT    已丢失/已发送 = Pct  已丢失/已发送 = Pct  地址
  0                                           linyg-work [192.168.6.68]
                                0/ 100 =  0%   |
  1    2ms     2/ 100 =  2%     2/ 100 =  2%  192.168.6.65
                                0/ 100 =  0%   |
  2    7ms     0/ 100 =  0%     0/ 100 =  0%  222.17.128.193
                                0/ 100 =  0%   |
  3   ---    100/ 100 =100%   100/ 100 =100%  192.168.10.1
                                0/ 100 =  0%   |
  4   68ms     2/ 100 =  2%     2/ 100 =  2%  61.186.41.65
                                0/ 100 =  0%   |
  5   64ms     0/ 100 =  0%     0/ 100 =  0%  218.77.143.121
                                0/ 100 =  0%   |
  6   83ms     0/ 100 =  0%     0/ 100 =  0%  218.77.143.177
                                0/ 100 =  0%   |
  7   76ms     0/ 100 =  0%     0/ 100 =  0%  202.97.26.53
                                0/ 100 =  0%   |
  8  114ms     1/ 100 =  1%     1/ 100 =  1%  202.97.47.77
                                0/ 100 =  0%   |
  9  115ms     0/ 100 =  0%     0/ 100 =  0%  220.181.0.42
                                0/ 100 =  0%   |
 10  114ms     0/ 100 =  0%     0/ 100 =  0%  220.181.17.50

跟踪完成。

C:\>_
```

图 1-18　pathping www.baidu.com 的工作过程

在运行 pathping 命令时，首先应该查看路由的测试结果，此路径与 tracert 命令所显示的路径相同。然后 pathping 命令在下一个 300s 显示忙消息（300s 这个时间会根据跃点计数变化）。在此期间，pathping 从以前列出的所有路由器和它们之间的链接之间收集信息。

8. net 命令

net 命令是 Windows 系统中功能非常强大的一个命令，可选参数非常多，很多的网络命令都是以 net 开头的。该命令的语法如图 1-19 所示，可以在各个参数提示下再进一步详细查看 net 命令的各种用法，例如 net user/? 命令可以获得有关 net user 的详细使用说明，如图 1-20 所示。其中，net start 命令用于显示主机打开有哪些服务，net pause 用于暂停某个服务，net stop 命令用于停止某个服务，net accounts 命令用于显示目前账户的设置。

net send 命令用于给局域网内主机发送消息，这是 Windows 系统自带的功能，在系统服务中有一个称为 Messenger 的信使服务。在没有安装其他即时通信聊天工具的情况下，使用 Windows 系统自带的 Messenger 信使服务也可以在局域网内互相传递消息，不受外界条件的限制。只有先启动 Messenger 服务，才可以使用 net send 的消息传递命令。在默认情况下，Messenger 服务是禁用的，需要启动它之后才可以使用。

```
C:\>net/?
此命令的语法是:

NET
    [ ACCOUNTS | COMPUTER | CONFIG | CONTINUE | FILE | GROUP | HELP |
      HELPMSG | LOCALGROUP | PAUSE | SESSION | SHARE | START |
      STATISTICS | STOP | TIME | USE | USER | VIEW ]
```

图 1-19　net 命令语法

```
C:\>net user/?
此命令的语法是:

NET
    [ ACCOUNTS | COMPUTER | CONFIG | CONTINUE | FILE | GROUP | HELP |
      HELPMSG | LOCALGROUP | PAUSE | SESSION | SHARE | START |
      STATISTICS | STOP | TIME | USE | USER | VIEW ]
```

图 1-20　net user 命令语法

1.2　Linux 系统网络操作

Linux 是目前使用最广泛的操作系统之一。本节介绍在 Linux 系统下查看和配置网络相关设备的方法。

1.2.1　基本网络配置 ifconfig

ifconfig 是用来配置网卡的命令行工具。为了手工配置网络，必须掌握这一命令。ifconfig 命令用于查看和更改网络接口的地址和参数，包括 IP 地址、子网掩码和网关地址等。需注意的是 Linux 中的配置命令必须以 root 权限使用。

1．ifconfig 基本命令

ifconfig 命令格式如下。

```
ifconfig interface add_family [address] [parameter]
```

主要参数说明如下。

interface：一个最多四位的字符串，最后一个字符是数字，例如 lan0。这个字符串代表网卡。数字表示网卡的接口。

add_family：inet（默认的）或 inet6。

address：数字形式的 IP 地址。

parameter：最重要的参数是 up、down、arp、-arp 和 netmask。

- up：启用这个网卡的接口。
- down：关闭这个网卡的接口。
- arp/-arp：在链路层和网络层之间禁用/使用地址解析协议。
- netmask subnet：设置与 IP 地址相关的子网掩码，subnet 是子网掩码值。

2. 查看接口配置

在命令行中输入 ifconfig 而不加任何参数，则会显示当前计算机所有活动接口的信息。例如对一台名为 localhost 的计算机输入 ifconfig 命令，输出结果如图 1-21 所示。

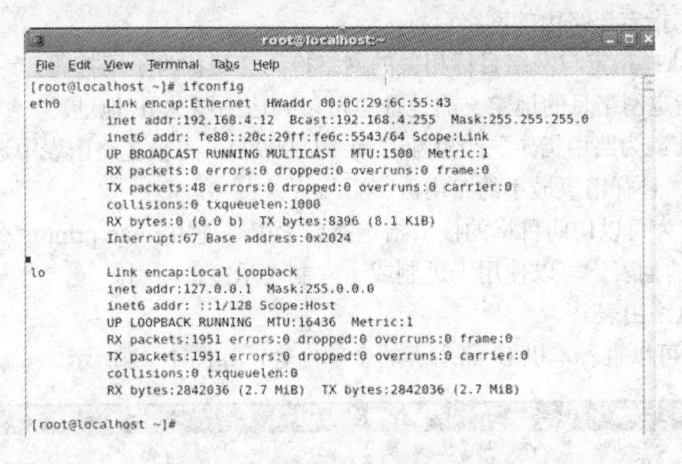

图 1-21 ifconfig 命令的输出结果

输出信息列出了每个活动接口的信息。其中，eth0 是本机的以太网卡的接口名称，HWaddr 后面是其 MAC 地址，inet addr、Bcast 和 Mask 后分别是其 IP 地址、广播地址和子网掩码。后面还列出了接口的活动类型、发送和接收包的数目等信息。另外一个接口 lo 是一个虚拟接口。

在 ifconfig 后加上-a 参数，则会显示所有接口的信息，包括活动的和非活动的。

在 ifconfig 后加上接口名称，则会显示该接口的信息，如 ifconfig eth0。

3. 更改接口的配置

可以用下面的命令来为某个接口设置 IP 地址、子网掩码和广播地址。

```
#ifconfig eth0 192.168.4.12 netmask 255.255.255.0 broadcast 192.168.4.255
```

以上命令表示将以太网卡的 IP 地址设置为 192.168.6.67，子网掩码设置为 255.255.255.0，广播地址设置为 192.168.6.255。当然也可以只设置这 3 项中的某项。

4. 启用、关闭网卡的接口

ifconfig eth0 up 和 ifconfig eth0 down 分别表示启用和关 eth0 接口。

1.2.2 路由配置 route

route 命令用来查看和设置 Linux 系统的路由信息，以实现与网络的通信。在 Linux 系统中，设置路由通常是为了解决以下问题：该 Linux 系统在一个局域网中有一个网关，为了让局域网内的 Linux 系统能够访问互联网，就需要将网关的 IP 地址设置为 Linux 系统的默认路由。

route 命令格式如下。

```
route[-f][ -p][Command [Destination][mask Netmask][Gateway][metric Metric] ][if Interface]
```

主要参数如下。

-f：清除所有网关入口的路由表。

-p：与 add 命令一起使用时，使路由具有永久性。

Command：指定想运行的命令，如 add/change/delete/print 命令。

Destination：指定该路由的网络目标。

mask Netmask：指定与网络目标相关的网络掩码（又称为子网掩码）。

Gateway：指定网络目的地定义的地址集可以到达的网关 IP 地址。

metric Metric：为路由指定一个整数开销（1~9999），用来在路由表中选择与转发数据包的目的地址匹配，且开销值最小的路由。

if Interface：为可以访问目标的接口指定接口索引。使用 route print 命令可以显示接口及其对应接口索引的列表。可以使用十进制或十六制表示接口索引。

1．查看本机路由表

输入 route，可以查看本机 IP 路由表的全部内容，如图 1-22 所示。

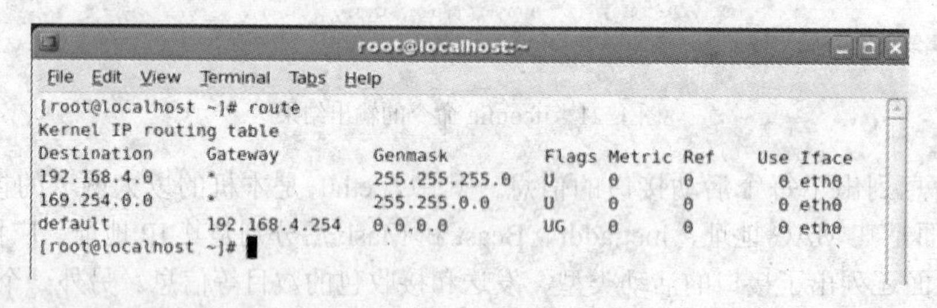

图 1-22　route 命令的输出结果

若要显示以 10.起始的 IP 路由表中的路由，可以输入：

```
#route print 10.*
```

2．添加或删除路由表项

如果添加带有 192.168.12.1 默认网关地址的默认路由，可以输入：

```
#route add 0.0.0.0 mask 0.0.0.0 192.168.12.1
```

考虑添加复杂一些的路由，例如要添加子网掩码 255.255.0.0，下一跳地址为 10.27.0.1，开销值为 7，目的地址为 10.41.0.0.的路由，可以输入：

```
#route add 10.41.0.0 mask 255.255.0.0 10.27.0.1 metric 7
```

如果删除以 10.起始的 IP 路由表中的所有路由，可以输入：

```
#route delete 10.*
```

如果删除到 10.41.0.0 目的地的路由，可以输入：

```
#route delete 10. 41.0.0 mask 255.255.0.0
```

1.3　虚拟机软件 VMware Workstation 6

所谓虚拟计算机（简称虚拟机），实际上就是一种应用软件。这里的虚拟机软件是指操作系统级别的虚拟机软件，当然还有应用程序级别的虚拟机软件，例如 Java 虚拟机等。操作系统级别的虚拟机（Virtual Machine）是指“通过软件模拟的具有完整硬件系统功能的、运行在一个完全隔离环境中的完整计算机系统。通过虚拟机软件，可以在一台计算机上模拟出一台或多台虚拟计算机。这些虚拟机完全就像真正的计算机那样进行工作，例如可以安装操作系统、安装应用程序、访问网络资源等”。可以实现一台计算机“同时”运行几个操作系统，还可以将这几个操作系统连接成一个网络。运行虚拟机软件的操作系统通常叫做宿主机（Host OS），在虚拟机里运行的操作系统叫做客户机（Guest OS）。客户机的系统崩溃不会影响到宿主机的系统，而对于客户机上运行的应用软件而言，就像是在真实的操作系统环境下运行一样。

目前主要的虚拟机软件包括 VMware 公司的 VMware 软件、微软公司的 Windows Virtual PC、开源软件 Bochs 等，这些软件均能在单个物理计算机上创建多个虚拟机。其中，VMware 虚拟机是一个可以在 Windows 或 Linux 计算机上运行的应用程序，它能够模拟出一个基于 X86 的标准 PC 环境。由于 VMware 软件使用的广泛性，本书仅集中介绍基于 VMware 虚拟机技术在计算机网络实验中的应用。

虚拟机是一台电脑的局域网，即多个虚拟机之间、虚拟机与宿主机之间，可以组成一个虚拟的局域网。通过虚拟机环境，可以利用有限的资源搭建局域网环境进行研究、学习和测试。

1.3.1 简介

VMware Workstation 只是 VMware产品家族的桌面产品中的一种。其他一些产品诸如 VMware vSphere（数据中心产品），VM Player（免费的虚拟机使用软件，不可以创建虚拟机）等。由它创建的虚拟机与真实的计算机几乎一模一样，不但虚拟有自己的 CPU、内存、硬盘及光驱，甚至还有自己的 BIOS。

VMware 虚拟机上可以运行多种主流的操作系统。例如，对于 Windows 操作系统，涵盖了 Windows 各个版本的 32 位操作系统以及对应的 64bit 版本（如果存在的话）。对于 Linux 操作系统，包含了 RedHat 2/3/4/5，Ubuntu 以及未列出的 Linux 2.2/2.4/2.6 内核的操作系统及对应的 64bit 操作系统（如果存在的话）。当然还包括 Novell Netware、Sun Solaris、DOS 及 BSD 操作系统。在虚拟机创建操作系统时，可以指定该操作系统上运行的虚拟硬件环境。

VMware Workstation 的主要特点为：兼容支持 32 位和 64 位的宿主/客户操作系统；支持双路虚拟对称多处理（超线程与双核）；支持虚拟硬件的即插即用；快照管理；Linux 的宿主机支持无线网络适配器。

1.3.2 VMware Workstation 安装

准备 VMware-workstation-6.5.3 安装程序文件，包括产品序列号，双击运行，按照安装向导进行安装。当出现如图 1-23 所示的“Setup type”对话框时，建议选择“Custom”（默认是 Typical）。

单击“Next”按钮，出现如图 1-24 所示的对话框，选择要安装的组件，单击“Change…”按钮设置安装目录，默认是“C:\Program Files\VMware\VMware Workstation”，建议更改安装目录。接着按照向导逐次单击“Next”按钮，当出现“Ready to Install the program”对话框时，单击“Install”按钮即可。当出现“Registration information”对话框时，输入序列号。安装后重启计算机即可。第一次启动 VMware 时，要阅读并接受终端用户授权书。启动后就可以使用 VMware workstation 组装虚拟计算机，安装 guest OS。

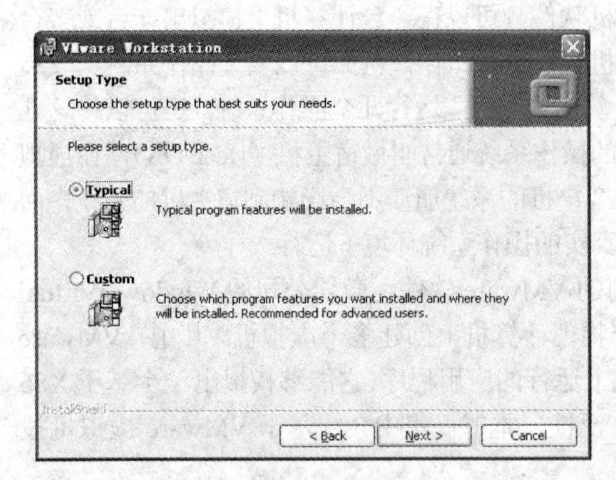

图 1-23 “Setup Type”对话框

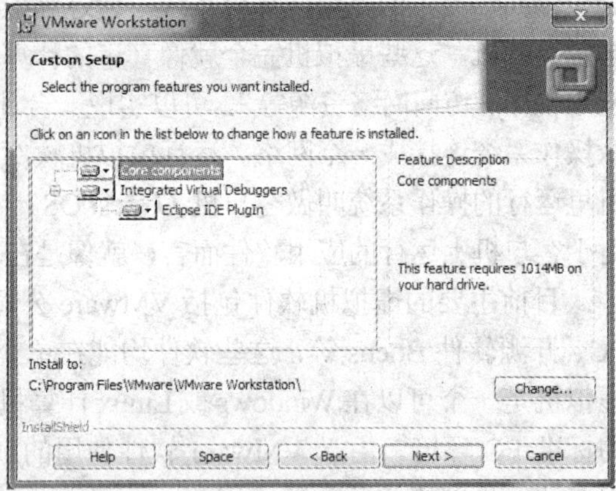

图 1-24 “Custom Setup”对话框

1.3.3 VMware Workstation 主界面介绍

在 VMware 中安装虚拟机后，就可以使用虚拟机进行各种相关操作了。VMware 刚启动后的界面如图 1-25 所示，启动虚拟机操作系统后其主界面如图 1-26 所示，主要按钮、状态意义见图 1-26。

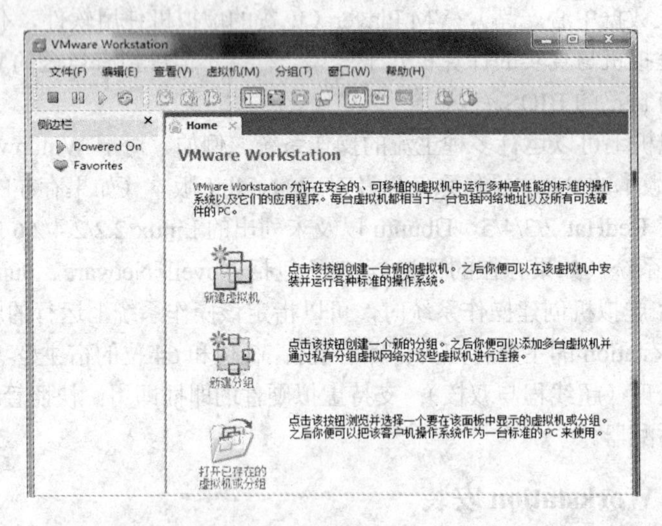

图 1-25 VMware Workstation 主界面

当鼠标移到主界面中某一工具栏按键的右下角时，显示该按键的意义。工具栏上的按钮都是“实”的，表明虚拟机正在运行。菜单的用法与其他应用软件的类似。

VMware Workstation 中的“收藏夹”功能与 IE 浏览器中的“收藏夹”功能类似。当虚拟机比较多时，使用 VMware Workstation 的“收藏夹”可以快速地定位与打开相应的虚拟机。在 VMware Workstation 的“收藏夹”中，可以创建“文件夹”，然后将同类的虚拟机“移动”到对应的“文件夹”中。在“收藏夹”栏空白处右击，从弹出的快捷菜单中单击“新建——

文件夹”，出现“New Folder”对话框，输入文件夹名字即可。如果虚拟机的标签没有出现在“收藏夹”中，右击该虚拟机的标签，在弹出的快捷菜单中单击“添加到收藏夹”即可将其添加到 Favorites（收藏夹）中。

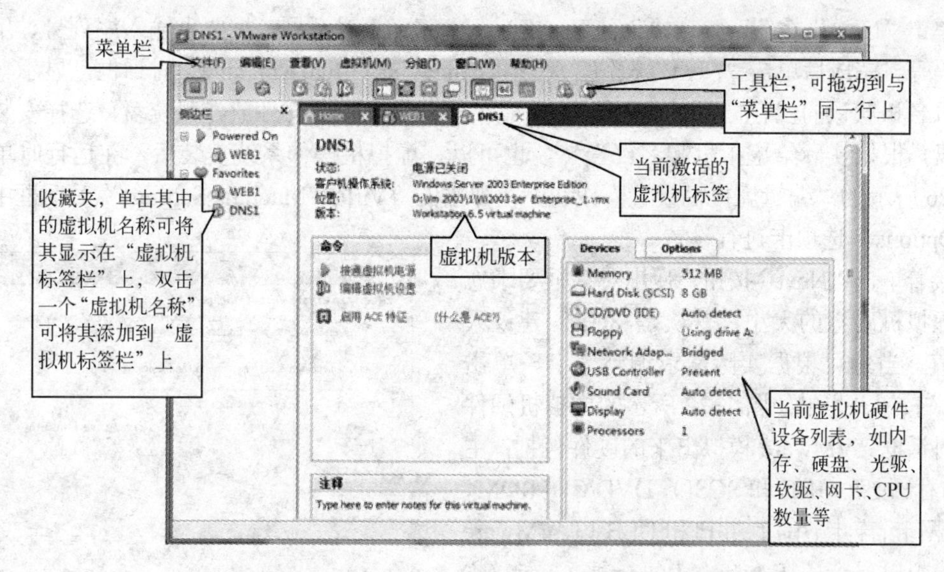

图 1-26　VMware Workstation 主界面意义

1.3.4　新建虚拟机并安装操作系统

在新建虚拟机之前要先规划好需要安装的个数、对应的 Guest System，准备好相应的光盘或 ISO 文件。新建虚拟机快捷的方法是单击图 1-25 中所示的“新建虚拟机”按钮，弹出如图 1-27 所示的安装向导欢迎对话框，选择安装类型。

VMware 提供了两种新建虚拟机的模式：Typical 和 Custom。建议一般的用户选择默认的 Typical 方式。单击“Next”按钮，出现如图 1-28 所示的“Guest Operating System Installation”对话框。

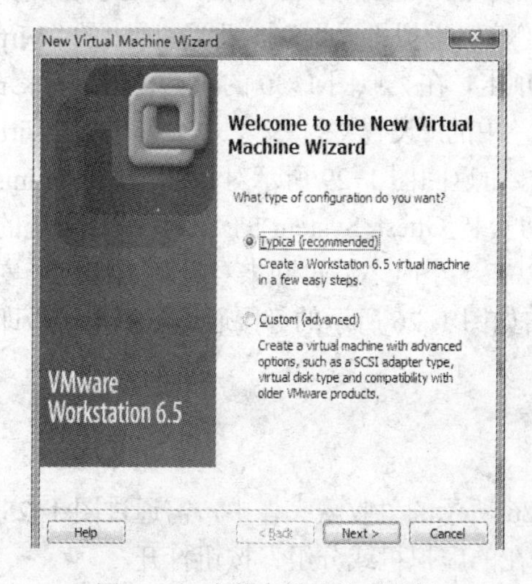

图 1-27　安装向导欢迎对话框

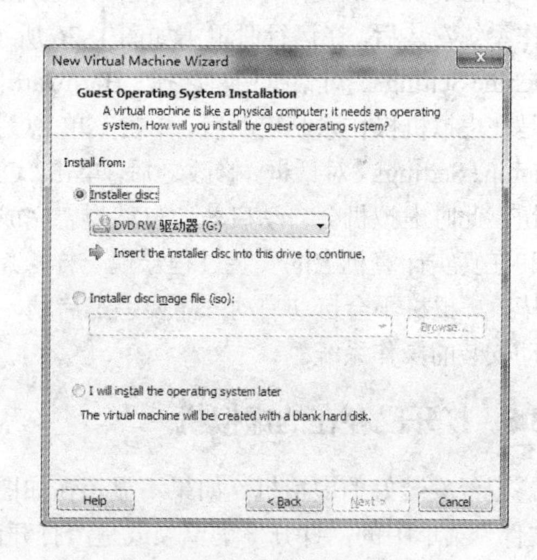

图 1-28　操作系统安装对话框

根据所准备的安装软件选择“Installer disc”或“Installer disc image file（ISO）”，并插入光盘或打开 ISO 文件，VMware 通过检测安装媒体自动确定要安装的操作系统。如果暂时不想安装操作系统，可以选择第三项。

单击“Next”按钮，弹出“Easy Install Information”对话框，按要求输入序列号、用户名和密码等。完成后单击“Next”按钮，弹出“Name the Virtual Machine”对话框，显示默认的虚拟机名和默认的保存位置（在系统盘）。建议不要将虚拟机文件放在系统盘，选择安装到其他的盘，根据实际给虚拟机起名。当然，也可以在虚拟机操作系统安装后，在运行时单击如图 1-26 所示的“编辑虚拟机设置”按钮，在弹出的“Virtual Machine Settings”对话框中，选择“Options”选项卡进行设置。

接着单击“Next”按钮，弹出对话框要求您决定虚拟机磁盘的大小，默认是 8GB，建议采用该值。当然可根据实际需求调整大小。单击“Next”按钮，弹出如图 1-29 所示的虚拟机硬件属性对话框。VMware 模拟出来的硬件包括：主板、内存、硬盘（IDE 和 SCSI）、DVD/CD-ROM、软驱、网卡、声卡、串口、并口和 USB 口。VMware 没有模拟出显卡。VMware 为每一种 Guest OS（客户机操作系统）提供一个叫做 VMware-tools 的软件包，用来增强 Guest OS 的显示和鼠标功能。VMware 模拟出来的硬件是固定型号的，与 Host OS（宿主机操作系统）的实际硬件无关。比如，在一台机器里用 VMware 安装了 Linux 虚拟机，可以把整个 Linux 虚拟机复制到其他有 VMware 的机器里运行，不必再安装。

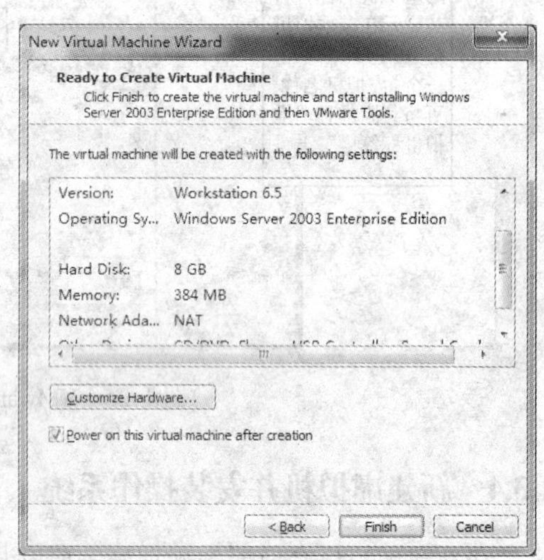

图 1-29　虚拟机硬件属性对话框

如果是安装 Windows Server 2003 企业版，建议将内存调整为 512MB。单击“Customize Hardware…”按钮，弹出如图 1-30 所示的虚拟机硬件属性设置对话框。要更改哪个硬件的配置，在图 1-30 的左边单击其硬件名称，在右边的显示栏中进行修改。当然，也可以在虚拟机操作系统安装后，在运行时单击如图 1-26 所示的“编辑虚拟机设置”按钮，在弹出的“Virtual Machine Settings”对话框中，选择“Hardware”选项卡，在类似图 1-30 的对话框中进行修改。或是在虚拟机操作系统启动后，单击菜单“虚拟机”中的“设置（S）…”，也会弹出的“Virtual Machine Settings”对话框。修改之后，单击“OK”按钮返回图 1-29 所示对话框，单击“Finish”按钮，此时虚拟机会自动启动，自动为您完成一切安装 Guest System 的工作。安装系统的过程和在真实计算机上的安装过程一模一样，您可以在半小时之后再回来看看，系统已经安装完毕。虚拟机不会自动启动，需要手工启动，单击如图 1-26 所示的“接通虚拟机电源”即可启动安装的操作系统。

1.3.5　打开已存在的虚拟机

已经安装好的虚拟机，如果不显示在如图 1-26 所示的“收藏夹”中，需通过图 1-25 的“文件”菜单中的“打开”菜单项或是“打开已存在的虚拟机或分组”按钮打开。

该功能的使用技巧是用于打开复制的已经在 VMware 安装好的虚拟机。在进行网络服务器配置或组网的实验中，经常需要安装同一操作系统的多台计算机。这时，只需新建一台虚拟机，然后复制到不同的目录，甚至复制到其他计算机上，打开后即可使用。

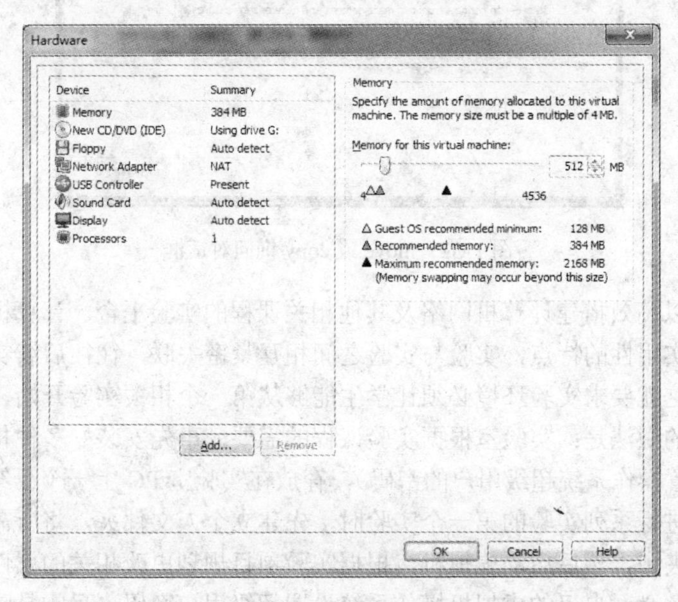

图 1-30　虚拟机硬件属性设置对话框

打开复制的虚拟机后，单击如图 1-26 所示的“Options”选项卡，接着双击“General” 选项，弹出如图 1-31 所示的虚拟机设置对话框。可以设置虚拟机的名字、保存位置，复制的虚拟机必须更改虚拟机的名字。启动虚拟机后，到操作系统中更改计算机名、IP 地址等属性。这样，就可以快速建立多台虚拟机，节约安装 Host OS 的时间。第一次启动复制的虚拟机操作系统时，会弹出如图 1-32 所示的 move 或 copy 询问对话框，选择“I copied it”。

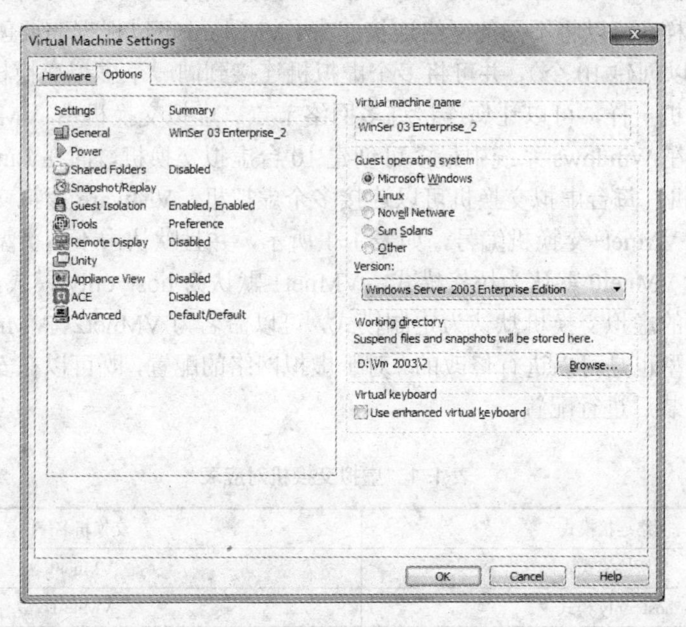

图 1-31　虚拟机设置对话框

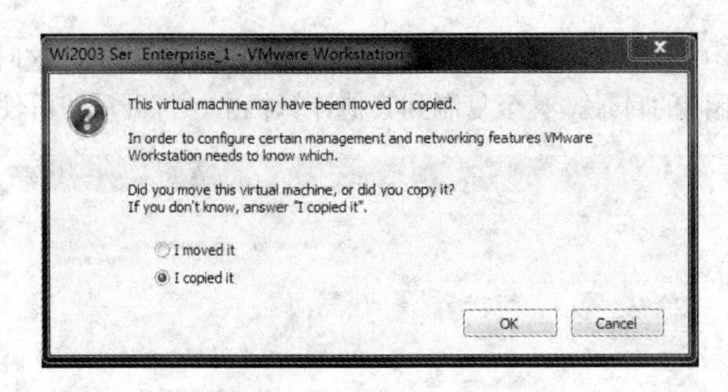

图 1-32 move 或 copy 询问对话框

这个功能可以高效搭建计算机网络及其他相关课程的实验平台。计算机网络实验具有系统性、继承性和实用性的特点，实验与实验之间相互紧密关联，往往后续实验要在以前实验的平台上实现。这就要求实验环境必须让学生能够从第一个相关实验开始，能够保存自己的实验结果。作者的做法是：实验室根据实验课程的需要，事先安装好多种相关的虚拟机操作系统（一般不设置操作系统超级用户的密码），存放在实验室 PC 上一个已经设置了保护的硬盘分区中。学生进行系列实验的第一个实验时，先建立个人文件夹，将所需的虚拟机文件复制到自己的文件夹中，然后启动虚拟机，根据实验项目规划更改相关的属性，避免冲突。另外，要求各学生务必对自己的虚拟机操作系统设置超级用户密码，目的是防止其他同学进入更改别人的配置，确保各自实验的继承性。

1.3.6 配置虚拟机网络

VMware 虚拟网络是指通过 VMware 虚拟技术生成的网络，它主要由以下几个部分组成：虚拟主机、虚拟交换机、虚拟网桥、虚拟 NAT（Network Address Translation）设备、虚拟 DHCP（the Dynamic Host Configuration Protocol）服务器及虚拟网卡。其中虚拟交换机和实际物理交换机一样，可以将不同的网络连接起来。VMware 可以根据需要创建所需要的虚拟交换机（最多可以创建 10 个），并可将多个虚拟机连接到同一个虚拟交换机上。虚拟交换机如同真实的交换机一样，可以让您连接许多网络节点。虚拟交换机由 VMware Workstation 根据需要创建，在 Windows 系统中最多可创建 10 台虚拟交换机，而在 Linux 中最多可创建 255 台虚拟交换机，每台虚拟交换机可以连接多个虚拟机。VMware 虚拟交换机有特殊的命名规则，格式为 VMnet+交换机编号，如表 1-1 所示，并且默认由不同类型的网络和其相关联。例如：其中 VMnet0 默认为桥接模式，VMnet1 默认为 host-only 模式，VMnet8 默认为 NAT 模式，其余的虚拟交换机默认为定制模式，可以命名为 VMnet2、VMnet3、VMnet4 等。但是上述默认类型也是可以进行修改的。对于虚拟网络的配置，既可以在安装过程中进行设置，也可以在安装后进行配置。

表 1-1 虚拟交换机对应表

网络连接模式	交换机名字
桥接模式	VMnet0
host-only 模式	VMnet1
NAT 模式	VMnet8

VMware 中提供 4 种连接模式：桥接模式、host-only 模式、NAT 模式及定制模式（Custom）。连接模式可以在安装虚拟机的过程中设置，在如图 1-30 所示的对话框中单击“Network Adapter”，显示如图 1-33 所示的对话框，在该对话框的右边选择连接模式。默认的连接模式是 NAT。当然，也可以在虚拟机操作系统安装后，在运行时单击如图 1-26 所示的“编辑虚拟机设置”按钮，在弹出的“Virtual Machine Settings”对话框中，选择“Hardware”选项卡中的“Network Adapter”，在如图 1-33 所示对话框中进行修改。

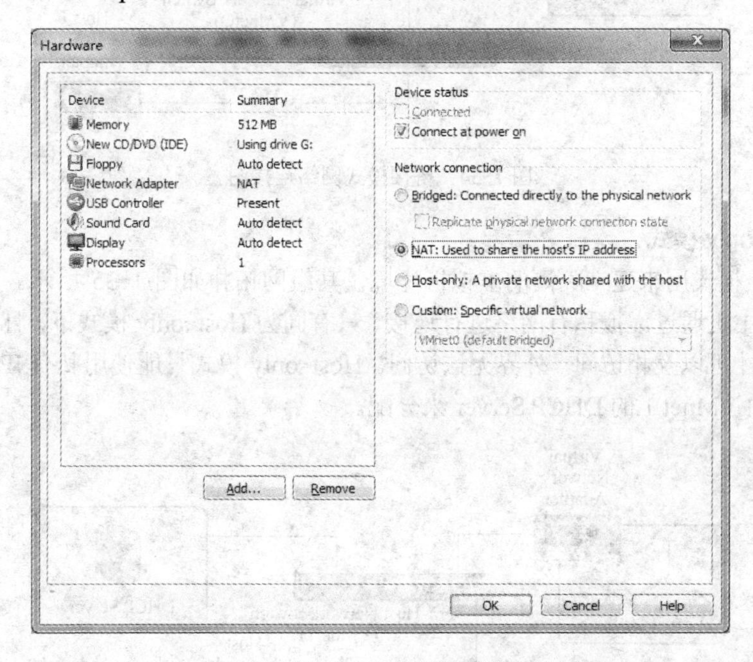

图 1-33　虚拟机硬件网络适配器设置对话框

当虚拟机不是采用桥接模式，例如采用 host-only 模式或 NAT 模式时，需要 DHCP Server 为虚拟机提供 IP 配置，不能手工配置。

不管用哪种方式创建虚拟机，都需要安装虚拟网络适配器。该网络适配器以 AMD PCNET PCI adapter 或 Intel Pro/1000 MT Server Adapter 的类型显示在 guest operating system 中。另外，安装 VMware 后，在真实主机中生成两块虚拟网络适配器：VMware Virtual Ethernet Adapter for VMnet1 和 VMware Virtual Ethernet Adapter for VMnet8。

1. 桥接模式

桥接模式是 VMware 中最简单的组网模式，其组网拓扑如图 1-34 所示。如果您的真实主机在一个以太网中，这种方法是将虚拟机接入网络最简单的方法。虚拟机就像一个新增加的、与真实主机有着同等物理地位的一台 PC，该模式可以享受所有可用的服务，包括文件服务、打印服务等，并且在此模式下，虚拟机将获得最简易的从真实主机获取资源的方法。使用桥接模式后虚拟机和真实主机的关系就好像两台连接在一个 Switch 上的 PC，想让它们进行通信，您只需要为双方配置 IP 地址和子网掩码即可。这种模式下虚拟机没办法得到 DHCP 分到的 IP 地址，需要手工设置。

假设真实主机网卡上的 IP 地址被配置成 192.168 这个网段，则虚拟机也要配置成 192.168 这个网段，这样虚拟机才能和真实主机进行通信。在桥接模式下如果想让虚拟机连入 Internet，方法也很简单，与真实主机连入 Internet 的方法一样。

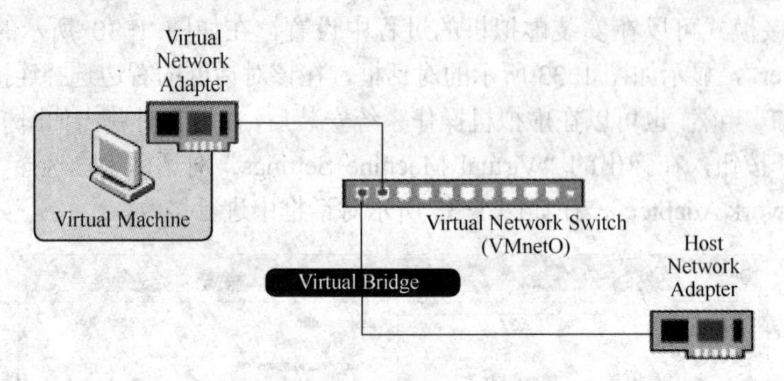

图 1-34　桥接模式网络连接图

2．Host-only 模式

Host-only 模式用来建立隔离的虚拟机环境，其组网拓扑如图 1-35 所示。这种模式下，虚拟机与真实主机通过虚拟私有网络进行连接，只有同为 Host-only 模式下，且在一个虚拟交换机的连接下才可以互相访问，外界无法访问。Host-only 模式只能使用私有 IP，IP 地址、网关和 DNS 都由 VMnet 1 的 DHCP Server 来分配。

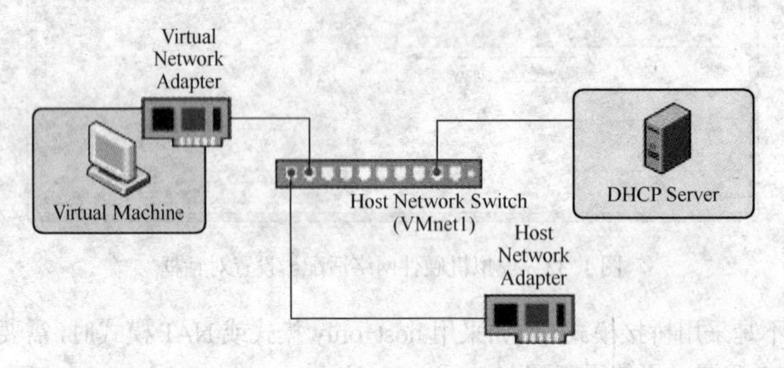

图 1-35　Host-only 模式网络连接图

如果尝试使用手动分配固定 IP，您会发现即使将 IP 地址配成和真实主机一个网段，也无法和真实主机进行通信，这是 VMnet 1 对虚拟机的限制，所以使用 VMnet 1 提供的 IP 地址是唯一的选择。

如果想在 Host-only 模式下接入 Internet，只能使用 ICS 和代理，因为这两种方式可以在使用 DHCP 的情况下上网。

3．NAT 模式

NAT 模式其实可以理解成是方便地使虚拟机连接到公网，其组网拓扑如图 1-36 所示。该模式的代价是桥接模式下的其他功能都不能享用。凡是选用 NAT 模式的虚拟机，均由 VMnet 8 的 DHCP Server 提供 IP 地址、网关和 DNS。在 VMware 下使用 NAT 模式主要的好处是可以隐藏虚拟机的拓扑结构和接入 Internet 时极为方便。

与在 Host-only 模式下一样，如果尝试使用手动分配固定 IP，由于 VMnet 8 的限制，您仍然无法和真实主机进行通信。不过在 NAT 模式下接入 Internet 就非常简单了，不需再做任何配置，只要真实主机连接到 Internet 后，虚拟机也就可接入 Internet 了。

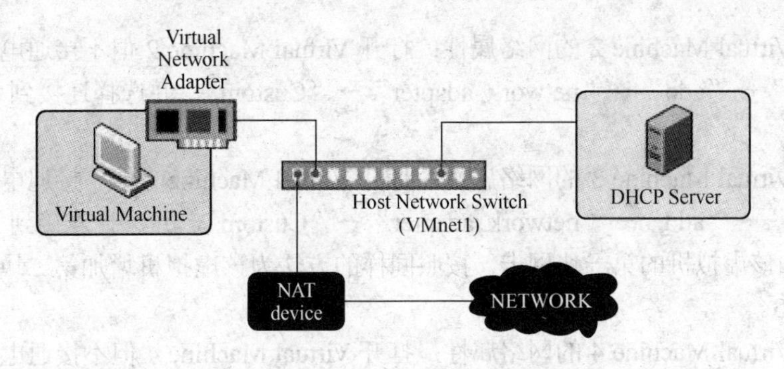

图 1-36　NAT 模式网络连接图

4．定制模式

可以使用 VMware 的高度可扩展网络模型，通过定制模式组建非常复杂的局域网，这才是新版 VMware 的精华所在。虚拟网络能够与一个或更多外部网络连接，或者是整个网络运行在真实主机上。在 Windows 操作系统上，您可以利用虚拟网编辑器添加更多网络适配器来创建虚拟网。

实例　组建一个包含四台虚拟机和三台虚拟交换机的、采用定制模式的虚拟网，其网络拓扑如图 1-37 所示。组建这样的网络，在网络研究和应用中起着重要的作用。

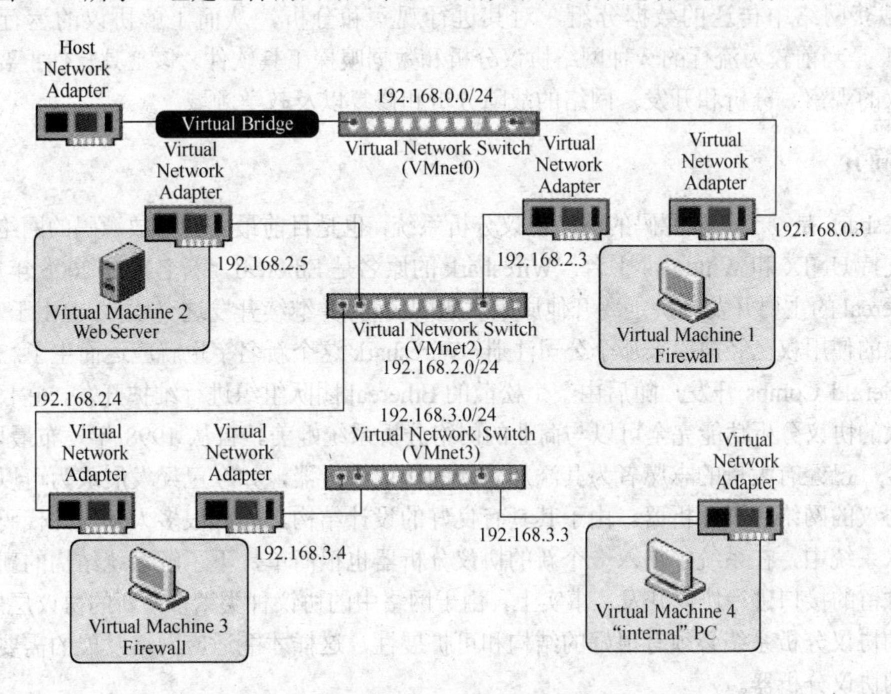

图 1-37　定制模式组网拓扑结构图

基本的配置步骤如下。

1）创建四台虚拟机。用桥接模式创建 Virtual Machine 1，创建其他三台 Virtual Machine（创建时暂不配置网络）。

2）为 Virtual Machine 1 增加网卡。增加网卡的方式是：选择“编辑虚拟机设置”→“add”→“network adapter”→“Custom”，并选择连接的“VMnet2”→“Finish”。

3）配置 Virtual Machine 2 的网络属性：打开 Virtual Machine 2 但不接通电源，选择"编辑虚拟机设置"→"add"→"network adapter"→"Custom"，并选择连接到"VMnet2"→"Finish"。

4）配置 Virtual Machine 3 的网络属性：打开 Virtual Machine 2 但不接通电源，选择"编辑虚拟机设置"→"add"→"network adapter"→"Custom"，并选择连接到"VMnet2"→"Finish"；增加该虚拟机的第一块网卡。按照同样的方法为该虚拟机增加第二块网卡，并选择连接到 VMnet3。

5）配置 Virtual Machine 4 的网络属性：打开 Virtual Machine 4 但不接通电源，选择"编辑虚拟机设置"→"add"→"network adapter"→"Custom"，并选择连接到"VMnet3"→"Finish"。

6）分别启动各台 Virtual Machine，通过各块网卡的 TCP/IP 属性设置对话框，按照图 1-37 所示配置各 PC 或接口的 IP 地址等属性。

1.4 网络协议分析工具 Wireshark

了解网络协议运行过程的最好方法是进行实际观察，即在真实的网络环境中，使用一定的工具截获网络中传送的数据分组，对其进行观察和分析，从而了解协议的运行机制。Wireshark 是当前较为流行的一种网络协议分析和数据嗅探工具软件。该工具软件主要应用于网络协议的观察、分析和开发，网络的故障分析和修复以及教学领域。

1.4.1 简介

Wireshark 是一个开放源码的网络协议分析系统，也是目前最好的开放源码的网络协议分析器，支持 UNIX 和 Windows 平台。Wireshark 的原名是 Ethereal，新名字是 2006 年启用的。当时 Ethereal 的主要开发者决定离开他原来供职的公司，并继续开发这个软件。但由于 Ethereal 这个名称的使用权已经被原来那个公司注册，Wireshark 这个新名字也就应运而生了。Ethereal 起初由 Gerald Combs 开发，随后由一个松散的 Ethereal 团队组织进行维护开发。它目前所提供的强大的协议分析功能完全可以与商业的网络分析系统媲美。自从 1998 年发布最早的 0.2 版本至今，已经有大量的志愿者为其添加了新的协议解析器，如今已经发展成为可以支持五百多种协议的网络协议分析器。由于其具有良好的设计结构，因此很多人开发的代码可以很好地融入系统中，在系统中加入一个新的协议分析器也很简单，不了解系统结构的新手也可以根据预留的接口进行协议开发。事实上，由于网络中的协议种类繁多，新的协议层出不穷，一个好的协议分析系统必须有很好的结构和可扩展性，这样才能适应网络发展的需要，不断加入新的协议分析器。

Wireshark 主要应用于网络管理员用来解决网络问题，网络安全工程师用来检测安全隐患，开发人员用来测试协议执行情况，学习者用来学习网络协议等。

主要的特性包括：支持 UNIX 和 Windows 平台，在接口实时捕捉包，能显示包的详细协议信息，可以打开/保存捕捉的包，可以导入导出其他捕捉程序支持的包数据格式，可以通过多种方式过滤包和多种方式查找包，通过过滤以多种色彩显示包，创建多种统计分析。

1．Wireshark 的捕捉数据分组平台

网络分析系统首先依赖于一套捕捉网络数据包的函数库。这套函数库工作在网络分析系统模块的最底层，其作用是从网卡取得数据分组或者根据过滤规则取出数据分组的子集，再转交给上层分析模块。从协议上来说，这套函数库将一个数据分组从链路层接收，至少将其上交到传输层或以上，以供上层分析。

在 Linux 系统中，1992 年 Lawrence Berkeley Lab 的 Steven McCanne 和 Van Jacobson 提出了分组过滤规则的一种实现：BPF（BSD Packet Filter）。Libpcap 是一个基于 BPF 的开放源码的捕捉数据分组的函数库。现有的大部分 Linux 捕捉数据分组系统都是基于这套函数库的，或者是在它基础上做一些针对性的改进。

在 Window 系统中，意大利人 Fulvio Risso 和 Loris Degioanni 提出并实现了 WinPcap 函数库，作者称之为 NPF（Netgroup Packet Filter）。由于 NPF 的主要思想就是来源于 BPF，其设计目标就是为 Windows 系统提供一个功能强大的开放式数据分组捕获平台。NPF 在架构和函数接口方面与 BPF 非常接近。

Wireshark 网络分析系统在 Linux 中采用 Libpcap 函数库捕捉数据分组，在 Windows 系统中采用 WinPcap 函数库捕捉数据分组。

2．层次化的数据分组协议分析方法

在数据分组捕捉函数捕捉到数据分组之后，需要进行协议分析和协议还原工作。由于 OSI 是 7 层协议模型，协议数据是从上到下封装后发送的。对于协议分析需要从下至上进行。如图 1-38 所示的数据分组分析的协议树显示，Wireshark 从数据链路层捕捉数据分组后，首先识别网络层的协议，并进行数据分组的还原，然后剥去网络层协议头，将里面的数据交给传输层分析，这样一直进行下去，直到应用层。

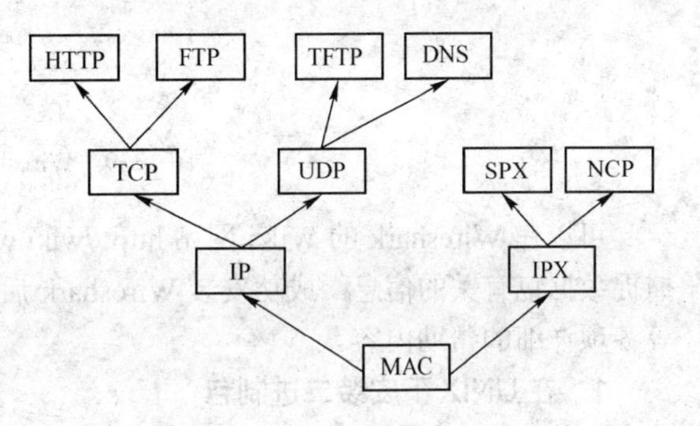

图 1-38　数据分组分析的协议树

由于网络协议种类很多，就 Wireshark 所识别的 500 多种协议来说，为了使协议和协议间层次关系明显，对数据流里的各个层次的协议能够逐层处理，Wireshark 系统采用了协议树的方式，图 1-38 就是一个简单的协议树。例如，若协议 A 的所有数据都是封装在协议 B 里的，那么这个协议 A 就是协议 B 的一个儿子节点。如果将最低层的无结构数据流作为根节点，那么具有相同父节点的协议成为兄弟节点。那么，这些拥有同样父协议的兄弟节点协议如何互相区分呢？Wireshark 系统采用协议的特征字来识别兄弟节点协议：每个协议都会注册自己的特征字，这些特征字给自己的子节点协议提供可以互相区分开来的标识。特征字可以是协议规范定义的任何一个字段，例如 IP 协议可以定义 proto 字段为一个特征字。

在 Wireshark 中注册一个协议分析器首先要指出它的父节点是什么，另外还要指出自己区别于父节点下的兄弟节点协议的特征字。例如 FTP 协议，在 Wireshark 中它的父节点是 TCP 协议，它的特征就是 TCP 协议的 port 字段 21。这样当一个端口为 21 的 TCP 数据流来到时，首先由 TCP 协议注册的分析模块处理，处理完之后通过查找协议树来找到相应的子协议，即 FTP 协议，再转交给 FTP 协议注册的分析模块处理。这样由根节点开始一层一层地分析下去。

由于采用了协议树加上特征字的设计，Wireshark 系统在协议分析上有了很强的扩展性，要增加一个协议分析器，只需要将分析函数挂到协议树的相应节点上即可。

1.4.2 安装 Wireshark

要想使用 Wireshark，必须获得一个适合您操作系统的二进制包或获得源文件为您的操作系统进行编译。建议最好是直接使用二进制包安装。

Wireshark 通常在 4～8 周内发布一次新版本，可同时获取源文件和二进制发行版的最新版本。在浏览器中输入 Wireshark 网站 http://www.wireshark.org/download.html，打开如图 1-39 所示的列表，从中选择适合您操作系统的一个稳定版本（Stable Release）。同时，网站 http://www.wireshark.org 还提供与 Wireshark 有关的许多有用信息。

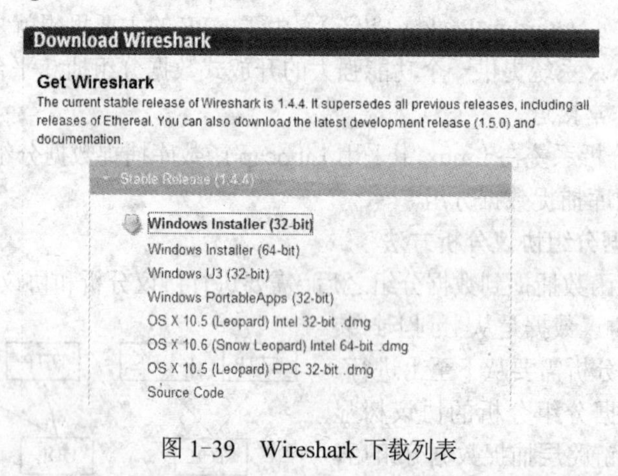

图 1-39 Wireshark 下载列表

可以在 Wireshark 的 WiKi 网站 http://wiki.wireshark.org 上，找到广泛的与 Wireshark 以及捕捉数据包有关的信息。成功安装 Wireshark 后，其“Help”菜单提供有关 Wireshark 的使用等各项详细的帮助内容。

1. 在 UNIX 下安装二进制包

一般来说，在您的 UNIX 系统下安装二进制发行包使用的方式，根据您的 UNIX 版本类型而各有不同。例如在 AIX 下，您可以使用 smit 安装，Tru64 UNIX 下，您可以使用 setld 命令。

在 Linux 或类似环境下安装 RPM 包。使用如下命令安装 Wireshark RPM 包。

```
rpm -ivh wireshark-0.99.5.i386.rpm
```

如果因为缺少 Wireshark 依赖的软件而导致安装错误，请先安装所依赖的软件，然后再尝试安装。

2. 在 Windows 下安装二进制包

下载适合您的 Windows 操作系统的安装包，例如 Windows Install（32-bit），文件名为 wireshark-win32-XX（XX 表示版本号），Wireshark 安装包里已经包含 WinPcap 工具。WinPcap 是 Win32 平台上进行包捕获和网络协议分析的开源库，含有很重要的包过滤动态链接库（packet.dll）和 wpcap.dll 库，这两个动态链接库都提供抓包工具必需的应用编程接口 API。按照安装向导进行安装，当出现“Choose Components”时，建议选择所有的组件。比较后面的选项是安装 WinPcap，这是默认选项。直到最后安装成功，打开 Wireshark，启动如图 1-40 所示的窗口。Wireshark 的启动与常用应用软件的启动方法类似。

和大多数 Windows 图形界面程序一样，Wireshark 主窗口由如下部分组成：菜单、工具栏、相关列表和状态栏等。其中，Interface List 列出 PC 中的所有网卡接口，第一块为本机的以太网网卡，最后两块为虚拟机 VWware 的虚拟网卡，未安装 VWware 软件的计算机没有这两个接口卡。主界面以及各组成部分可以自定义组织方式。

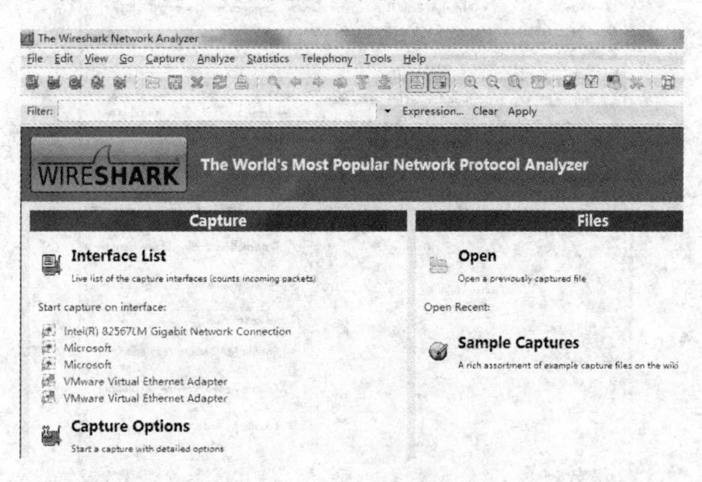

图 1-40 Wireshark 启动界面

单击“Help”→“Contents”可启动“Wireshark User’s Guide”窗口，提供详细的英文使用说明，更多有用的信息可以在 Wireshark 的 WiKi 网站 http://wiki.wireshark.org 上找到。

1.4.3 捕捉数据包

本小节介绍如何捕捉数据包以及如何设置过滤规则。本节及后续内容均以 Windows 系统为例。

1. Wireshark 基本的捕捉方法

启动 Wireshark 后，选择“Capture”→“Options”或单击主工具栏中的“Show the capture options”按钮，启动“Wireshark：Capture Options”对话框，如图 1-41 所示。

下面对图 1-41 所示的窗口中的主要选项进行说明。

1）Interface：指定在哪个接口（网卡）上捕捉数据包。

2）Capture packets in promiscuous mode：是否打开混杂模式（如果打开，捕捉所有的数据包。一般情况下只需要监听本机收到或者发出的数据包）。

3）Limit each packet：限制每个数据包的大小（默认情况下不限制）。

4）Capture Filter：输入包过滤规则，只捕捉满足过滤规则的数据包（可暂时略过）。当然，在捕捉前设置过滤规则，可减少捕捉到包的容量。

5）File：如果需要将捕捉到的数据包写到文件中，就在这里输入文件名。

其他的选项按默认设置即可。单击“Start”按钮，就可开始捕捉数据包了（捕捉之前必须正在进行某些网络操作，例如 ping www.cctv.com-t）。需要注意的是，捕获数据包的时间长短要根据具体情况而定。例如，要分析 HTTP 协议的数据结构，只需要捕捉一条 HTTP 数据即可；而要观察浏览器浏览服务器端网站内容的详细过程，就需要详细地捕获从开始到结束的整个过程。停止捕捉只需按一下“stop the running live capture”按钮即可。在主窗口中就会把各个协议的数据包以不同的颜色区分开来，抓包后 Wireshark 主窗口主要由 7 个部分组成，如图 1-42 所示。

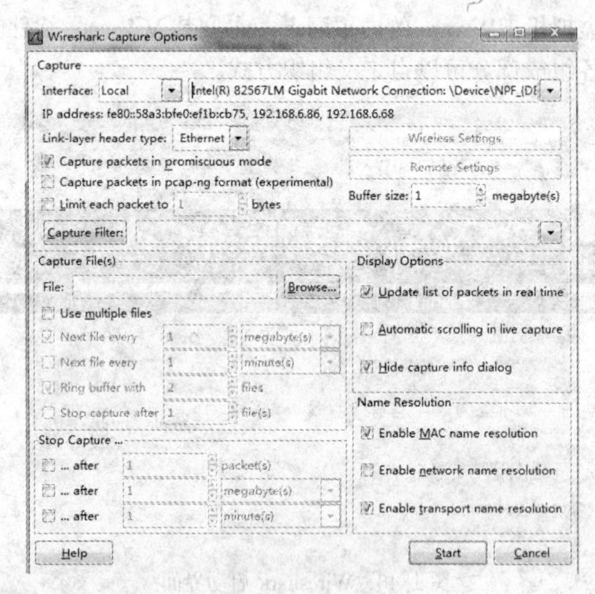

图 1-41 “Wireshark：Capture Options”对话框

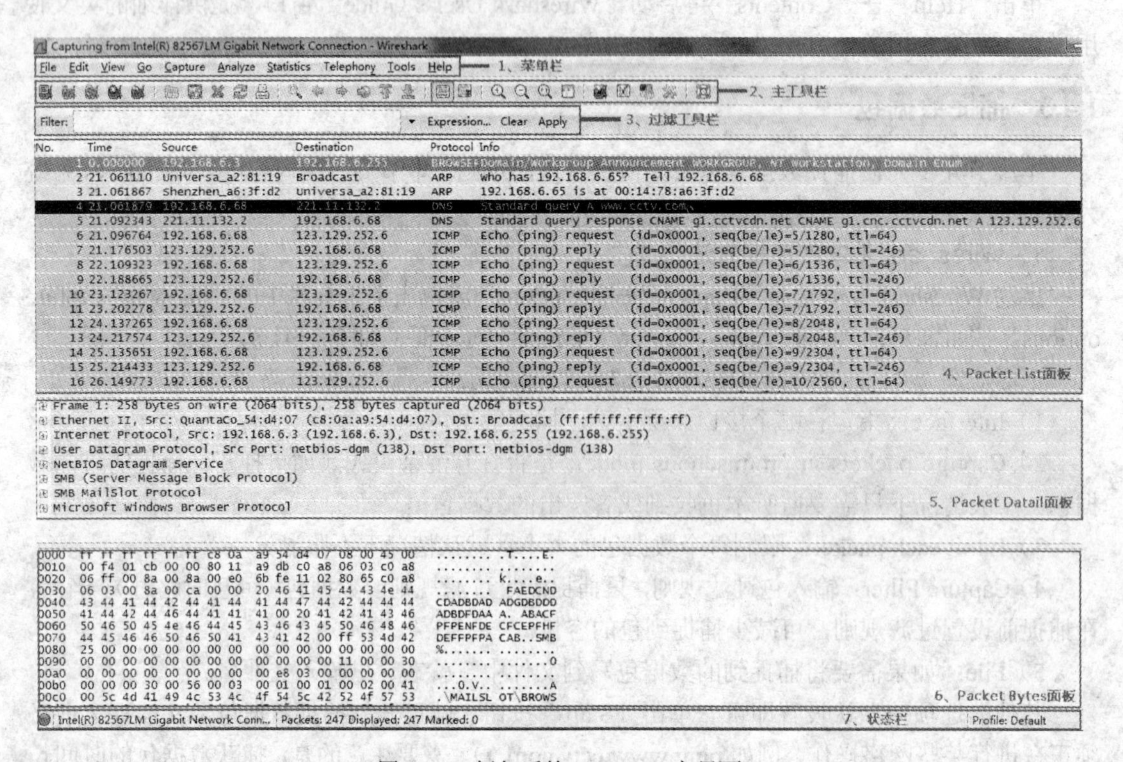

图 1-42 抓包后的 Wireshark 主界面

注意，在图 1-41 中，如果“Update list of packets in real time”复选框被选中了，那么就可以使每个数据分组在被捕捉时就实时显示出来，而不是在捕捉过程结束之后才显示所有捕获的数据分组。如果“Hide capture info dialog”复选框不被选中，则数据分组在被捕捉时会出现如图 1-43 所示的捕捉信息统计图，显示捕捉到包的数目、捕捉持续时间。

菜单栏：与许多常用的应用软件一样，包括 File、Edit、View 等菜单项，用于开始进行各种操作。

主工具栏：提供快速访问菜单中经常用到的项目的功能，但它是不可以自定义的，如果您觉得屏幕过于狭小，需要更多空间来显示数据，您可以使用浏览菜单隐藏它。在主工具栏里面的项目只有在可以使用的时候才能被选择，如果不是可用则显示为灰色，不可选（例如，在未载入文件时，保存文件按钮就不可用）。

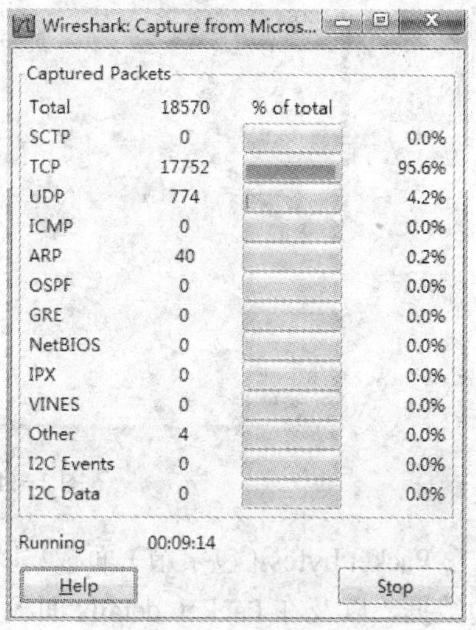

图 1-43　捕捉信息统计图

Filter toolbar/过滤工具栏：用于编辑或显示过滤条件。

Packet List 面板：显示打开文件的每个包或所有当前捕获的包的摘要。列表中的每行显示捕捉文件的一个包。如果您选择其中一行，该包的更多信息会显示在另外两个面板中。在分析包时，Wireshark 会将协议信息放到各个列。因为高层协议通常会覆盖低层协议，您通常在包列表面板看到的都是每个包的最高层协议描述。例如，让我们看看一个包括 TCP 包、IP 包和一个以太网包。在以太网（数据链路层）包中解析的数据（例如以太网地址），在 IP 分析中会覆盖为它自己的内容（例如 IP 地址），在 TCP 分析中会覆盖 IP 信息。

包列表面板有许多的列可供选择，需要显示哪些列可以通过执行“Edit”菜单中的“Preferences…”菜单项进行设置，如图 1-44 所示，“User interface” 默认是第一个页面，单击左侧的树状列表中的项目可以打开对应的页面。“OK”按钮应用参数设置，关闭对话框；“Apply”按钮应用参数设置，不关闭对话框；“Cancel”按钮重置所有参数设置到最后一次保存状态。

Packet List 面板中默认的列如下。

No：标识出 Wireshark 捕获的数据包的序号，序号不会发生改变，即使进行了过滤也同样如此。

Time：包的时间戳（包时间戳的格式可以自行设置），即表明在什么时间捕获到该数据包。

Source：显示包的源地址。

Destination：显示包的目标地址。

Protocol：表明该数据包使用的协议（以该数据包最上层协议名命名）。

Info：在列表中大概列出的该数据包的信息。

Packet detail（包详情）面板：显示您在 Packet list 面板中选择的包的更多详情。该面板显示包列表面板选中包的协议及协议字段，协议及字段以树状方式组织。您可以展开或折叠它们。

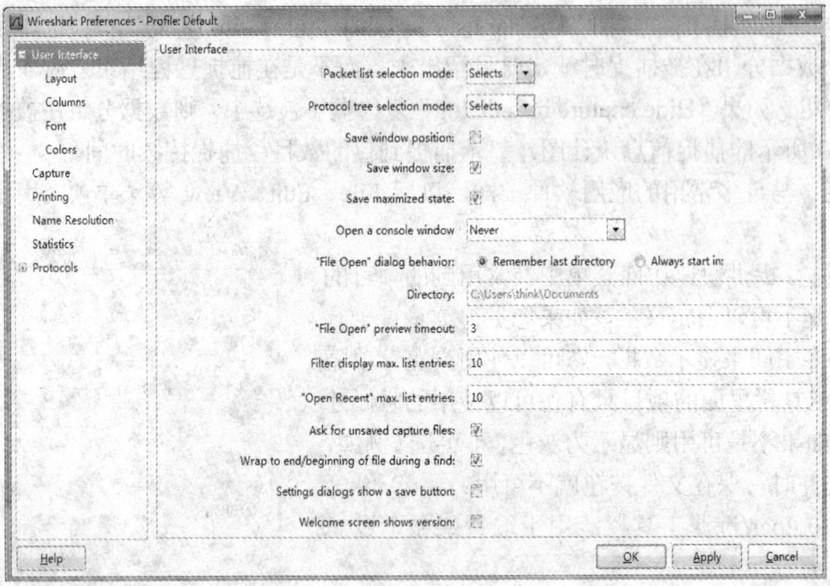

图 1-44　包列表面板首选项设置对话框

Packet bytes（包字节）面板：以十六进制转储方式显示当前您在 Packet list 面板选择的包的数据，以及在 Packet details 面板高亮显示的字段。通常在十六进制转储形式中，左侧显示包的数据偏移量，中间栏以十六进制表示，右侧显示为对应的 ASCII 字符。根据所选择的包数据的不同，有时候包字节面板可能会有多个页面。

状态栏：显示当前程序状态以及捕捉数据的更多详情。通常状态栏的左侧会显示相关上下文信息，右侧会显示当前包数目。

2. Wireshark 捕捉数据包过滤规则的设置

Wireshark 可捕获进出主机的所有数据包，甚至包括局域网内部其他主机发送的广播包。所以在不加限制的情况下，可以捕获到任何经过该网卡的数据包。为了研究的方便，可以设定过滤规则，把不需要研究的数据包过滤掉，留下需要分析的数据包。Wireshark 使用与 Tcpdump 相似的过滤规则，并且可以很方便地存储已经设置好的过滤规则。为 Wireshark 配置过滤规则，在如图 1-42 所示的窗口中单击“Edit Capture Filter”按钮或单击“Capture”菜单，然后选择“Capture Filters”菜单项，打开“Wireshark：Capture Filter”对话框，如图 1-45 所示。

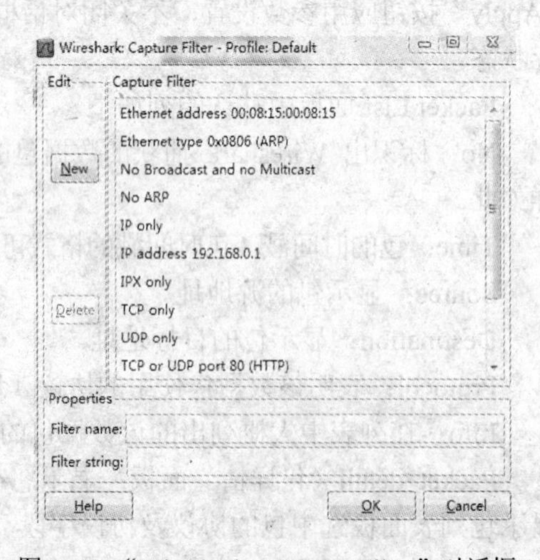

图 1-45　“Wireshark：Capture Filter”对话框 1

在 Wireshark 中添加过滤规则时，需要为该过滤规则指定名字及规则。例如，创建一条过滤规则，使得仅收集主机 192.168.6.65 和主机 www.baidu.com 之间交互的分组，那么可以在“Filter name”文本框内输入过滤规则的名字“baidu”，在“Filter string”文本框内输入过滤规则“host 192.168.6.65 and www.baidu.com”，然后单击“New”按钮即可，如图 1-46 所示，单击“OK”按钮就可以应用该规则。

在 Wireshark 中使用的过滤规则和 Tcpdump 几乎完全一致，这是因为两者都基于 libpcap（WinPcap）库的缘故。Wireshark 能够同时维护很多个过滤规则，网络管理员可以根据实际需要选用不同的过滤规则，这在很多情况下是非常有用的。例如，一个过滤规可能用于截获两个主机间的数据分组，而另一个则可能用于截获 ICMP 分组来诊断网络故障。

也可以在捕捉数据分组之后指定过滤规则。捕捉数据分组完成之后，单击主界面的过滤工具栏中的“Filter”工具按钮，在打开的“Wireshark：Display Filter”对话框中输入过滤规则，如图 1-47 所示。也可以直接在“Filter”工具按钮右侧的文本框中输入过滤规则表达式。如果您输入的格式不正确，或者未输入完成，则背景显示为红色。直到您输入合法的表达式，背景会变为绿色。如果输入表达式完成，背景显示为黄色，则说明该过滤规则可能会出现意外的结果。

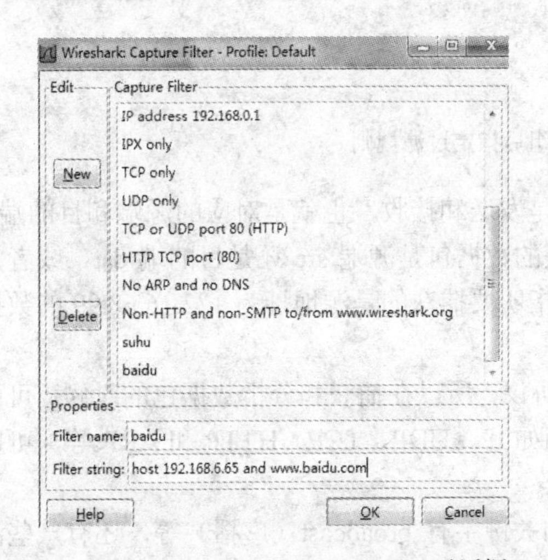

图 1-46 “Wireshark：Capture Filter”对话框 2

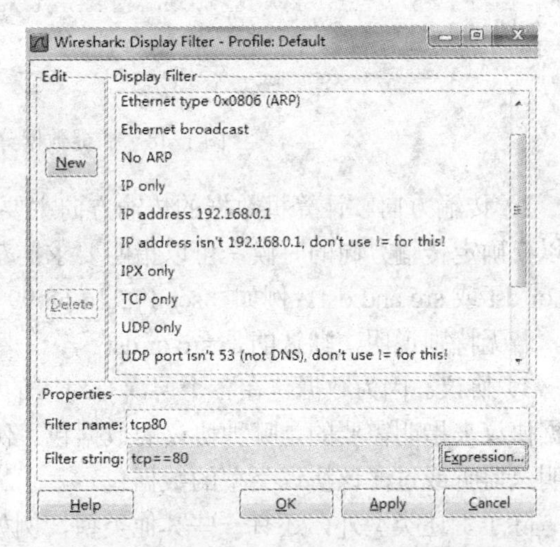

图 1-47 “Wireshark：Displsy Filter”对话框

例如，输入“ip.addr != 192.168.6.68”这样的表达式则会出现黄色，正确的表达式为“!(ip.addr == 192.168.6.68)”。注意，该对话框中的“Filter string”与图 1-46 中的“Filter string”的表达式形式不同。当然，也可以直接从列表中选择某条过滤规则。输入或选择之后，单击“Apply”按钮，Wireshark 就会把过滤后的内容显示出来。

此外还可以选择 Wireshark 主界面协议列表中的某一行右击，在弹出的快捷菜单中选择“Apply as Filter”中的某一选项，Wireshark 也会将所选的内容作为过滤规则，把过滤后的内容显示出来，如图 1-48 所示。

3. Wireshark 过滤规则说明

Wireshark 中数据包的过滤规则实际上是一个使用 libpcap 过滤器语言的正则表达式。

（1）关键字过滤

作为正则表达式，一般设置关键字过滤的比较多，主要有以下几种。

1）类型。包括 host、port、net 等。例如，host 10.10.31.252 指明 10.10.31.252 是一台主机，net 10.0.0.0 指明 10.0.0.0 是一个网络地址，port 80 指明端口号是 80。在没有指定类型关键字的情况下，默认的一般是 host。

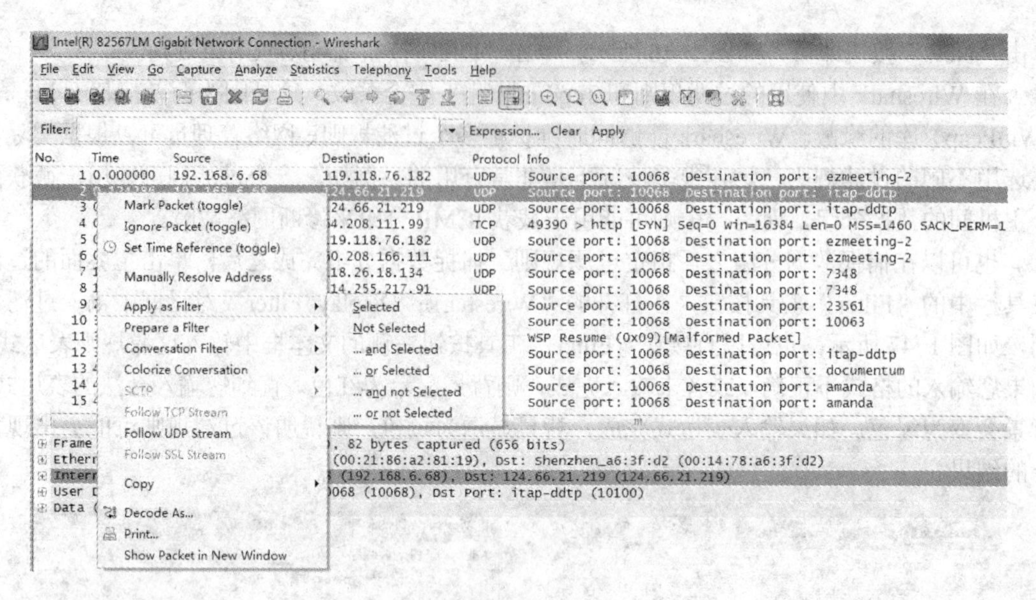

图 1-48　捕捉数据分组后指定过滤规则

2）传输方向。计算机数据的传输方向主要是发送和接收，也就是对应的源端和目的端。所以在确定传输方向的时候，可以指明要求捕获的数据包是源端 src 还是目的端 dst，或者是 src or dst 或 src and dst。例如，scr 172.16.68.99 指明要捕获的是源地址为 172.16.68.99 的数据包。若无特别说明，默认的是 src or dst。

3）协议。因为数据包在各个层次有对应的协议，所以在捕获和分析数据包的时候，可以根据协议来指明需要的是哪种协议的数据包。例如 IP、UDP、TCP、HTTP 和 ARP 等，可以指明只监听或过滤该协议类型的数据包。

除了上述类型外，还有一些其他类型，例如关键字有 broadcast（广播）等，还有一些涉及运算符，如 not、!、&&以及||等。

（2）一般过滤规则的设定

可以通过一些具体规则的设定来达到过滤的目的。列举某些实例如下。

- host 172.16.68.99：捕获主机 172.16.68.99 收到和发出的所有数据包。
- host 172.16.68.99 and 221.18.96.202：捕获主机 172.16.68.99 和主机 221.18.96.202 之间通信的所有的数据包。
- ip host 172.16.68.99 and !221.18.96.202：捕获主机 172.16.68.99 和除 221.18.96.202 之外的所有主机通信的数据包。
- tcp port 21 and host 172.16.68.99：捕获主机 172.16.68.99 接收和发出的 ftp 数据包。
- host 172.16.68.99 and www.hust..edu.cn：捕获主机 172.16.68.99 和服务器 www.hust.edu.cn 之间的通信数据包。
- ip broadcast：捕获局域网上的所有 IP 广播数据包。

除了上面介绍的规则之外，可以根据关系运算符和字符串操作符来设置更加详细的过滤规则。但是需要提醒的是，在如图 1-43 所示的“Wireshark：Display Filter”对话框中只能输入以下形式的过滤规则表达式。

- ip.addr==172.16.68.99：捕获主机 172.16.68.99 收到和发出的所有数据包。

- ip.addr==172.16.68.99 and ip.addr==221.18.96.202：捕获主机 172.16.68.99 和主机 221.18.96.202 之间通信的所有的数据包。
- ip.addr== 172.16.68.99 and ip.src != 221.18.96.202：捕获主机 172.16.68.99 和来源不为 221.18.96.202 的所有主机通信的口数据包。
- tcp.port==21 and !（ip.addr==172.16.68.99）：捕获不是主机 172.16.68.99 接收和发出的 ftp 数据包。
- tcp.port==25：捕获来源或目的 TCP 端口号为 25 的数据包。
- Snmp || dns || icmp：捕获 SNMP、DNS 或 ICMP 的数据包。

1.4.4 分析数据包

使用 Wireshark 可以很方便地对捕获的数据包进行分析，包括该包的源地址、目的地址、所属协议等。如图 1-49 所示，只要在最上面显示捕捉到的数据包的窗口中选择一个数据包，中间窗口就会显示出该数据包包括的所有协议内容。

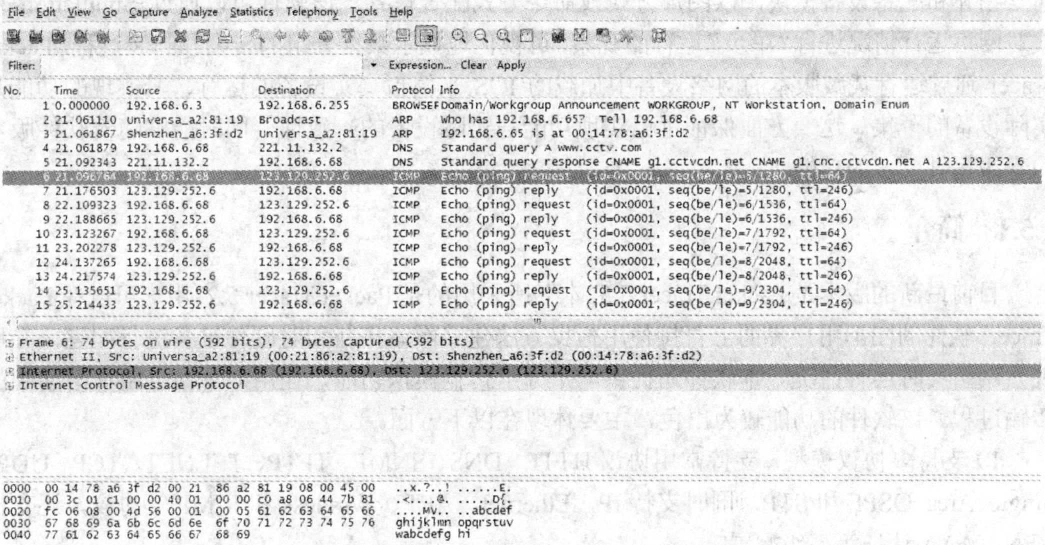

```
File  Edit  View  Go  Capture  Analyze  Statistics  Telephony  Tools  Help
Filter:                                    Expression...  Clear  Apply
No.  Time       Source              Destination         Protocol Info
   1 0.000000   192.168.6.3         192.168.6.255       BROWSER Domain/Workgroup Announcement WORKGROUP, NT Workstation, Domain Enum
   2 21.061110  Universa_a2:81:19   Broadcast           ARP     Who has 192.168.6.65?  Tell 192.168.6.68
   3 21.061867  Shenzhen_a6:3f:d2   Universa_a2:81:19   ARP     192.168.6.65 is at 00:14:78:a6:3f:d2
   4 21.061879  192.168.6.68        221.11.132.2        DNS     Standard query A www.cctv.com
   5 21.092343  221.11.132.2        192.168.6.68        DNS     Standard query response CNAME g1.cctvcdn.net CNAME g1.cnc.cctvcdn.net A 123.129.252.6
   6 21.096764  192.168.6.68        123.129.252.6       ICMP    Echo (ping) request  (id=0x0001, seq(be/le)=5/1280, ttl=64)
   7 21.176503  123.129.252.6       192.168.6.68        ICMP    Echo (ping) reply    (id=0x0001, seq(be/le)=5/1280, ttl=246)
   8 22.109323  192.168.6.68        123.129.252.6       ICMP    Echo (ping) request  (id=0x0001, seq(be/le)=6/1536, ttl=64)
   9 22.188665  123.129.252.6       192.168.6.68        ICMP    Echo (ping) reply    (id=0x0001, seq(be/le)=6/1536, ttl=246)
  10 23.123267  192.168.6.68        123.129.252.6       ICMP    Echo (ping) request  (id=0x0001, seq(be/le)=7/1792, ttl=64)
  11 23.202278  123.129.252.6       192.168.6.68        ICMP    Echo (ping) reply    (id=0x0001, seq(be/le)=7/1792, ttl=246)
  12 24.137265  192.168.6.68        123.129.252.6       ICMP    Echo (ping) request  (id=0x0001, seq(be/le)=8/2048, ttl=64)
  13 24.217574  123.129.252.6       192.168.6.68        ICMP    Echo (ping) reply    (id=0x0001, seq(be/le)=8/2048, ttl=246)
  14 25.135651  192.168.6.68        123.129.252.6       ICMP    Echo (ping) request  (id=0x0001, seq(be/le)=9/2304, ttl=64)
  15 25.214433  123.129.252.6       192.168.6.68        ICMP    Echo (ping) reply    (id=0x0001, seq(be/le)=9/2304, ttl=246)

Frame 6: 74 bytes on wire (592 bits), 74 bytes captured (592 bits)
Ethernet II, Src: Universa_a2:81:19 (00:21:86:a2:81:19), Dst: Shenzhen_a6:3f:d2 (00:14:78:a6:3f:d2)
Internet Protocol, Src: 192.168.6.68 (192.168.6.68), Dst: 123.129.252.6 (123.129.252.6)
Internet Control Message Protocol

0000  00 14 78 a6 3f d2 00 21  86 a2 81 19 08 00 45 00   ..x.?..! ......E.
0010  00 3c 01 c1 00 00 40 01  00 00 c0 a8 06 44 7b 81   .<....@. .....D{.
0020  fc 06 08 00 4d 56 00 01  00 05 61 62 63 64 65 66   ....MV.. ..abcdef
0030  67 68 69 6a 6b 6c 6d 6e  6f 70 71 72 73 74 75 76   ghijklmn opqrstuv
0040  77 61 62 63 64 65 66 67  68 69                     wabcdefg hi
```

图 1-49　分析数据包内容

选择其中一条协议，最下面的窗口就会显示出它所包括的数据内容。图 1-49 就是在 Wireshark 中对一个 ping 数据包（request）进行分析时的情形。

在图 1-49 最上面的数据分组列表中，显示了被捕获的数据分组的基本信息。从图中可以看出，当前选中数据分组的源地址是 192.168.6.68，目的地址是 123.129.252.6，该数据分组所属的协议是 ICMP。

图 1-49 中间窗口显示的是协议树，通过协议树可以得到被捕获的数据包的更多信息，如主机的 MAC 地址（Ethernet II），IP 地址（Internet Protocol）。通过扩展协议树中的相应节点，可以得到该数据包中携带的更详尽的信息。

图 1-49 下面的窗口是以十六进制形式显示数据包的具体内容，这是被捕获的数据包在物理介质上传输时的最终形式。当在协议树中选中某行时，与其对应的十六进制代码同样会被

选中，这样就可以很方便地对各种协议的数据分组进行分析。

Wireshark 提供的图形化用户界面非常友好，管理员可以很方便地查看每个数据包的详细信息、协议树及其对应的十六进制代码。

1.5 网络模拟器——Packet Tracer

在没有条件建立专用实验室或构建大型网络有困难时，以软件构建的虚拟网络实训平台就成为一种很好的替代或辅助手段。目前，市场上的网络模拟软件很多，大致可以分为两类：一类是面向研究型人员的，此类模拟软件主要用于网络协议设计、性能分析等研究性用途，如 Opnet、NS2 等；而另一类则是面向教学、工程人员的，此类软件模拟真实网络设备的运行，使用者可以在集成环境中设计拓扑、配置设备并进行测试，如 Packet Tracer、Dynamips 等。基于权威性、易用性和扩展性等原因，Packet Tracer 是广泛使用的一款网络模拟软件。它是由 Cisco 公司发布的一个辅助学习工具，用户可以在软件的图形用户界面上直接使用拖曳的方法建立拓扑和配备设备模块，以图形方式或命令方式配置设备。该软件可以通过 Simulation 模式对网络运行情况进行“单步”运行的观察，可视化地显示数据分组的传播和封装过程。Packet Tracer 通过运行裁减版本的网络设备中加载的 IOS 来模拟真实设备的运行，其实现的功能是实际设备的子集。这一方面保证了已实现功能与实际设备的一致性，同时能够随着软件版本的升级提供更多的功能。

1.5.1 简介

目前最新的版本是 Packet Tracer 5.5，本书所采用的是 Packet Tracer 5.2。用户可以在 Packet Tracer 软件的图形用户界面上直接使用拖曳方法建立网络拓扑和对硬件设备进行配置，并可观察网络实时运行情况。本软件还提供一个分组传输模拟功能，让用户观察分组在网络中的传输过程。该软件的功能较为出色，主要体现在以下方面。

1）支持多协议模型。支持常用协议 HTTP、DNS、SNMP、TFTP、TELNET、TCP、UDP、Single Area OSPF 和 STP，同时支持 IP、Ethernet、ARP、Wireless 和 ICMP 等协议，还支持 VPN、AAA 认证等高级配置。

2）支持大量的设备模型。支持路由器、交换机、无线设备、服务器、各种连接电缆和终端等，还能仿真各种模块。对设备均提供图形化和终端两种配置方法，各设备模型均有可视化的外观仿真。可根据实验自己绘制拓扑图，进行仿真实验，所有的操作和真实的环境几乎相同。

3）支持逻辑空间和物理空间的设计模式。逻辑空间模式用于进行逻辑拓扑结构的实现，物理空间模式支持构建城市、楼宇、办公室和配线间等虚拟设置。

4）可视化的数据包表示工具。配置有一个全局网络探测器，可以显示仿真数据包的传输路线，并显示各种模式，如前进、后退或者逐步执行。

5）数据包传输采用实时模式和仿真模式。实时模式与实际传输过程一样，仿真模式通过可视化模式显示数据包的传输过程，使用户能对抽象数据的传输具体化。

6）方便灵活。

在进行网络模拟过程中，只要网络拓扑结构、网络协议和仿真参数等不发生改变，网络模拟结构就不会发生改变。这样可重复再现网络环境，获取相关的理论数据。此外，实验者也可以按规则随意修改网络拓扑结构、网络协议和仿真参数，灵活设置网络仿真环境，从而获取自己感兴趣的、与网络运行细节相关的数据。通过这种仿真实验方式，实验者可以有针对性地更改网络模拟环境，从不同的角度获取有用数据，分析网络性能，全面理解网络运行过程。与实际的操作相比，使用灵活方便。

Packet Tracer 的安装非常简单，单击安装文件“PacketTracer52_setup”，按照提示即可完成安装。

双击桌面“Cisco Packet Tracer”图标，打开 Packet Tracer 5.2 软件，主界面如图 1-50 所示。

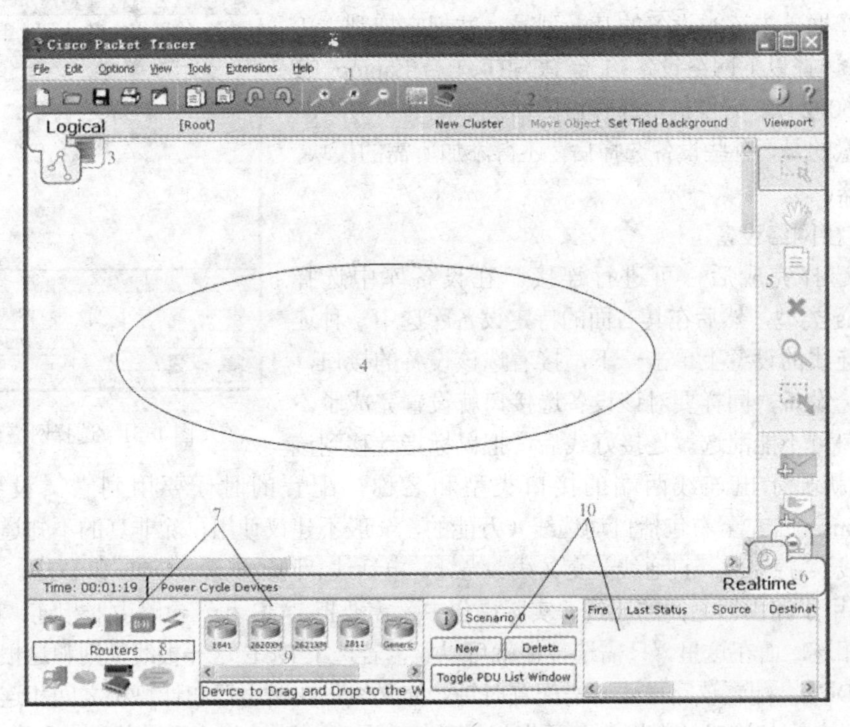

图 1-50　Packet Tracer 主界面

Packet Tracer 程序运行窗口主要包括 10 个部分。

1）主菜单。包括最常用的文件、编辑、选项和帮助等菜单项。

2）主工具栏。提供了文件按钮中命令的快捷方式。

3）逻辑/物理工作区转换栏。完成逻辑工作区和物理工作区之间的转换。

4）主工作区。在该区域中可以创建网络拓扑，监视模拟过程，查看各种信息和统计数据。

5）常用工具栏。提供了常用的工具包括选择、整体移动、为选中设备添加备注、删除、查看选中设备的各种表信息、添加简单数据包和复杂数据包等。

6）实时/仿真转换栏。通过此栏的按钮完成实时模式和仿真模式之间的转换。

7）网络设备库。包括设备类型库和特定设备库两个部分。

8）设备类型库。包含不同类型的设备，如路由器、交换机等。

9）特定设备库。包含不同设备类型中不同型号的设备，它随着设备类型的选择级联显示。

10）用户创建的数据包窗口，管理用户添加的数据包。

1.5.2 仿真网络设备的使用

在 Packet Tracer 软件中，可以使用各种仿真网络设备。

1. 选择网络设备

若要选择某种网络设备，只需在 Packet Tracer 窗口左下方的设备类型框中选择某种类型的设备，这里有许多种类的硬件设备，从左至右、从上到下依次为路由器、交换机、集线器、无线设备、设备之间的连线（Connections）、终端设备、仿真广域网、Custom Made Devices（自定义设备）及 Multiuser connection。然后在其右面的设备特性选择框单击该类设备的某一型号，并把它拖到主工作区即可。选择以下网络设备：1 台 PC-PT、1 台 Laptop-PT 和 1 台 2960-24TT 交换机，选择后的情况如图 1-51 所示。

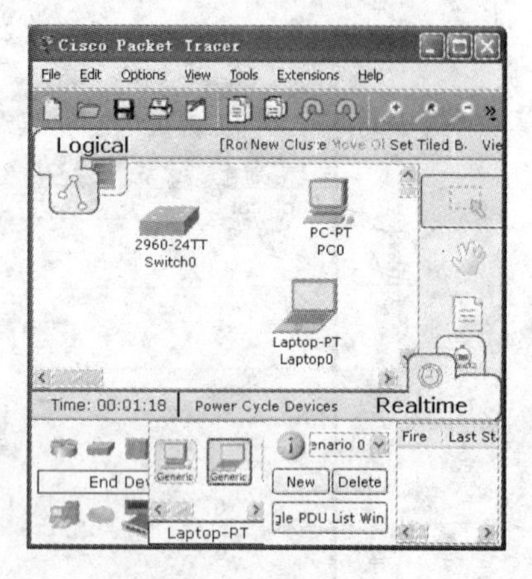

图 1-51 选择网络设备

需注意的是，有些设备选择后，还得添加所需的模块，例如路由器。

2. 连接网络设备

设备选择完成后，可进行连接。在设备库中选择 Connections 类型，然后在其右面的特定设备库选中一种连线，在要连线的设备上单击一下，接着选该设备的接口，再单击另一设备，同样要对该设备选接口就设置完成了。注意，接口可不能乱选。连接好线后，把鼠标指针移到该连线上，就显示出连线两端的接口类型和名称，配置的时候要用到它。设备的连线（Connections）自左至右包括自动选线（万能的，一般不建议使用，除非真的不知道设备之间该用什么线）、控制线、直通线、交叉线、光纤、电话线、同轴电缆、DCE 和 DTE。其中 DCE 和 DTE 是用于路由器之间的连线，实际操作中，需要把 DCE 和一台路由器相连，DTE 和另一台设备相连。而在这里，只需选一根就可以了，若选了 DCE 这一根线，则和这根线先连的路由器为 DCE，配置该路由器时需配置时钟。交叉线只在路由器和计算机之间相连，或交换机和交换机之间相连时才会用到。要根据设备的型号和模块选择合适的线型。

本例选择 1 条 Copper Straight –Through（直连线），单击 Switch0，选择 FastEthernet0/1 端口，再单击 PC0，选择 FastEthernet 端口。这时 PC 和交换机之间多了一条连接线，稍候两个连接点变成绿点，表示连接已建立，如图 1-52 所示。再选择另 1 条 Copper Straight –Through，单击 Switch0，选择 FastEthernet0/2 端口，再单击 Laptop0，选择 FastEthernet 端口。此时 PC 和交换机之间多了 1 条连接线，稍候是 2 个绿点，表示连接已建立。线缆两端亮点的含义如表 1-2 所示。

表 1-2 线缆两端亮点的含义

链路圆点的状态	含　义
亮绿色	物理连接准备就绪，还没有 Line Protocol status 的指示
闪烁的绿色	连接激活
红色	物理连接不通，没有信号
黄色	交换机端口处于“阻塞”状态

3. 配置网络设备

接下来对所选的网络设备进行配置，在主工作区中单击某个设备即可打开该设备的配置窗口。本例中，交换机不需要配置，只需配置 PC（172.168.11.10/24）和笔记本电脑（172.168.11.11/24）的 IP 等相关属性。用鼠标单击 PC0，在弹出的窗口中选择“Config”选项卡，即进入 TCP/IP 配置界面，如图 1-53 所示。单击“Settings”标签，可以配置 Gateway、DNS（本例中暂不配置）。单击“FastEthernet”标签，在 IP Address 框中输入“172.168.11.10”。单击 Subnet Mask，系统会自动分配子网掩码 255.255.0.0，将其更改为 255.255.255.0。用鼠标单击 Laptop0，按照同样的方法为其配置 IP 和 Subnet Mask。

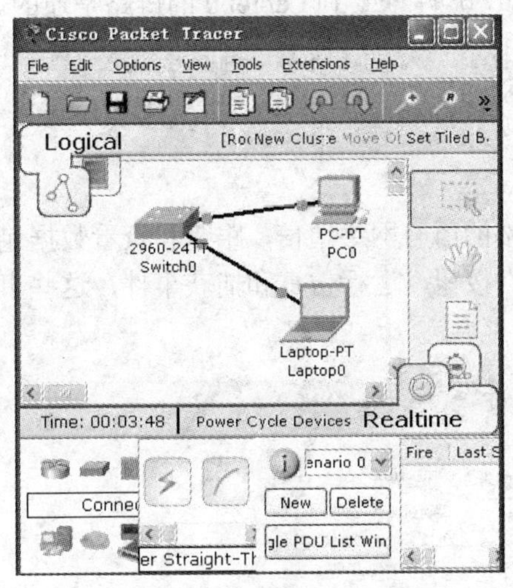

图 1-52　完成网络设备连接

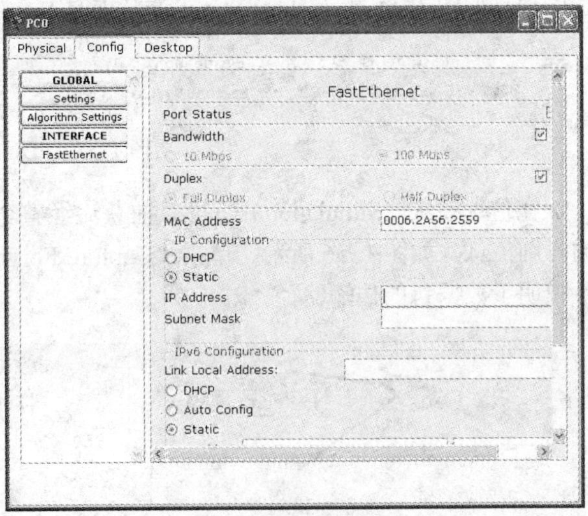

图 1-53　PC0 配置属性窗口

对于路由器，打开设备的配置属性窗口后，可以为其添加需要的模块，添加前需要将路由器的电源关闭，路由器默认情况下电源是打开的（绿色表示打开），如图 1-54 所示。

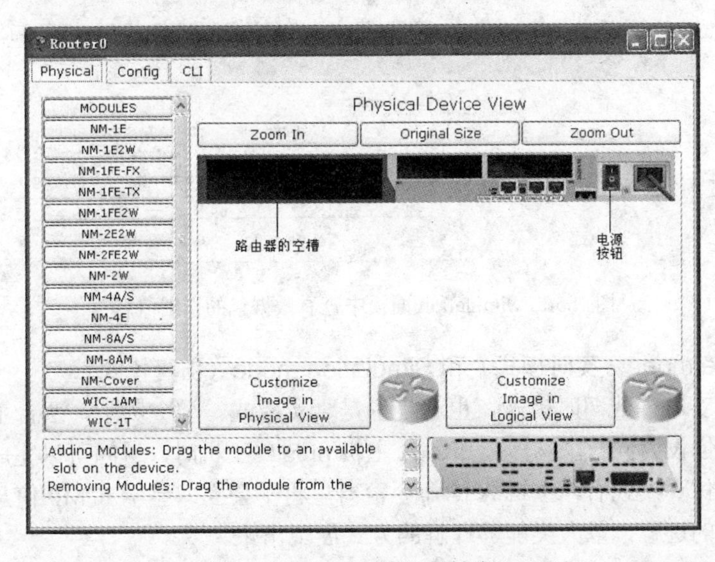

图 1-54　路由器配置属性窗口

电源位置就是图中带绿点的那个装置，用鼠标单击绿点那里，它就会关闭。这时，可以将需要的模块拖动到路由器空槽上。添加模块后单击绿点重新打开电源，重新启动路由器。启动后就可以进行连线及相关配置了。

4．测试设备的连通性

按照上述的操作，已经搭建了一个简单的模拟局域网，可以测试其连通性。在图1-53所示的窗口中单击“Desktop”选项卡，在其窗口列表中单击“Command Prompt”图标，弹出“Command Prompt”仿真对话框，输入“ping 172.168.11.11”后按〈Enter〉键，显示了相关的ICMP应答信息，说明网络连接正确。在Packet Tracer的实时模式（Realtime）中，显示数据包的信息如图1-55所示，Last Status的状态是Sussessful，说明PC0到Laptop0的链路是通的。

Fire	Last Status	Source	Destination	Type	Color	Time (sec)	Periodic	Num	Edit	Delete
●	Successful	PC0	Laptop0	ICMP		0.000	N	0	(edit)	(delete)

图1-55　PDU信息

在仿真模式（Simulation）下可以捕获流经整个网络的所有网络通信，跟踪和查看数据包的详细信息，如图1-56所示。单击“Capture/Forward”按钮，运行仿真和捕获事件，这些事件说明了数据包的传输路径。

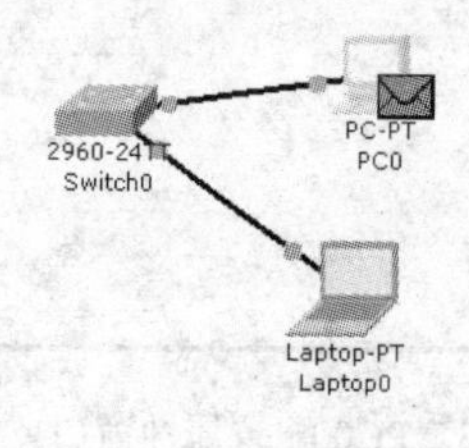

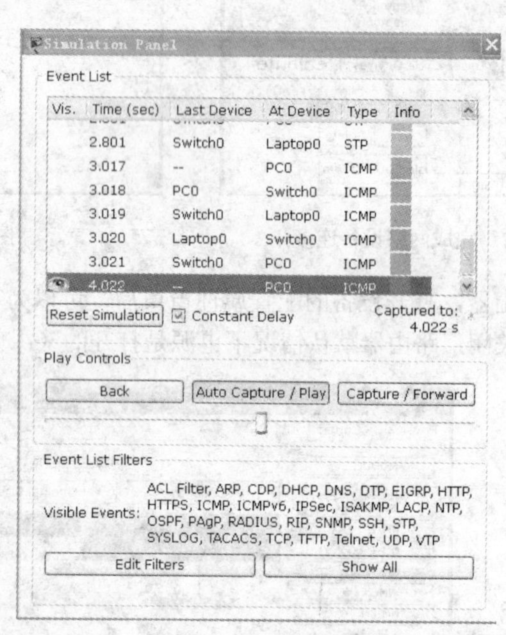

图1-56　Simulation面板中查看数据包的详细信息

5．Realtime mode（实时模式）和Simulation mode（仿真模式）

顾名思义，实时模式即时模式，也就是说是真实模式。举个例子，两台主机通过直通双绞线连接并将它们设为同一个网段，那么A主机ping B主机时，瞬间可以完成。这就是实时模式。而切换到仿真模式后，主机A的命令窗口里将不会立即显示ICMP信息，而是软件正在模拟这个瞬间的过程，以人类能够理解的方式展现出来。

1）有趣的Flash动画。只需单击Auto Capture（自动捕获）按钮，那么直观、生动的Flash

动画即显示了网络数据包的来龙去脉。这是该软件的一大闪光点。

2）单击 Simulate mode 会出现 Event List 对话框，该对话框显示当前捕获到的数据包的详细信息，包括持续时间、源设备、目的设备、协议类型和协议详细信息，非常直观。

3）要了解协议的详细信息，请单击显示不同颜色的协议类型信息 Info，这个功能非常强大，很详细地描述了 OSI 模型信息和各层 PDU。如图 1-57 所示是 Simulation mode 过程中某一事件基于 OSI 模式的详细信息，本例中仅涉及 OSI 的低 3 层。

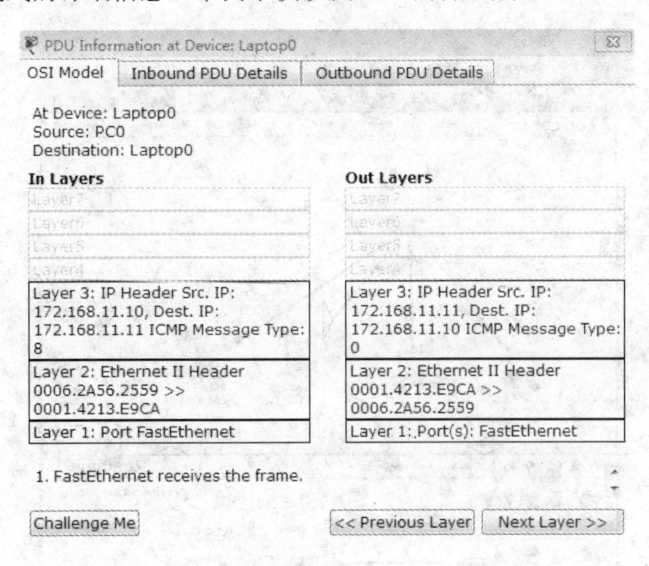

图 1-57　基于 OSI 模式的 PDU 详细信息

1.5.3　基于 Packet Tracer 的简单局域网组建与配置

基于 Packet Tracer 软件，可以模拟各种网络的组建并进行相应的配置。在此以简单局域网组建与配置为例，说明如何使用 Packet Tracer 模拟各种网络的组建和配置。

1．基本要求

1）构建对应在一个办公室或几个办公室的 PC 所组建的简单局域网。

2）使用交换机连接 4 台 PC，设计一个简单的局域网并在仿真环境中画出其逻辑拓扑图；4 台 PC 属于同一子网，子网掩码为 255.255.255.0，所配置的 TCP/IP 参数如表 1-3 所示。

表 1-3　PC 所配置的 TCP/IP 参数表

主　机　名	IP 地址	默 认 网 关	所 属 网 段
PC0	192.168.1.2	192.168.1.1	192.168.1.0
PC1	192.168.1.3	192.168.1.1	192.168.1.0
PC2	192.168.1.4	192.168.1.1	192.168.1.0
PC3	192.168.1.5	192.168.1.1	192.168.1.0

3）配置拓扑图中的各设备连通所需的参数。

4）在模拟模式下进行网络连通性的测试。

2. 在 Packet Tracer 中选择设备并画出网络拓扑图

选择 2960-24 交换机 1 台，PC 4 台，选择 1 条 Copper Straight–Through（直连线），单击 Switch0，选择 FastEthernet0/1 端口，再单击 PC0，选择 FastEthernet 端口。这时 PC 和交换机之间多了一条连接线，稍候两个连接点变成绿点，表示连接已建立。按照同样的方法和步骤，再分别选择 3 条直连线通过交换机的端口 2、3 和 4 与另外 3 台 PC 连接，连接建立后的网络拓扑如图 1-58 所示。

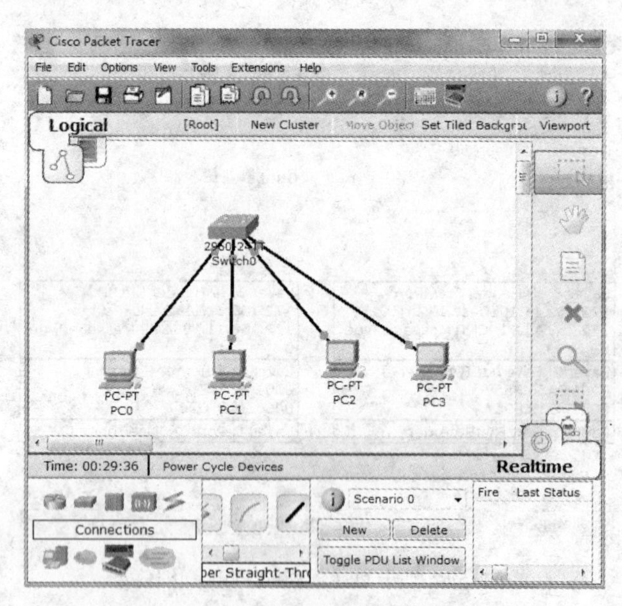

图 1-58　基于 Packet Tracer 的简单局域网拓扑图

3. 配置 PC 的 TCP/IP 属性

按照 1.5.2 节中“配置网络设备”的方法，在如图 1-53 所示的窗口中，根据表 1-3 的参数值分别配置 4 台 PC 的 IP 地址等相关信息。

4. 网络连通性的测试

在完成网络连接和配置之后，就可以进行网络连通性测试。以 PC0 到 PC1 的连通性测试为例。

单击图 1-58 中的 PC0 图标，在弹出的配置界面中，选择“Desktop”选项卡。选择命令提示符，键入 ping 命令。接着在其窗口列表中单击“Command Prompt”图标，弹出“Command Prompt”仿真对话框，输入“ping 192.168.1.3”后按〈Enter〉键，显示了相关的 ICMP 应答信息，说明网络连接正确，如图 1-59 所示。

```
PC>ping 192.168.1.3
```

注意：模拟环境与实际环境不同，ping 命令的结果不能自动生成。模拟环境下使用 ping 命令时，ICMP 数据报的传输路径可以在仿真环境中 Simulate（即模拟）模式下查看到，单击右下角的 Simulate 模式图标，在事件列表中便可看到 ping 事件，在工作区便会看到传输的包，然后单击“自动捕获”按钮，可以看到包在设备间传输，同时可看到 ping 的结果。

Cisco Packet Tracer 不仅提供了网络配置的练习平台，而且是计算机网络教学中良好的辅助工具。该软件可以仿真 PDU 转发流程、物理工作区展示现实环境，还可以利用活动向导进行技能考评等。总之，Cisco Packet Tracer 在网络教学和网络工程架设研究中有重要应用。

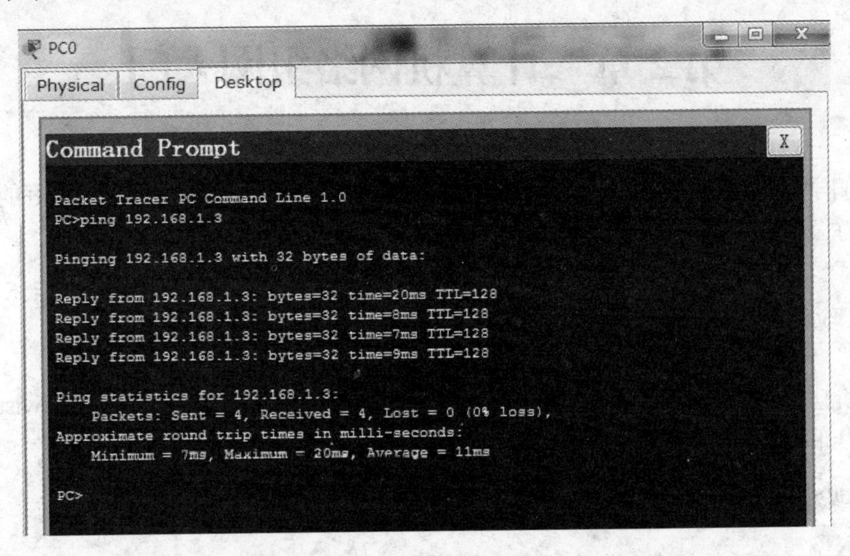

图 1-59 ping 192.168.1.3 所显示的结果

第 2 章　计算机网络组网入门

在我们学习、生活及工作的场所，最常见的是简单的小型局域网：一个家庭的网络、一间或几间办公室里的网络等。计算机网络组网就是从组建最简单的局域网开始。

2.1　双绞线的制作

从性价比和可维护性出发，大多数局域网使用非屏蔽双绞线（Unshielded Twisted Pair，UTP）作为布线的传输介质来组网。

2.1.1　实验目的

了解与布线有关的标准，学会识别各种制作双绞线的工具并能够使用这些工具制作交叉线和直连线；了解 UTP 测试的主要指标，并掌握简单网络测试仪的使用方法；掌握双绞线在计算机网络中的应用。

2.1.2　项目背景

某教师办公室里共有 5 台 PC 和 1 台打印机，为了提高资源的利用率，需要对这些计算机进行组网。应该如何选择合适的线缆进行物理组网？这些线缆又该如何制作呢？

对于这种应用背景，较合适的方式之一是选择双绞线来连接这些 PC。

2.1.3　实验原理

1．传输介质

传输介质泛指计算机网络中用于连接各个计算机的物理介质，特指用来连接各个通信处理设备的物理介质。传输介质分为有线介质和无线介质两大类。无线介质又分为无线电、微波、通信卫星和红外线传输等，有线介质分为同轴电缆、双绞线和光纤。在有线介质中，双绞线价格最为低廉，且安装简单，但传输距离受限，抗干扰能力相对较差；光纤信道容量大，传输距离远，抗干扰能力和保密性强，但成本相对较高。双绞线根据封装时是否包裹金属（金属箔或金属网）屏蔽层又可以分为屏蔽双绞线（Shielded Twisted Pair，STP）和非屏蔽双绞线（Unshielded Twisted Pair，UTP），STP 抗干扰能力较好，但由于价格较贵，因此实际使用不是很多。光纤按使用光源的不同分为多模光纤与单模光纤，多模光纤采用发光二极管 LED 作为光源，光的定向性较差；单模光纤采用注入式激光二极管 ILD 作为光源，光的定向性强。在信号传输距离和信道容量上，单模光纤较多模光纤具有更好的性能。通常，单模光纤用于长距离的室外传输，多模光纤用做楼宇或室内网络的主干。

在最新颁布的有关布线系统规范或标准中，建议采用 UTP 进行水平布线，而将光纤用做主干线缆，同轴电缆已经不再推荐使用。

2. UTP 线缆的分类与组成

UTP 按照性能与质量的不同可以分为一类线缆（CAT 1）、二类线缆（CAT 2）、三类线缆（CAT 3）、四类线缆（CAT 4）、五类线缆（CAT 5）、超五类线缆（CAT 5 E）和六类线缆（CAT 6），其中，只有 CAT 3、CAT 5、CAT 5E 和 CAT 6 可以用于局域网。CAT 5 的传输速率为 10～100 Mbit/s，阻抗为 100 Ω，线缆的最大传输距离为 100 m。CAT 5E 是指通过性能增强设计后可支持 1Gbit/s 传输的 CAT 5 线缆。CAT 6 是专为 1 Gbit/s 传输设计生产的线缆，它也是目前在水平布线中普遍使用的 UTP 线缆。

UTP 线缆内部由 4 对线组成，如图 2-1a 所示，每对线由彼此绝缘的两根导线组成，这两根导线是按照一定规则以螺旋状绞合在一起的，扭绞的目的是为了减少电磁干扰。每对线由其绝缘层的颜色进行标识，分别称为橙色对、绿色对、蓝色对与棕色对，并把橙色对中与橙色线相绞的白线或白橙条纹线称为橙白线，绿色对中与绿色线相绞的线称为绿白线，蓝色对中与蓝色相绞的线称为蓝白线，棕色对中与棕色相绞的线称为棕白线。UTP 的连接器是 RJ-45 连接器，如图 2-1b 所示，也称为 RJ-45 水晶头。在标准化布线中，UTP 的连接器还有 RJ45-信息模块，如图 2-1c 所示。

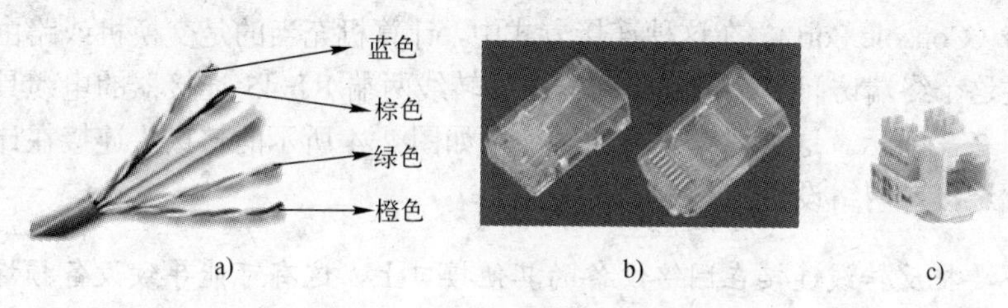

图 2-1 UTP 线缆对与连接器

a) UTP 线缆对 b) RJ-45 水晶头 c) RJ-45 信息模块

3. UTP 线缆的制作

就 UTP 双绞线使用与制作规范而言，主要涉及两个标准：TIA/EIA 568A 标准和 TIA/EIA 568B 标准，线序的连接法如图 2-2 所示，详细的说明如表 2-1 和表 2-2 所示。每条双绞线通过两端安装的 RJ-45 连接器（俗称水晶头）将各种网络设备连接起来。双绞线的标准接法不是随便规定的，目的是保证线缆接头布局的对称性，这样就可以使接头内线缆之间的干扰相互抵消。用于连接各设备的双绞线两端的线序是有区别的，一般有三种连接方法：直连线、交叉线和反转线。

表 2-1 “TIA/EIA 568A 标准”线序连接法说明

线序	1	2	3	4	5	6	7	8
颜色	绿白	绿	橙白	蓝	蓝白	橙	棕白	棕

表 2-2 “TIA/EIA 568B 标准”线序连接法说明

线序	1	2	3	4	5	6	7	8
颜色	橙白	橙	绿白	蓝	蓝白	绿	棕白	棕

（1）直连线

直连线（Straight-through Cable）也被称为直通线，直连线两端 RJ-45 连接器中的电缆按照相同的次序排列。用肉眼直观判断时，如果使一根 UTP 电缆两端的 RJ-45 连接器并排朝一个方向，线缆排列的次序是相同的，那么该线缆就是直连线。最常用的直连线接线标准是 TIA/EIA 568B。直连线常用于连接两端不相似的端口，例如用于将计算机连接到交换机的以太网端口，或在结构化布线中将计算机连接到信息插座，由配线架连接到交换机等。

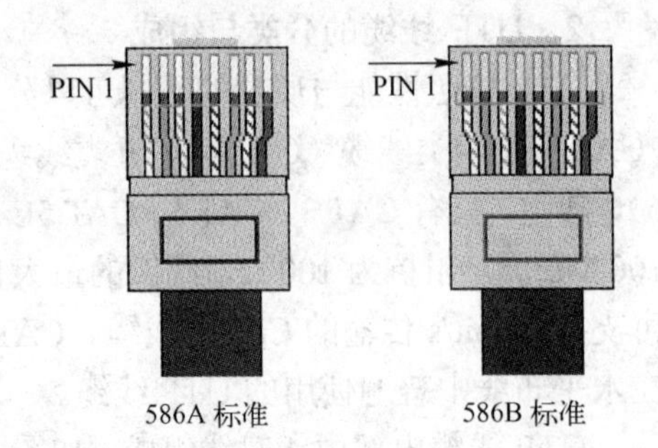

图 2-2　568A 和 568B 标准线序连接法示意图

（2）交叉线

交叉线（Crossover Cable）也被称为对接线，交叉线一端的线缆按照 TIA/EIA 568A 标准排列，另一端按照 TIA/EIA 568B 标准排列，即线缆一端的 1 与另一端的 3，线缆一端的 2 与另一端的 6 进行交叉。交叉线常用于连接两端相似的端口，例如用于将一台计算机与另一台计算机通过网卡连接，或交换机与交换机对接等。

（3）反转线

反转线（Rollover Cable）又被称为控制线或全反电缆，用于计算机连接到交换机或路由器的控制端口（Console Port）。在这种连接方式中，计算机充当的是交换机或路由器的超级终端，用户通过这个终端访问交换机或路由器。反转线两端 RJ-45 连接器的电缆具有完全相反的线序，如图 2-3 所示。这种线缆一端通过一个如图 2-4 所示的转接头连接在计算机的串行口上，另一端连接在网络设备的 Console 口上。

注意：不要把反转线连接在网络设备的其他接口上，这有可能导致设备损坏。

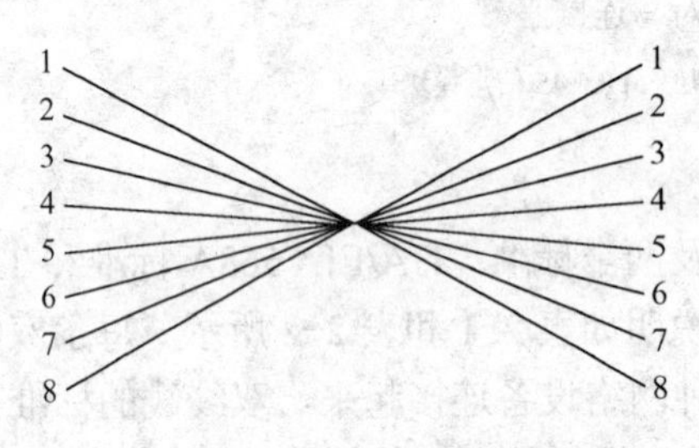

图 2-3　UTP 反转线线序排列

图 2-4　RJ-45 转 COM 口转接头

4. UTP 线缆的测试

物理层连通性是计算机网络数据传输的基础，所提供的传输质量直接影响高层的功能与性能。因此，在有线网络中，对于包括 UTP 等在内的所有传输介质都需要进行相关的测试，以确保所使用的物理线缆的质量，这一点非常重要，劣质的网络线缆会导致网络故障和网络不可靠。

EIA/TIA 568B 标准中规定了 UTP 用于连接以太网时所必需的有关测试，主要的测试参数包括线图（Wire Map）、插入损失（Insertion Loss）、近端串扰（NEXT）、综合近端串扰（PSNEXT）、传输延迟（Propagation Delay）和线缆长度（Cable Length）等。通常情况下，以测试线缆的连通性为主，要测试以上详细的参数，需要依靠专门的测试仪。

2.1.4 实验任务与规划

1．实验任务

认识UTP线缆和RJ-45连接器，使用剥线钳、压线钳等工具进行直连线或交叉线的制作，最后使用测试仪对制作的线缆进行测试。表2-3给出了相应的任务分解。

表2-3 “双绞线的制作”的任务分解

任务分解	任务描述
观察并认识UTP线缆及连接器	观察对象包括：UTP线缆的组成，4对线的颜色，RJ-45连接器的形状、结构组成
直连线或交叉线的制作	使用相应的制作工具制作一条直连线或交叉线
测试	使用线缆测试仪对所制作的UTP线缆进行测试，并理解测试参数的含义

2．规划与准备

在预习阶段，要求学生根据表2-3的任务分解，进行相关的准备和资料查找，完成相应的规划工作，如所使用的材料、工具与连接器等。表2-4给出了一种参考规划。

表2-4 “双绞线的制作”的参考规划

规划内容	规划要点	参考建议
制作材料	UTP线缆数量、连接器类型及个数	大于1.5m的UTP线缆2~3条、RJ-45连接器4~6个
制作工具	制作线缆所需要的工具	剪线工具、剥线工具、压线工具和网线测试仪
测试方法与工具	拟测试的线缆指标及所需的仪表	至少要测试线缆的连通性，其他指标可选；根据所要测试的线缆指标，确定相应的线缆测试仪表或工具

2.1.5 实验内容与操作要点

1．认识UTP和RJ-45水晶头

使用剥线钳剥开UTP线缆的外护套，仔细观察UTP线缆的线对、颜色。根据实际填写表2-5所示的记录表。

表2-5 UTP线缆的观察记录

UTP线缆的类别	线对数	线缆颜色	其他说明

2．制作直连线

UTP线缆的制作过程可分为4步，简单归纳为：“剥”、“理”、“查”和“压”。

1）剪一段长度适当的UTP线缆，一般不少于1m。

2）用压线钳的剥线刀口将UTP双绞线的外保护套管划开（小心不要将里面的双绞线的绝缘层划破），一般为3~5cm，将划开的外保护套管剥去（旋转、向外抽）。

3）按照橙白、橙、绿白、蓝、蓝白、绿、棕白、棕的TIA/EIA 586B标准规定的顺序分离4对线缆，并将它们捋平。

4）维持该颜色顺序，将8根导线平坦整齐地平行排列，导线间不留空隙；准备用压线钳

的剪线刀口将 8 根导线剪断，然后剪断电缆线。请注意，一定要剪得很整齐。剥开的导线长度不可太短，可以先留长一些，不要剥开每根导线的绝缘外层。一般而言，剪后未绞合在一起的线缆长度约为 1.2cm。

5）将剪断的电缆线放入 RJ-45 插头试试长短（要插到底），在放置过程中注意 RJ-45 连接器的塑料朝下，RJ-45 连接器的口对着自己，电缆线的外保护层最后应能够在 RJ-45 插头内的凹陷处被压实，反复进行调整，再次检查线序以及保护套位置，确保它们都是正确的。

6）在确认一切都正确后（特别要注意不要将导线的顺序排列反了），将 RJ-45 插头放入压线钳的压头槽内，双手紧握压线钳的手柄，用力压制 RJ-45 插头，以使插头的 8 个针脚接触点（内部的金属薄片）能穿破导线的绝缘外层，分别和 8 根导线紧紧地压接在一起。

7）重复步骤 2）～6）制作线缆的另一端，直至完成直连线的制作。

3．制作交叉线

1）按照制作直连线的步骤 1）～6 制作线缆的一端。

2）同制作直连线的步骤 2）。

3）按照绿白、绿、橙白、蓝、蓝白、橙、棕白、棕的 TIA/EIA 586A 标准规定的顺序分离 4 对线缆，并将它们捋平。

4）维持该颜色顺序，将 8 根导线平坦整齐地平行排列，导线间不留空隙；准备用压线钳的剪线刀口将 8 根导线剪断，然后剪断电缆线。

5）同制作直连线的步骤 5）。

6）同制作直连线的步骤 6）。

4．UTP 线缆的测试

如果仅测试线缆的连通性，只需要普通的线缆测试仪即可。将做好的 UTP 线缆两端的水晶头分别插入主测试仪和远程测试端的 RJ-45 端口，将开关开至“ON”（S 为慢速档），如图 2-5 所示。开启测试仪的电源后，主要观察连通情况、线对的排序情况，确认线缆是否满足制作要求。例如，直连线测试时主机指示灯从 1 至 8 逐个顺序闪亮。

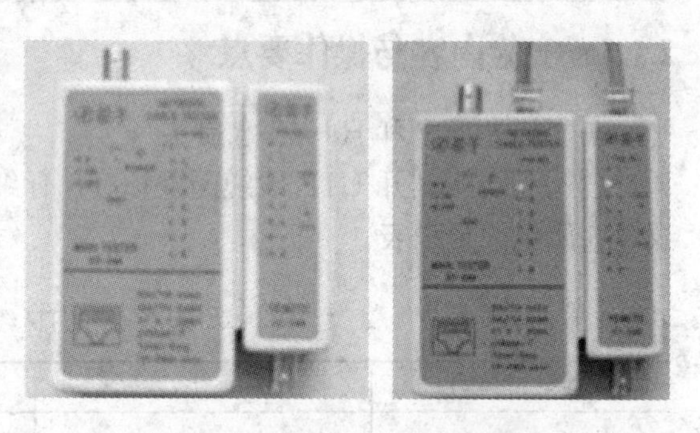

图 2-5　UTP 线缆连通性的测试

2.1.6　拓展实验

将制作好的线缆以小组合作的方式在计算机网络实验室中完成实际的物理连接，通过相关指示灯的工作状态观察其物理连通性并通过操作系统中的 ping 命令来测试其连通性；掌握双绞线在计算机网络中的应用。

2.1.7　实验思考题

1）双绞线中的线缆为何要成对地扭绞在一起，其作用是什么？

2）在制作 UTP 线缆的过程中，为什么要保证插入到 RJ-45 连接器中的线缆的长度在 1.2cm 左右，过长或过短会出现什么问题？

3）假设某学校有 3 栋楼需要联网，其中 1 号楼与 2 号楼的距离是 180m，2 号楼与 3 号楼的距离是500m，请为此网络选择合适的传输介质（包括连接器件）并说明理由。

2.2 组建简单的以太网

在我们的身边随处可见简单以太网的应用，下面就通过本节实验加深认识。

2.2.1 实验目的

了解一个局域网的基本组成，掌握如何利用交换机组建简单的以太网，掌握一个局域网互通所需的基本配置。

2.2.2 项目背景

在1间宿舍或1间办公室甚至1个家庭里，有几台计算机，为了能够方便地交换计算机中的文件和资料，共享软硬件资源，要将这些计算机组建成网络。如何解决组建？需要进行哪些配置？

2.2.3 实验原理

计算机网络组网是指根据用户的需求为其组建计算机网络的过程，包括需求分析、规划与设计、部署与实施以及测试与验收等主要环节。计算机网络组网是一项非常复杂的工作，涉及从物理层到应用层的多项工作，而且网络规模、网络所处的地理位置或物理环境、应用的多样性等还会增加组网的复杂性。

层次化方法是计算机网络研究、开发、部署、实施以及运行管理过程中用以化繁为简的基本方法与手段，采用网络分层模型来指导网络组网可以有效降低网络组网的复杂性。

采用TCP/IP组网的网络被称为TCP/IP网络，简称IP网络。由于IP网络的主流性，TCP/IP得到了所有主流操作系统的支持。

与TCP/IP模型相对应，组建IP网络的一般任务要涉及网络接口层、网络层、传输层和应用层。表2-6给出了组建IP网络时，各层上所需要关注或完成的主要工作。

表2-6 IP组网的任务分解及其分层描述

TCP/IP分层模型	组网任务描述
应用层	应用的规划与部署：应用的类型、规模、质量要求分析，必要的整合与合理部署 应用软件的安装与配置：通常包括服务器端和客户端 应用测试：包括功能与性能
传输层	传输层协议的选择：TCP或UDP 传输层协议的配置：系统绑定 传输层的测试：端口状态测试
网络层	网络层协议的选择与安装：核心协议IP，路由协议 网络层协议的配置：主机与接口的IP配置，路由器配置 网络层的测试：IP连通性测试，路由测试
网络接口层	技术的选择：不同LAN、MAN和WAN 详细技术设计：拓扑结构、传输介质、设备选型等 配置与实现：物理连接，设备配置，相关测试

局域网又称为LAN，是指在某一建筑里或限定区域覆盖范围内，通过通信线路和设备（如双绞线、网卡或交换机等）将一定数量的计算机设备（如终端、打印机或PC等）互联而成。其主要目的是实现软、硬件资源的共享。一个房间、一个楼层、一幢大楼或一个园区范围内的网络都属于局域网的范畴，局域网适用于公司、机关、校园、工厂及家庭等有限范围内的计算机、终端与各类信息处理设备连网的需求。局域网通常属于一个单位所有，在建立、维护与扩展上都相对比较方便。

就网络的层次而言，局域网只涉及OSI的物理层与数据链路层，属于TCP/IP模型中的网络访问层技术。典型的局域网技术最常用的有以太网和IEEE 802.11无线局域网技术。目前在有线局域网中普遍使用的是以太网技术，以太网是典型的IP网络。而在需要无线连接的场合，则使用IEEE 802.11无线局域网技术。组建简单的以太网，需要根据连网的计算机设备数量来选择交换机，使用UTP直连双绞线将计算机设备接入到交换机，然后通过计算机的操作系统进行一些相关的配置（主要是TCP/IP的配置），即可互连成局域网，进行数据交换和资源共享。

2.2.4 实验任务与规划

1. 实验任务

选择如图2-6所示网络拓扑中的一种，组建由双机构成的局域网，实现两台主机之间的通信。参考如图2-7所示的网络拓扑组建由多台计算机（3台及以上）构成的简单以太网。表2-7给出了相应的任务分解。

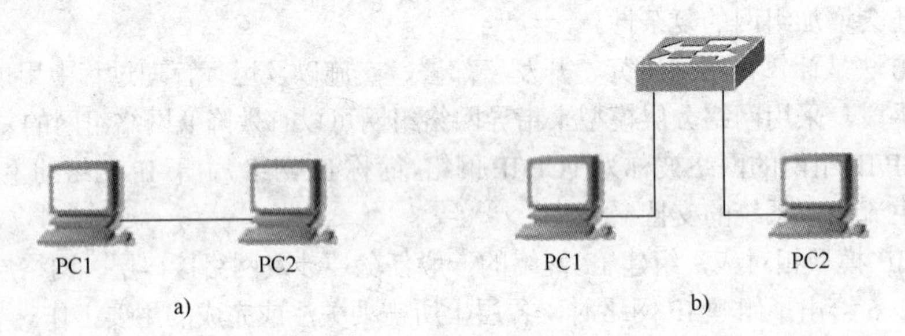

图2-6 双机互连的网络拓扑

a) 基本拓扑1 b) 基本拓扑2

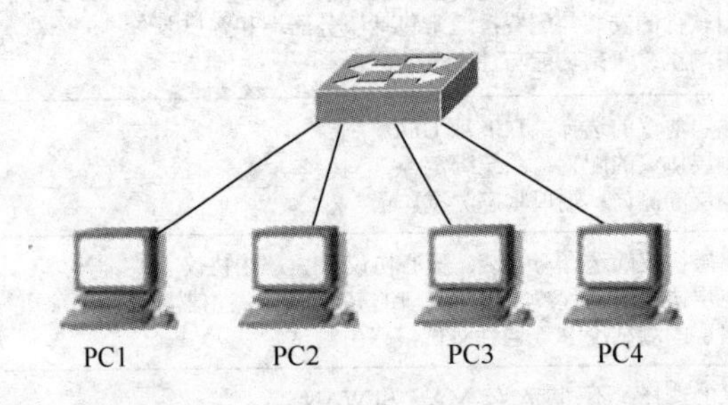

图2-7 简单以太网参考拓扑图

表 2-7 “组建简单的以太网”的任务分解

任务分解	任务描述
主机和网络设备选型及其物理连接	主机及操作系统的选择，网络拓扑的选择，互连网络设备的选择，线缆的选择及连接
主机的数据链路层配置与测试	网卡的安装与测试
主机的网络配置	客户端、协议与服务的安装，IP 地址的配置
IP 连通性的测试	测试主机之间的连通性，并进行必要的故障排除

2．规划与准备

在预习阶段，要求学生根据表 2-7 的任务分解，查阅资料完成相关的前期规划工作，准备相关的网络设备和连接线缆等。表 2-8 根据图 2-6 和图 2-7 给出了一种参考规划，学生可以自己提出规划。

表 2-8 “组建简单的以太网”的参考规划

规划内容	规划要点	参考建议
主机和网络设备选型及其物理连接	主机及操作系统的选择，网络拓扑的选择，互连网络设备的选择，线缆的选择	PC 安装 Windows XP 操作系统，选择对等拓扑或星型拓扑，采用一条 UTP 交叉线直接完成双机互连或利用交换机和 2 条 UTP 直连线完成双机互连；采用多条直连线和合适数量端口的交换机完成多台 PC 的互连
主机的数据链路层配置与测试	网卡的选择、安装与测试	每一台计算机需要一块以太网网卡（外置或内置均可）；网卡测试可借助操作系统提供的相关功能
主机的网络配置	每台主机的 IP 地址、子网掩码	PC1 的 IP 地址：192.168.200.101，子网掩码：255.255.255.0 PC2 的 IP 地址：192.168.200.102，子网掩码：255.255.255.0 PC3 的 IP 地址：192.168.200.103，子网掩码：255.255.255.0 PC4 的 IP 地址：192.168.200.104，子网掩码：255.255.255.0
IP 连通性测试	测试主机之间的连通性	用“ping”命令进行 IP 连通性测试，若有故障可逐层进行排除

2.2.5 实验内容与操作要点

1．网卡的安装、配置与测试

（1）网卡的安装

观察 PC 主机的背板，确认主机上的网卡（带 RJ-45 连接器）是否已经安装。如果主机还没有安装网卡，则需要打开主机箱将网卡安装在主机当前未用的 PCI 扩展槽中。

（2）网卡驱动程序的安装

由于现在的操作系统一般都支持“即插即用”，只要把网卡插到主板上，系统开机启动时就会自动检测到，并进行驱动程序的安装。所以，一般只需检测网卡的驱动程序是否正常，而不需要手动安装网卡的驱动程序。如果是系统确实无法支持所选择的网卡，那么就需要用随网卡所带的驱动程序进行安装。但是，如果检测到网卡工作不正常，则需要重新配置或安装相应的驱动程序。

（3）网卡的检测

检测网卡时，右击“我的电脑”图标，在弹出的快捷菜单中选择“管理”选项卡，打开“计算机管理”窗口，单击左边目录树中的“设备管理器”节点，然后展开“网络适配器”节点，如图 2-8 所示。

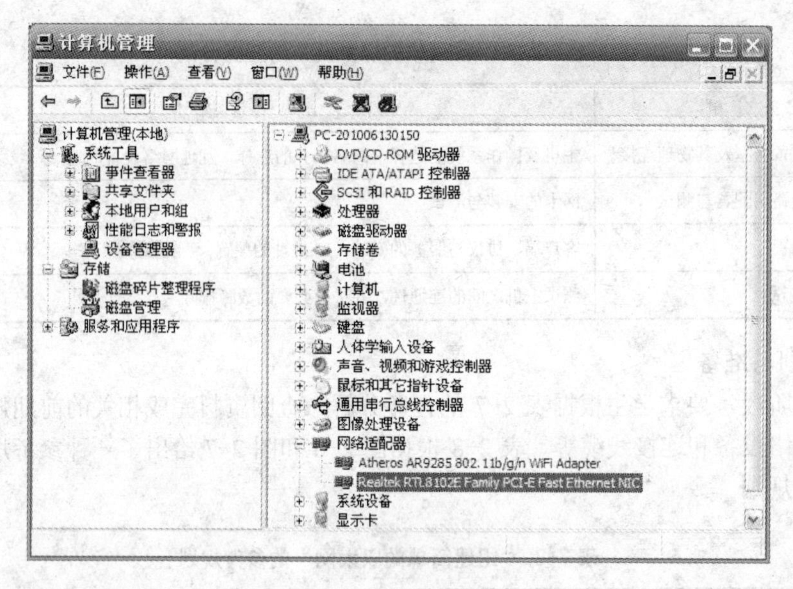

图 2-8 “计算机管理”窗口

右击对应的网络适配器，然后选择“属性”选项，打开如图 2-9 所示的网络适配器属性对话框，观察网卡是否工作正常。如果“设备状态”提示正常，并且确认在“设备用法”下拉列表中选择了“使用这个设备（启用）”选项，则表明网卡已正常工作。

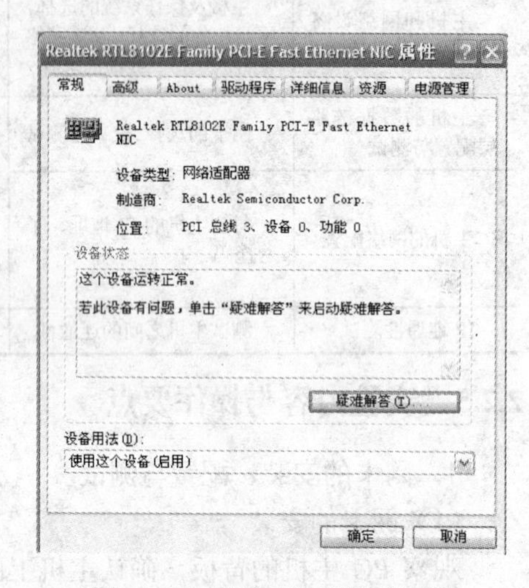

图 2-9 网络适配器属性对话框

如果网卡工作不正常，则选择图 2-9 中的“资源”选项卡，查看中断值、I/O 地址是否与其他硬件冲突，如果冲突，则更改网卡的中断值、I/O 地址避免冲突；如果没有冲突，则选择图 2-9 中的“驱动程序”选项卡，单击“更新驱动程序”按钮重新配置相应的网卡驱动程序。如果上述方法仍不能使网卡正常工作，则可以考虑采用专用的网卡检测工具进行进一步检测或更换网卡。

2. 网络的物理连接

根据实验所选择的网络拓扑结构，选用相应的 UTP 线缆完成物理连接。

（1）2 台 PC 互连

如果选择如图 2-6a 所示的网络拓扑结构，则使用一根 UTP 交叉线，将线缆的两端分别插入两台 PC 的网卡接口。

如果选择如图 2-6b 所示的网络拓扑结构，则使用两根 UTP 直连线，每根直连线的一端插入一台 PC 的网卡接口，另一端分别插入到交换机的一个端口。

（2）多台 PC 互连

如图 2-7 所示的参考网络拓扑结构，如果是多台 PC 互连组建简单的局域网，则根据 PC 的数量准备同等数量的 UTP 直连线，以及至少同等数量端口的交换机。同样的，每根直连线的一端插入一台 PC 的网卡接口，另一端插入到交换机的一个端口。

（3）物理连接的测试

待所有设备加电启动后，观察网卡背后的绿色指示灯以确认网线连接正常。或者右击“网上邻居”图标，在弹出的快捷菜单中选择“属性”选项，打开“网络连接”窗口。注意不同版本的 Windows 操作系统打开“网络连接”窗口的方法不同，Windows 7 的打开方法请参考第 1 章。查看“本地连接”图标是否正常，如图 2-10 所示的“本地连接”图标上带有红色的叉，表明网络物理连接有问题，可能是网卡上网线没有插好或所用的网线有问题。如图 2-11 所示的“本地连接”图标正常，表明网络物理连接正常。

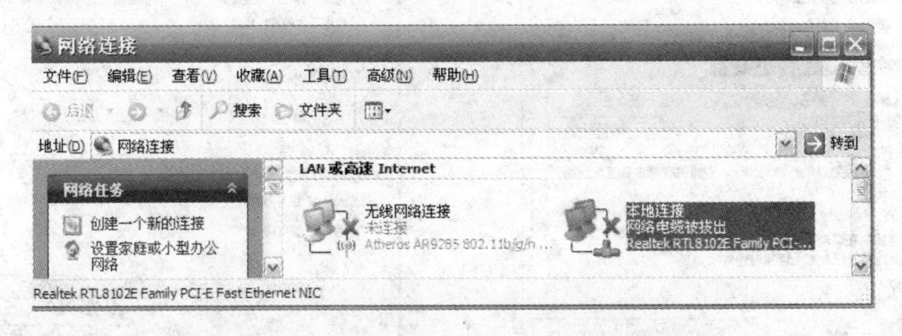

图 2-10　网线连接不正常的“本地连接”图标

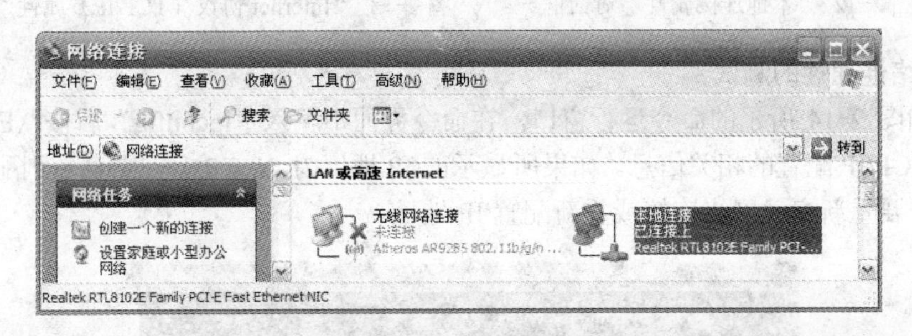

图 2-11　网线连接正常的“本地连接”图标

注意：在“网络连接”窗口中一个本地连接即代表一块网卡，如果主机上有多块网卡，则有多个本地连接，如果主机上有无线网卡，还会显示无线网络连接。如果主机上没有任何本地连接，一般是此主机上无网卡，或网卡驱动程序未正常安装。

3. 网络层协议的配置

经过前述的操作，在确定网卡工作正常后，只是说明所组建的网络在物理层与数据链路层已经能够正常工作。但是，还需要进行网络层协议（TCP/IP）的配置，才能确保网络正常工作。

一般而言，操作系统正确安装的话就已经安装了 TCP/IP。可通过以下方法确认该协议是否已经安装。在如图 2-11 所示的窗口中，右击“本地连接”图标，在弹出的快捷菜单中选择“属性”命令，打开如图 2-12 所示的“本地连接属性”对话框。如果该对话框中没有出现如图 2-12 所示的“Internet 协议（TCP/IP）”，则需要安装。单击“安装”按钮，在弹出的“选择网络组件类型”对话框中选择“协议”选项，再单击“添加”按钮，在接着出现的“选择网络协议”对话框中，单击“Internet 协议（TCP/IP）”选项后，单击“确定”按钮即可。

在如图 2-12 所示的“本地连接属性”对话框中选中“Internet 协议（TCP/IP）”选项后，

单击“属性”按钮，打开“Internet 协议（TCP/IP）属性”对话框，如图 2-13 所示。选择“使用下面的 IP 地址”单选按钮，根据表 2-8 所示的规划给对应的 PC 输入相应的 IP 地址和子网掩码。例如 PC2 输入的 IP 地址为 192.168.200.102，子网掩码为 255.255.255.0。

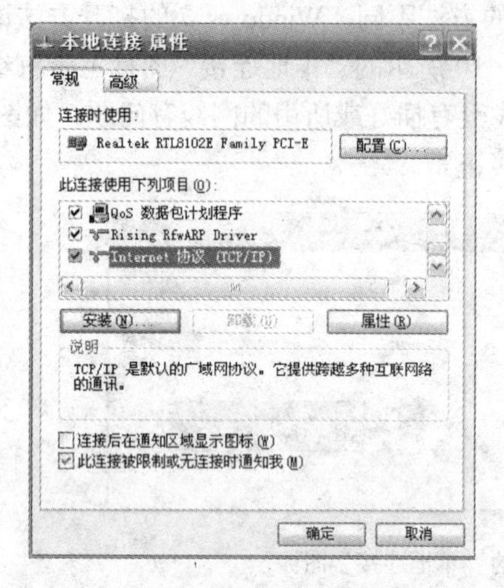

图 2-12 “本地连接属性”对话框

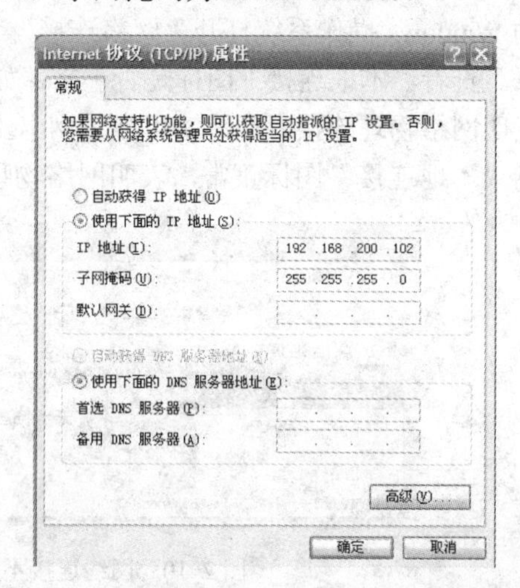

图 2-13 “Internet 协议（TCP/IP）属性”对话框

4．网络连通性的测试

打开如图 2-14 所示的命令运行窗口，在命令界面中输入“ipconfig”后按〈Enter〉键，显示主机 TCP/IP 配置的相关信息。如果所显示的 IP 地址为“0.0.0.0”，则表示刚配置的 IP 地址无效，需要重新启动网络连接或重新配置 IP 地址。

图 2-14 使用“ipconfig”命令查看 IP 配置信息

在查看了 IP 属性的正确配置信息后，即可通过 ping 命令来测试所组建的网络中各 PC 的连通性。ping 命令的详细用法请参考第 1 章。

5．网络故障的排除

如果 ping 不能给出网络连通的结果，则说明连通性出现了问题，需要进行网络故障排除。网络中的任何一个节点、任何一条连接都可能成为故障点。而 IP 连通性故障的原因可能出现在网络层、数据链路层和物理层。所以，需要根据网络分层模型自上而下或自下而上分别去排除。以 2 台 PC 的互连为例，说明自下而上的故障排除过程及方法。

1）检测物理连接是否正常。物理连接正常是网络互连的基础，包括连接线缆、设备（交换机等）工作状态或加电情况、设备端口等是否正常。如发现有问题，则解决所发现的问题，然后重新判断主机间的连通性。如果一切正常，则进入下一步。

2）检查网卡工作情况是否正常。使用操作系统的网卡检测功能，检测是否可能存在物理故障。如发现有问题，则解决所发现的问题，再重新判断主机间的连通性。如果一切正常，则进入下一步。

3）检查网络层的协议与配置是否正常。在相关主机上使用命令“ping 127.0.0.1”来判断主机的 TCP/IP 安装是否正常；使用“ipconfig/all”命令检查主机的 IP 配置信息是否正确，观察主机的 IP 地址是否生效；使用“ping 本机 IP 地址”来测试本机的 IP 功能是否生效，接着 ping 本网络中其他 PC 的 IP 地址等。逐步解决所发现的问题后，重新判断主机间的连通性。

2.2.6 拓展实验

某实验室有相邻的 2 间计算机基础实验室，每间实验室 120 台计算机，请为每间实验室设计组网方案并画出网络拓扑图和规划 IP 地址，测试其连通性。如果要将 2 间实验室连成一个局域网，又该如何实现？（提示：可以先使用 Packet Tracer 来进行仿真实验）

2.2.7 实验思考题

1）默认网关是否为 IP 设置中的必选项，什么时候可以不设置该参数？

2）有哪些方法可以查看主机的 IP 配置信息？哪种方法查看的结果更加可信？

3）在使用 ping 命令进行测试时，源主机先后收到了以下 2 个不同的响应信息，请问这 2 种信息所包含的关于网络连通性的信息有何不同？问题的可能原因分别是什么？

- destination unreachable。
- request timeout。

2.3 组建简单的无线局域网

随着笔记本电脑的普及，移动办公越来越流行，目前无线局域网（Wireless Local Area Network，WLAN）技术正处在一个快速发展过程中，逐渐成为无线上网接入方式的主流，它是在一个有限地域范围内实现设备互连的通信系统，可以作为有线局域网的扩展，也可以独立作为有线局域网的替代设施，提供了很灵活的组网方式。

无线局域网是计算机网络与无线通信技术相结合的产物。它具有不受电缆束缚、可移动、能解决因有线网布线困难等带来的问题，并且可灵活组网、扩容方便、与多种网络标准兼容及应用广泛等优点。WLAN 既可满足各类便携机的入网要求，也可实现计算机局域网远端接入、图文传真及电子邮件等多种功能。

2.3.1 实验目的

掌握自组网模式和基础结构模式无线网络的概念，以及这两种模式的简单无线局域网的组建方法。

2.3.2 项目背景

现代的家庭一般都有多台计算机，既有台式机也有笔记本电脑，甚至是仅有多台笔记本电脑。传统的有线组网方式有时无法满足需求。例如，将笔记本电脑移动到家里的不同位置办公或娱乐；是亲戚朋友带着笔记本电脑到家里住几天。如何确保家里的所有计算机在居家范围内都能轻松互连呢？

2.3.3 实验原理

WLAN 是指以无线信道为传输媒介的计算机局域网络，是计算机网络与无线通信技术相结合的产物，它以无线多址信道作为传输媒介，除了提供传统有线局域网的功能外，能够使用户真正实现随时、随地、随意的宽带网络接入，在移动性上提供巨大的便利，因此迅速获得了使用者的青睐。当前 WLAN 设备的价格进一步降低，同时速度进一步提高，WLAN 技术在各行各业，都得到广泛的应用。WLAN 技术使网上的计算机具有可移动性，能快速、方便地解决有线方式不易实现的网络信道的连通问题。WLAN 利用电磁波在空气中发送和接收数据，而无需线缆介质。目前常用的无线局域网协议是 IEEE 802.11b/g/n 标准，该标准工作在 2.4GHz 频段，其中 802.11b/g 是指 54Mbit/s 的带宽标准，802.11n 是指 300Mbit/s 的带宽标准，理论上的数据传输速率最高值是 600Mbit/s。

目前常用来搭建简单无线局域网的模式有两种：自组网模式和基础结构模式。

自组网模式就是通常所说的 Ad-hoc 模式，这种模式也称为对等网络模式，类似于有线网络中的对等网，如图 2-15 所示。它由一组含有无线网卡的计算机组成，实现计算机之间的连接，构建成最简单的无线网络，无需通过无线 AP。其原理是网络中的一台计算机用无线网卡建立点对点连接相当于虚拟 AP，而其他计算机就可以直接通过这个点对点连接进行网络互联与共享。

由于省去了无线接入点，自组网模式无线网络的架设过程较为简单，但是传输距离相当有限，所以这种模式比较适合满足一些临时性的计算机之间的无线互联需求。

说明：目前的笔记本电脑一般都集成了无线网卡，无需再添加无线网卡。

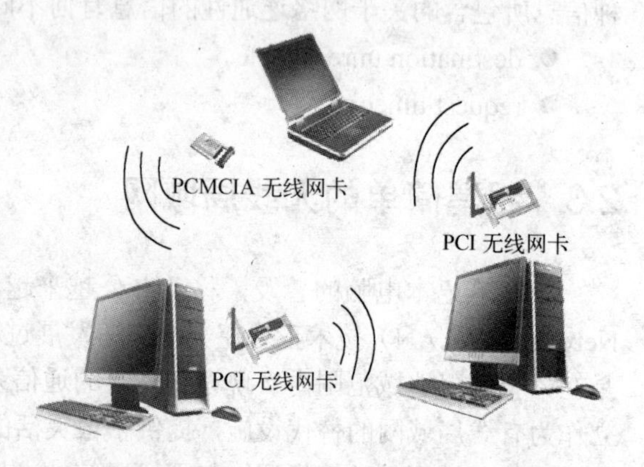

图 2-15　Ad-hoc 模式的无线局域网拓扑图

基础结构模式又称为 Infrastructure 模式，是目前最为常见的一种无线网络组建方式，无线客户端通过无线接入点接入网络，类似传统有线的星型拓扑方案，如图 2-16 所示，需要有一台无线 AP 或无线路由器存在，所有配备无线网卡的计算机通信都是通过 AP 或无线路由器做连接，就像有线网络中利用交换机来做连接一样。此处以家庭或小型办公为应用背景，所以选用无线路由器，可以接入 Internet。如果仅是组建无线局域网，选用 AP 即可。

与自组网模式无线网络相比，基础结构模式无线网络覆盖范围更广，网络可控性和可伸缩性更好。

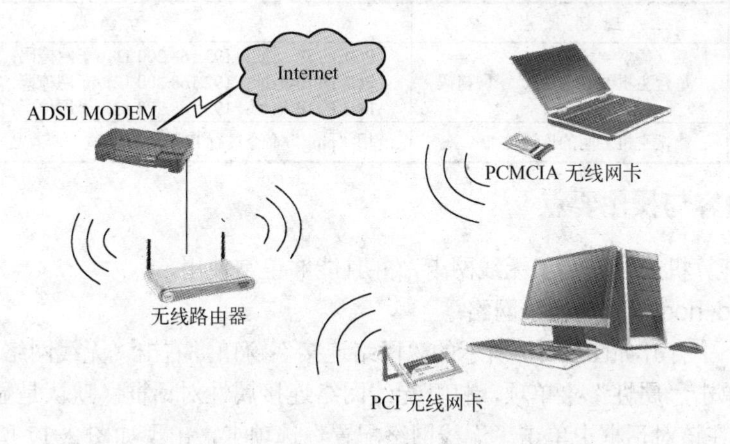

图 2-16 基础结构模式的无线局域网拓扑图

2.3.4 实验任务与规划

1. 实验任务

组建简单无线局域网需完成若干任务，具体任务分解见表 2-9。

表 2-9 “组建简单的无线局域网”的任务分解

任务分解	任务描述
主机和网络设备选型	主机及操作系统的选择，组网模式的选择，互连网络设备的选择
无线接入设备的配置	无线接入设备的 SSID、安全性等的配置
主机的数据链路层配置与测试	如果需要，先进行无线网卡的安装，配置无线网络连接属性
主机的网络配置	客户端、协议与服务的安装，IP 地址等 TCP/IP 属性的配置
IP 连通性的测试	测试主机之间的连通性，并进行必要的故障排除

2. 规划与准备

在预习阶段，要求学生根据表 2-9 的任务分解，查阅资料并完成相关的前期规划工作，准备相关的网络设备和连接线缆等。表 2-10 根据图 2-15 和图 2-16 给出了一种参考规划，学生可以自己提出规划。

表 2-10 “组建简单的无线局域网”的参考规划

规划内容	规划要点	参考建议
主机和网络设备选型	主机（3 台）及操作系统的选择，组网模式的选择，AP 的选择	PC 安装 Windows XP 操作系统，选择自组网或基础结构模式组网，根据需要准备无线 AP 或无线路由器
无线接入设备的配置	无线接入设备的配置	无线接入设备的 IP 地址（192.168.200.1）、SSID 及安全性等的配置
主机的数据链路层配置与测试	网卡的选择、安装与配置	每一台计算机需要一块无线网卡（外置或内置均可）；无线网卡相关属性配置，可借助操作系统提供的相关功能或专门无线客户端管理软件，无线虚拟 AP 配置

（续）

规划内容	规划要点	参考建议
主机的网络配置	每台主机的IP地址、子网掩码	PC1的IP地址：192.168.200.11，子网掩码：255.255.255.0 PC2的IP地址：192.168.200.12，子网掩码：255.255.255.0 PC3的IP地址：192.168.200.13，子网掩码：255.255.255.0
IP连通性测试	测试主机之间的连通性	用“ping”命令进行IP连通性测试，若有故障可逐层进行排除

2.3.5 实验内容与操作要点

首先测试计算机已经安装了无线网卡，并且能够正常使用。

1．组建Ad-hoc模式的无线网络

1）在PC1中打开如图2-10所示的“网络连接”窗口，右击“无线网络连接”，在弹出的快捷菜单中单击“属性”菜单项，打开无线网络连接属性对话框（默认是显示“常规”选项卡的内容），在该对话框中单击“无线网络配置”选项卡，出现如图2-17所示的对话框。

2）用PC1主机建立无线网络虚拟AP。在如图2-17所示的对话框中单击“添加”按钮，出现如图2-18所示的“无线网络属性”对话框，进行网络名称（SSID）的设置，将“自动为我提供此密钥”选项关掉，网络身份验证选用“开放式”，数据加密选用“WEP”，输入网络密钥，选中最下面“这是一个计算机到计算机的临时网络”复选框，然后单击“确定”按钮完成无线网络虚拟AP的配置。

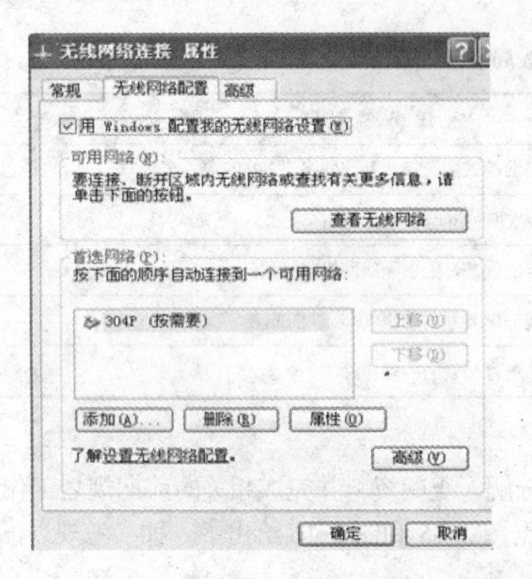

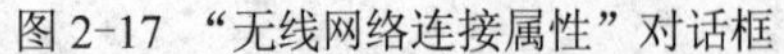

图2-17 “无线网络连接属性”对话框

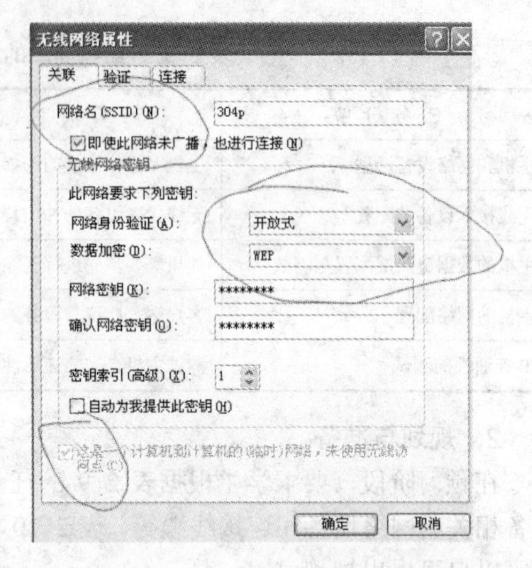

图2-18 “无线网络属性”对话框

3）设置无线连接方法。在如图2-17所示的对话框中单击“高级”按钮，出现如图2-19所示的“高级”对话框中，选择“仅计算机到计算机（特定）”选项，单击“关闭”按钮返回，此时完成了无线连接方法的配置（任何一台使用Ad-hoc模式组建无线网的计算机都必须进行此步操作）。

4）右击无线网络图标，选中“查看可用的无线连接”，如图2-20所示，双击刚才所建的网络名“304p”，单击“连接”按钮，此时该PC1主机已经连接到无线网络。

5）其他计算机想要连接到无线网络，打开“查看可用的网络连接”，选中“304p”后单击“连接”按钮进行连接，在弹出的要求输入网络密钥的对话框中输入图2-18中设置的网络密钥即可连接。

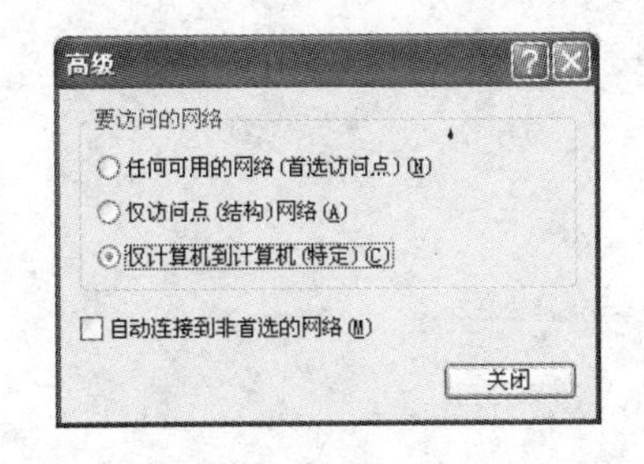

图 2-19　无线网络连接“高级”对话框

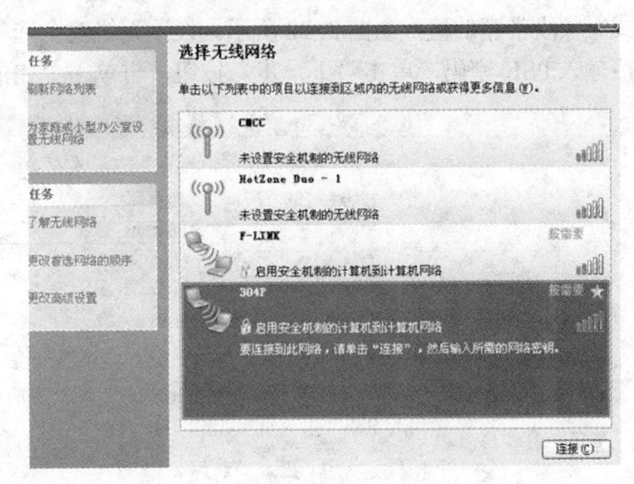

图 2-20　“选择无线网络”对话框

6）配置 3 台 PC 无线网卡的 TCP/IP 属性，并用 ping 命令进行连通性测试。

2．组建基础结构模式的无线网络

（1）配置 PC1，与无线路由器相连接

任何一个无线路由器或 AP 均有一个出厂时默认配置的 IP 地址，一般是 192.168.1.1，使用前请查看说明书。将要与该无线设备相连用于配置该设备的 PC 的 IP 地址设置为同一网段后，才能登录到配置界面。

（2）配置无线路由器

以 TP-Link 的无线路由器配置为例。

在 PC1 的浏览器中输入“http://192.168.1.1”，出现登录界面，输入用户名和密码，成功登录后，出现无线路由器的管理界面，单击左侧的“设置向导”，出现设置向导，如图 2-21 所示。

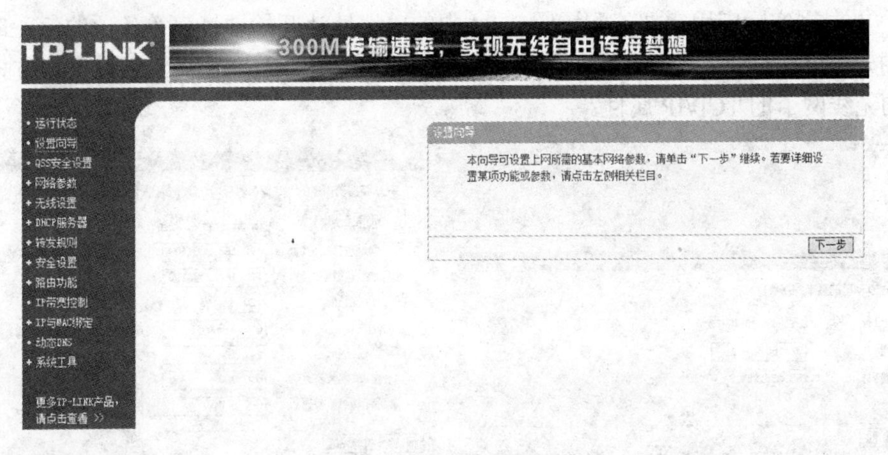

图 2-21　无线路由器设置向导

按照向导单击“下一步”按钮，配置上网方式（根据实际选择一种），再单击“下一步”

按钮，出现如图 2-22 所示的无线设置框图。设置 SSID（建议不要使用默认的 SSID）、信道、模式、频段带宽的值，如图 2-22 所示。设置无线安全选项，选择“WPA-PSK/ WPA2-PSK”，然后输入 PSK 密码，单击“下一步”按钮，再单击“完成”按钮，基本配置完成。

设置向导 - 无线设置

本向导页面设置路由器无线网络的基本参数以及无线安全。

无线状态： 开启

SSID: QzuT2012

信道： 自动

模式： 11bgn mixed

频段带宽： 自动

无线安全选项：

为保障网络安全，强烈推荐开启无线安全，并使用WPA-PSK/WPA2-PSK AES加密方式。

不开启无线安全

WPA-PSK/WPA2-PSK

PSK密码：

（8-63个ASCII码字符或8-64个十六进制字符）

不修改无线安全设置

上一步 下一步

图 2-22　无线路由器的无线设置框图

一般家庭使用不建议修改，但在用多个 AP 组建无线局域网的情况下，要统一规划 AP 的 IP 地址，应该进行修改。如果要更改无线路由器的 IP 地址，单击图 2-21 中的“网络参数”后，再单击“LAN 口设置”，出现如图 2-23 所示的设置框，在 IP 地址文本框中输入要设置的 IP 地址，单击“保存”按钮。不同的无线路由器或 AP，配置 IP 地址的方法可能会有差别，请认真阅读说明书。

配置 DHCP 服务器。单击图 2-21 中的“DHCP 服务器”后再单击“DHCP 服务”，出现如图 2-24 的设置框。默认是启用 DHCP 服务器，要根据实际情况进行选择。如果是启用 DHCP 服务器，再根据实际应用需要，配置图 2-24 中的“地址池开始地址”等各项的值，最后单击“保存”按钮，保存所设置的各参数值。实验时建议不启用 DHCP 服务，通过手动方式配置连网 PC 的无线网卡的 TCP/IP 属性。

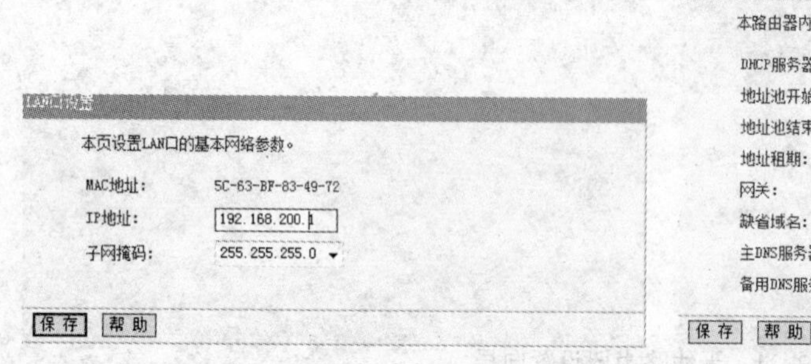

图 2-23　LAN 口设置框

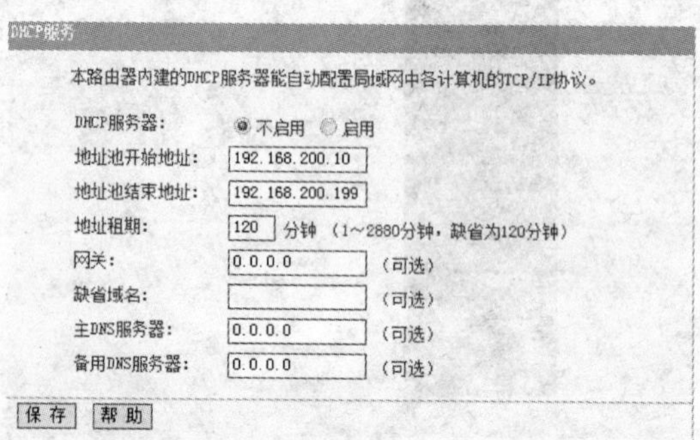

图 2-24　DHCP 服务设置框

（3）配置实验 PC，加入基础结构模式无线网络对于要加入无线网络的 PC 都要进行以下操作。打开“网络连接”窗口，右击“无线网络连接”，在弹出的快捷菜单中单击“查看可用的无线连接”，在类似如图 2-20 所示的选择无线网络对话框中，选择刚才所配置的无线网络连接“QzuT2012”，单击“连接”按钮，然后输入前面配置的 PSK 密码即可。

（4）配置已经加入无线网络的 PC 的无线网卡的 TCP/IP 属性，并用 ping 命令进行网络连通性的测试

2.3.6 拓展实验

将本章 2.2 节中基于图 2-7 所组建的简单局域网与本节中基于基础结构模式所组建的无线局域网连接成一个局域网，给出设计方案和对应的网络拓扑图，并进行配置和测试。

2.3.7 实验思考题

1）如果在配置 AP 时设置了隐藏 SSID，那么在如图 2-16 所示的“选择无线网络”列表框中还会出现该 AP 供选择吗？如果没有出现，要想通过该 AP 加入无线网络应该怎么办？

2）搭建基于 Ad-hoc 模式的无线网络，当配置成网络虚拟 AP 的计算机的无线网卡有故障时，原来的计算机还能组成无线网络吗？

3）Ad-hoc 模式和 Infrastructure 模式有何区别？

4）802.11a、802.11b 和 802.11g 的区别是什么？

5）查阅资料，简单描述目前常用 AP 的类型、应用场合及异同点，特别是电力 AP 的应用和优缺点。

2.4 对等网的规划与配置

对等网可以说是最简单的网络，非常适合家庭、校园和小型办公室。它不仅投资少，连接也很容易，通常是由很少几台计算机组成的工作组。

2.4.1 实验目的

理解对等网的概念，掌握对等网的应用与基本配置方法，掌握对等网共享资源的配置与使用。

2.4.2 项目背景

在 2.2 节已经组建的局域网中，各主机间实现了 IP 连通性，但还无法共享主机上的数据资源。如何实现主机之间能够通过网络共享文件与数据？作为网络管理员，请提供一种简单的解决方案。

2.4.3 实验原理

组建计算机网络的重要目的是实现资源共享，资源可以是硬件、软件或数据。在网络环境中，提出资源共享服务请求并接受其他主机提供服务的主机被称为客户机；响应并处理其他主机的服务请求，提供其他主机所需资源或服务的主机被称为服务器。

服务器和客户机是资源共享过程中对计算机工作角色的一种描述，与某台计算机所采用的硬件或主机间的网络物理拓扑无直接的关系。就单台主机而言，它既可以是服务器，也可以是客户机。如果时间或应用环境不同，一台主机还可以在这两种角色之间转换。

1．对等网的概念及相关说明

根据网络中主机之间相互作用关系的不同，可将网络分为两种模式：对等模式与主从模式。将工作于对等模式下的网络环境称为对等网（Peer to Peer，P2P），工作于主从模式下的网络环境称为主从网（Master-slavery）。

在对等模式中，所有计算机的地位都是平等的，每台计算机都能以同样的方式作用于对方，即每台主机都可以充当服务器角色，为其他主机提供共享资源或服务，也都可以充当客户机的角色，使用其他主机提供的共享资源或服务。在对等网中，各主机对本机上的资源负责，不存在对网络资源进行集中控制与统一管理的主机，网络处于一种“各自为政”的松散状态，需要各主机自行确保资源访问的合法性与安全性。对等模式适合于网络资源分布较为分散和均匀的网络环境中。但是，随着对等网中主机数量的增加，就会在资源访问的合法性与安全性方面带来较多的隐患或问题，同时也会产生数据资源完整性与一致性方面的问题。所以，从确保资源使用的合法性、安全性以及数据资源的完整性与一致性等角度出发，对等网中的主机数量不宜过多。以使用 Microsoft Windows 构建对等局域网为例，不超过 10 台为佳。

对等网或主从网是根据主机在某种特定应用环境中的相互作用关系或角色分配来区分的，属于应用层的概念。区分一个网络是属于对等网还是主从网，主要依据各主机之间的工作模式，与网络的物理组网方式无关，与包括网络层在内的下面各层无关。例如，以若干台相互之间已经具备 IP 连通性的主机为例，既可以将它们之间的工作模式设为对等网，也可将其设为主从网。

关于对等主机上的操作系统，除下述三个条件外，并无其他特殊要求。其一是所安装的操作系统支持网络协议；其二是集成了对等模式下的资源共享功能；其三是不同主机上的操作系统之间能进行互操作。以 Microsoft Windows 系列操作系统为例，Windows Server 2003、Windows 2000 与 Windows XP 等的任何组合均能实现对等网功能。

以 Microsoft Windows 对等环境为例，如 Windows XP/2000 主机，各主机的操作系统都维护着一个本地安全数据库，在对等网方式下，当用户要访问某台计算机上的资源时，必须在这台计算机的本地数据库中建立用户的合法账户。例如，若用户“user01”要访问主机 1 上所提供的共享资源，则需要在主机 1 的本地安全数据库内建立账户“user01”。以此类推，在对等网的环境中，若用户要访问对等网中多台计算机所提供的共享资源，则需分别在多台计算机上的本地安全数据库内都有其账户。当用户的账户信息需要更改或删除时，则必须在所有为其提供共享资源的计算机上进行账户信息的更改或删除，工作量较大，这也是对等网的规模不宜过大的原因之一。

2．对等网配置的基本工作

在 2.2 节“组建简单的以太网”中已经指出，计算机网络组网包括了从物理层到应用层的所有工作，每一层都是以与其相邻下层的正确工作为基础的。对等网的配置也不例外。

如果在网络层采用 IP 协议，那么在网络层及网络层以下的规划与配置和在 2.2 节中所介绍的是完全相同的。在主机之间具备 IP 连通性的基础上，只需要关注与对等模式相关的应用层设置即可。相关的设置包括如下内容。

（1）对等模式的建立

为对等网中的每台计算机指定计算机名与工作组名。工作组由一群相互间以对等方式进行资源共享的计算机组成，只有位于同一工作组中的计算机才能实现对等共享。工作组名通常用一个容易记忆的名称标识。

（2）授权用户的建立

在提供共享资源的计算机上为访问共享资源的用户创建账号。

（3）共享资源设置

为共享资源进行共享与权限的设置。

2.4.4 实验任务与规划

1．实验任务

选择如图 2-6 所示的网络拓扑中的一种，将 2 台主机组建成一个对等网，以实现 2 台主机之间的文件资源共享。相关的任务分解参见表 2-11。

表 2-11 “对等网的规划与配置”的任务分解

任务分解	任务描述
物理组网及网络层通信	参考 2.2 节
应用层设置之一：对等模式的设置	设置对等工作模式，创建对等工作组
应用层设置之二：对等模式授权用户的设置	创建授权用户，包括用户名和密码
应用层设置之三：对等模式共享文件夹的设置	共享文件夹共享的设置
共享访问的测试	测试对等网下的文件共享功能

2．规划与准备

在预习阶段，要求学生根据 2 台主机连成的网络，结合表 2-11 的任务分解，查阅资料并完成对等网配置的相关规划工作。表 2-12 给出了一种参考规划，学生可以自己提出规划。

表 2-12 “对等网的规划与配置”的参考规划

规划内容	规划要点	参考建议
物理组网及网络层	拟采用的网络拓扑、传输介质、互连设备，主机操作系统的选择，主机的 IP 属性（IP 地址、子网掩码）	参考 2.2 节
应用层设置之一：对等模式的设置	对等工作组的名称与计算机名	对等工作组名称：test01；PC1 的名称 Lyg，PC2 的名称 Mzx
应用层设置之二：对等模式授权用户的设置	创建资源共享的本地授权用户	在主机“Mzx”上创建 2 个使用共享资源的本地账户，名称分别为 user01 与 user02，密码分别为 test001、test002
应用层设置之三：对等模式共享文件夹的设置	共享文件夹的路径名 共享文件夹的用户服务权限	PC2 上的 D:\Network 根据需要为 user01 与 user02 设置不同权限，方便进行访问权限的设置
共享访问的测试	选择测试主机与用户	将 PC1 作为测试主机，利用在 PC2 上所创建的用户账号进行共享文件访问的测试

2.4.5 实验内容与操作要点

首先按照 2.2 节所述的方法和步骤完成组网工作，接着在 2 台 PC 上设置 IP 属性，并使用 ping 命令进行测试，确保它们之间具有 IP 连通性。然后再分别完成下面的设置。

1．设置对等网的工作组

（1）网络组件“网络客户端”和“服务”的安装

一般来说，网卡在安装期间会自动安装网络组件“网络客户端”。首先通过 2.2 节中的图 2-12 查看是否已经安装了“Microsoft 网络客户端”，此组件允许该计算机访问 Microsoft 网络上的共享资源。如果没有安装该组件，单击“安装”按钮，在弹出的“选择网络组件类型”对话框中选择 “客户端”选项，再单击“添加”按钮，在弹出的“选择网络客户端”对话框中单击“Microsoft 网络客户端”选项后，单击“确定”按钮即可。

同样的，一般来说，网卡在安装期间会自动安装网络组件“服务”。首先通过 2.2 节中的图 2-12 查看是否已经安装了“Microsoft 网络的文件与打印机共享”，此组件允许该计算机将自己的文件与打印机共享给网络上的其他用户访问。如果没有安装该组件，单击“安装”按钮，在弹出的“选择网络组件类型”对话框中选择“服务”选项，再单击“添加”按钮，在弹出的“选择网络服务”对话框中单击“Microsoft 网络的文件和打印机共享”选项后，单击“确定”按钮即可。

（2）设置计算机名和工作组名

右击桌面上的“我的电脑”图标，在弹出的菜单中选择“属性”选项，打开“系统属性”对话框，选择“计算机名”选项卡，如图 2-25 所示。

单击“计算机名”选项卡中的“更改”按钮，在出现的“计算机名更改”对话框中输入计算机名和工作组，单击“确定”按钮后，系统提示重新启动，重新启动后设置生效。

（3）工作组设置的测试

完成 2 台主机上的工作组设置后，返回桌面，双击“网上邻居”图标，再单击左边导航条中的“查看工作组计算机”，这时，在左窗格中的“其他位置” 就会看到“Microsoft Windows Network”图标，在右窗格观察显示中是否有前面所配置的工作组“test01”中所包含的主机，如图 2-26 所示。

2．创建本地用户

根据表 2-12 的规划，需在 PC2 上共享文件资源，为此要在该计算机上创建相应的授权用户，以便对等网中的其他计算机能够使用这些用户账号来访问相应的共享资源。

以管理员身份登录到主机 PC2 上，右击“我的电脑”图标，在弹出的快捷菜单中选择“管理”选项，在打开的“计算机管理”窗口中，展开左边的“本地用户和组”目录树，如图 2-27 所示，右击“用户”节点，在弹出的快捷菜单中选择“新用户”选项，打开“新用户”对话框，如图 2-28 所示。

在如图 2-28 所示的“新用户”对话框中，输入用户的用户名、密码和确认密码，在下面的复选框中选择用户限制选项，然后单击“创建”按钮完成用户创建。

3．设置共享文件夹

根据表 2-12 所示的规划，在 PC2 上设置共享文件夹。右击文件夹“Network”，弹出如

图 2-29 所示的快捷菜单。选择其中的“共享和安全”选项，打开“Network 属性”对话框，选择“共享”选项卡，选中复选框“在网络上共享这个文件夹”，并输入共享名（默认的共享名为本文件夹的名称），如图 2-30 所示，然后单击“确定”按钮。

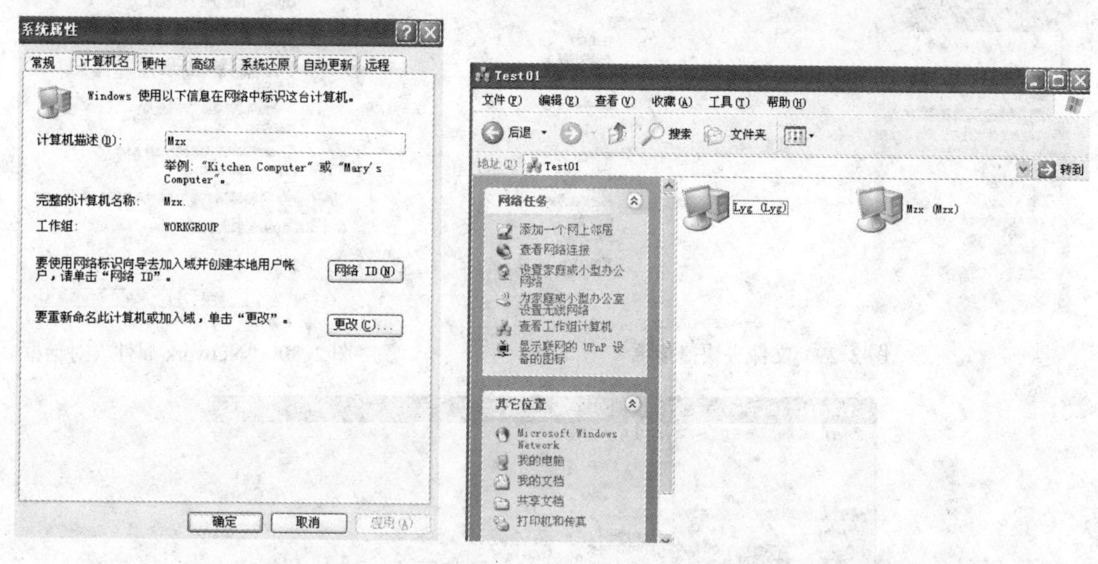

图 2-25 “系统属性”对话框

图 2-26 工作组中的主机

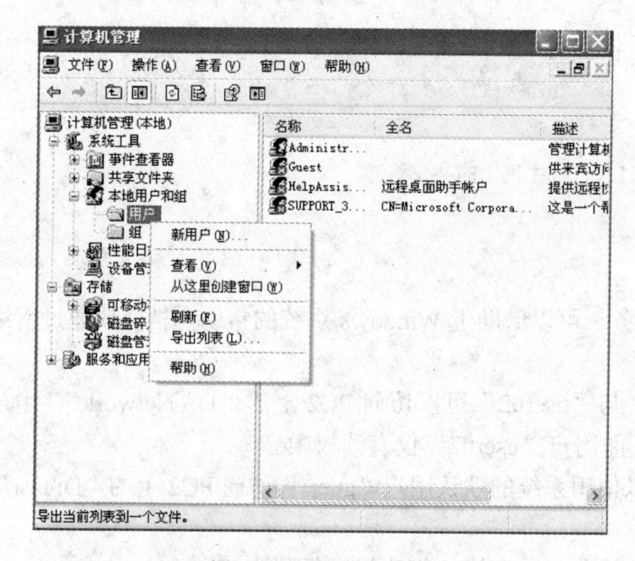

图 2-27 创建本地新用户

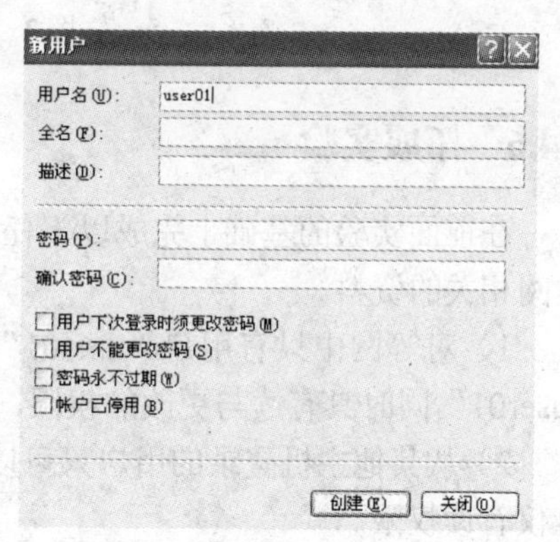

图 2-28 “新用户”对话框

4. 测试共享访问

访问共享文件夹的方法有多种，可以通过网上邻居找到共享的计算机，打开该计算机后，再打开共享文件夹，这种方法简单且直观。

另外一种的方法是在浏览器或“我的电脑”窗口的地址栏中输入“\\共享计算机的 IP 地址”，例如，输入“\\192.168.6.69”，按〈Enter〉键后，则出现如图 2-31 所示的已经在目标主机上设置的共享资源。有时可能会出现要求输入用户名和密码的对话框。

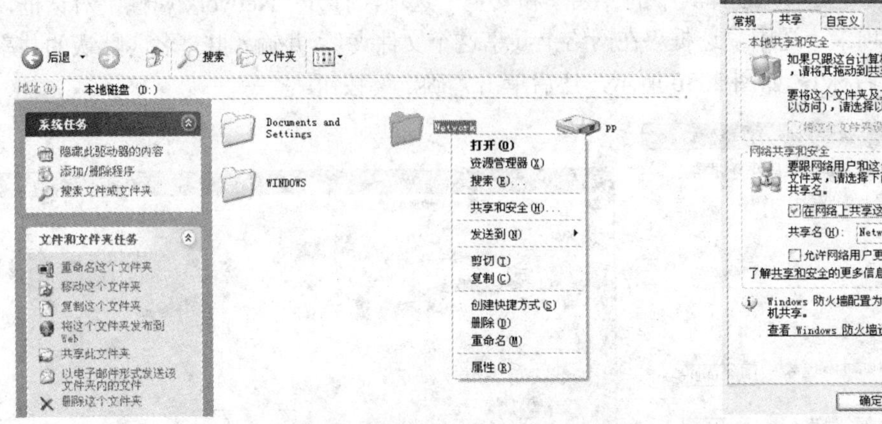

图 2-29 文件夹快捷菜单

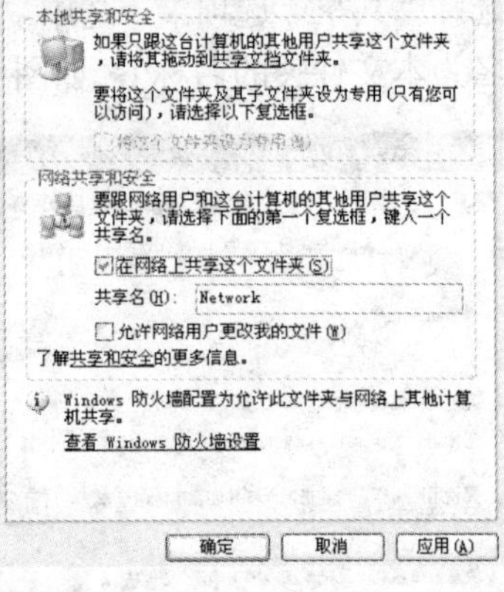

图 2-30 “Network 属性”对话框

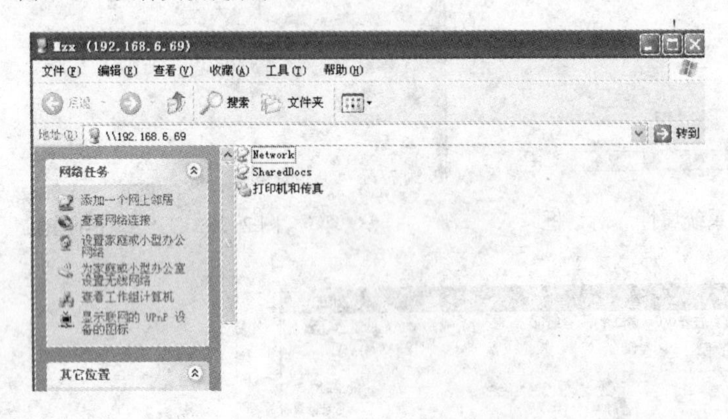

图 2-31 目标主机上的共享资源

2.4.6 拓展实验

在前面实验的基础上完成以下任务。可以借助于 Windows 系统的帮助文档，或通过网络查阅相关的资料。

1）对等网中只有用户“user01”与“user02”可以访问 PC2 上的“D:\ Network”，用户“user01”同时具有读与更改的权限，而用户“user02”仅有读权限。

2）从其他主机登录的用户只可以使用系统的默认用户“guest”访问 PC2 上的“D:\test”，且仅有读权限。

3）仅有用户“user02”可以使用主机 PC2 所连的打印机进行网络打印。

2.4.7 实验思考题

1）在一个对等网环境中，如果 2 台主机 PC1 和 PC2 上的本地用户列表中均有“administrator”，且密码都是“Network”，那么以“administrator”登录到 PC1 用户访问 PC2 上的共享资源时，会不会打开输入网络密码对话框？

2）如果在“网上邻居”看不到对方的计算机，可能是什么原因？请分析并提出解决的方案。

2.5 主从网的规划与配置

在对等网模式下，任何一台计算机只要接入网络，其他机器就都可以访问共享资源，如共享上网等。尽管对等网络上的共享文件可以加访问密码，但是非常容易被破解，在对等网中，数据的传输是非常不安全的。另外，一个对等网所包含的计算机数目是很少的。正因为如此，需要基于域的主从网。

2.5.1 实验目的

理解主从网的概念及其应用，理解 Windows 环境中关于活动目录、域等的概念，掌握 Windows 环境下的主从网络配置；掌握用户管理对网络管理的作用与重要性；掌握 Active Directory 下的用户管理。

2.5.2 项目背景

在 2.4 节通过实施对等网共享的解决方案后，发现存在一些问题。

1）难以按照预期的要求对文件访问加以有效控制，因为每个用户都是自己所用计算机的系统管理员，都有各自相对独立的资源管理权限，可以按自己的意愿来开通共享资源并为其设置权限，结果导致一些用户访问到了不该被其访问的数据与信息资源，还有一些用户以高于其应有权限的身份访问了某些数据与信息资源。

2）经常出现文件与数据的不一致问题。从不同的共享渠道或主机获得的文件或数据内容上不同，但文件名或版本信息却相同。

如何解决这些问题呢？

2.5.3 实验原理

在主从模式中，至少需要有一台主机作为网络的核心控制部件，由其对网络资源进行集中控制与管理，同时接受来自网络中其他主机所提出的服务请求，并决定是否提供所需的资源或服务，也就是说它承担了服务器的角色。网络中的其他主机则扮演提出服务请求并接受服务的客户角色。主从模式适用于网络资源分布不均匀、对资源访问的合法性与安全性要求较高或者对数据资源的完整性与一致性有很高要求的共享环境。

对于只配置一台服务器的主从网络来说，最大的问题是作为网络集中控制与管理部件的服务器很容易成为网络的性能瓶颈或故障点。为了提高主从网络环境中服务器的处理能力，以免其成为网络中的性能瓶颈，往往会采用硬件配置较高的计算机作为服务器。另外，可以考虑采用备份服务器来提供冗余备份，增加容错性。

1. Microsoft Windows 环境下的主从网

网络的主要功能之一是实现资源共享，但资源共享不等于不受限的网络访问。为了保证网络资源的安全，需要提供相应的管理策略来指定可被共享的资源和可共享资源的用户，以及用户对资源的特定访问权限。与单机系统中使用用户账号增强系统安全性类似，网络环境中也以用户账号作为访问网络资源的凭证。用户以用户账号进行标识，对每一个需使用网上资源的人来说，都要有一个相应的用户账号。为了增强网络安全性，对于用户账号，除了用户名之外，通常还要分配相应的密码来加强用户验证的有效性。

下面以现今较为主流的 Windows Server 2003 为例，结合相关术语做进一步的介绍。

（1）活动目录

主从网的重要功能是对网络资源进行集中控制与管理，在 Windows 的主从网络中，采用“活动目录（Active Directory）”对网络资源进行有效管理。

活动目录是指 Windows 2000/2003 Server 所提供的目录服务，它是存储网络对象信息的逻辑结构，包括了网络上的所有对象以及对象的访问控制信息，这些信息以层次结构方式来组织与管理。通过目录服务功能，活动目录以集中方式实现了对网络资源的组织、管理和访问控制。

例如，通过活动目录，可以搜索网络上的所有打印机，而不用关心它们的物理位置，并且可以根据用户的权限确定其是否能使用这些打印资源。

（2）域

“域（Domain）”是指共享同一用户策略和安全账号数据库的一组计算机，它是活动目录逻辑结构的核心单元。通常，采用相同的控制与管理策略的网络资源被划归到同一域中，域以域名进行标识，并借用了 DNS 命名规范。即在 Internet 上所注册的 DNS 域名可以直接作为 Windows Server 2003 所采用的域名。例如，域名“sanyu.edu.cn”既可以作为通常意义上的 DNS 域名，也可以作为 Windows Server 2003 系统中的域名。域中的用户使用域账号登录进入域，域账号由用户名和密码两部分组成。在用户使用合法的域账号登录并进入域之后，就可以按其相应的权限进行网络浏览和访问域中服务器上的共享资源了。

在域中，作为服务器的 Windows Server 2003 系统有两种角色类型：域控制器和成员服务器。在一个域中，至少要有一台服务器作为域控制器，可以有多台额外的域控制器用于备份。作为域集中控制管理工具的活动目录就存储在域控制器上。在域中，域控制器和额外域控制器负责处理所有的安全性检验工作，负责用户身份验证与权限分配等工作，但只有作为域控制器的服务器才能对整个域的账号数据库进行修改，建立并管理用户与用户组。尽管域控制器非常重要，但是没有必要把所有的 Windows Server 2003 都配置成为域控制器。

成员服务器不执行用户身份验证，也不存储安全策略信息。成员服务器通常以数据库服务器、文件服务器或其他应用服务器等独立服务器的形式存在，为网络用户提供诸如数据库服务、文件传输服务或其他应用服务。

2．Windows Server 2003 下的用户

Windows Server 2003 下有两种类型的用户账号，分别是本地用户和域用户。

（1）本地用户

本地用户是指那些建立在系统本地安全数据库中的用户。使用本地用户账号登录到某台计算机时，由该计算机的本地安全数据库进行用户身份的验证，用户登录后，可以访问该计算机的资源，但不能访问网络上的资源。

（2）域用户

域用户是指那些建立在域控制器活动目录数据库中的用户。当用户使用域用户账号登录到域时，由域控制器执行用户的身份验证。域登录通过后，用户可以访问域中所有可供其访问的共享资源。在 Windows Server 2003 中，只要安装了活动目录，所创建的用户均为域用户，系统会自动禁用本地用户。

此外，在 Windows Server 2003 安装完成后，系统会自动创建一些内置域账号，如 Administrator 和 Guest 等，账号 Administrator 对域中所有的资源具有完全控制权，如用户管理、目录与文件管理及服务器管理等功能；而账号 Guest 是系统为那些偶尔访问网上资源的用户而设置的，需要短时间使用网络的人可以使用该账号，这个账号对网络资源的访问是受限的，默认状态为停止使用。

3．用户组的基本概念

在实际的网络管理中，经常会遇到不同的用户具有相同的网络访问需求的情况，如同一个部门或从事相同工作的员工、同一班级中的学生等。如果对这些用户分别进行管理，会增加网络管理人员的工作量，而且其中相当一部分工作是重复的。为了简化网络管理，减少用户管理的工作量，可以把具有相同网络访问需求的用户归为一个集合，将这种用户集合称为用户组。

引入用户组概念后就可以用整体或批量方式来分配和控制访问许可权了。例如，如果几个用户都需要具有“读”某个文件的权限，就可以把这些用户添加到一个组中，只需为这个组分配一次“读”权限，就可以使这些用户具有对这个文件的“读”权限，从而省去了为每个用户都分配权限的烦琐。

Windows Server 2003 的用户组包括“本地域用户组”、“通用组”和“全局用户组”。创建本地域用户组主要是为组内用户提供一些访问网络资源的权限，本地域用户组所能访问的资源仅限于该本地域用户组所在域的资源；通用组可以访问任何一个域内的资源；全局用户组用于管理域内的用户，可以在域中的所有服务器和工作站上使用。

2.5.4 实验任务与规划

1．实验任务

给定两台计算机，要求将它们组成一个主从网络，其中一台作为域控制器行使网络资源的集中控制与管理功能，另一台计算机作为域中的客户机。相关的任务分解参见表 2-13。

表 2-13 “主从网的规划与配置”的任务分解

任务分解	任务描述
物理组网及网络层通信	实现主机的物理互连及主机间的 IP 连通性
应用层设置之一：Active Directory 及域控制器的安装	域控制器的安装，涉及域名称、域控制器类型及管理员密码等的设置
应用层设置之二：域中资源对象的建立	将计算机添加到域中
应用层设置之三：域中用户对象的建立/用户管理	创建合法的域用户，用户的修改与删除
用户组的管理	用户组的添加、修改与删除
主从网的登录测试	使用所创建的域用户进行从客户机登录到域的测试

2．规划与准备

在预习阶段，要求学生根据图 2-6b 所示的 2 台主机连成的网络，结合表 2-13 的任务分解，查阅资料并完成主从网配置的相关规划工作。表 2-14 给出了一种参考规划，学生可以自己提出规划。

表 2-14 “主从网的规划与配置”的参考规划

规划内容	规划要点	参考建议
物理组网及网络层	服务器与客户机的数量，两者的物理组网，拟选用的操作系统，两者的IP属性（IP地址、子网掩码）	服务器1台（Windows Server 2003）作为域控制器；客户机1台（Windows XP）；使用交换机组网 域控制器的IP：192.168.6.200/24 客户机的IP：192.168.6.201/24
应用层设置之一：Active Directory及域控制器的安装	域控制器的类型 域的DNS名称 管理员账号与密码	域控制器的类型：域控制器 域的DNS名称：test.sanyu.cn 管理员账号：administrator，密码：Net001
应用层设置之二：域中资源对象的建立	所要添加的计算机标识	使用客户机上的默认标识
应用层设置之三：域中用户对象的建立（用户的管理）	登录到域中的合法账号	创建2个用户：用户名为“test01”，密码为“My001”，姓名为“LinYuanGuai”，用户主目录为服务器上的“D:/user/用户名”，所属用户组“administrators” 用户名为“Netuser01”，密码为“ad001”，姓名为“Itlab”，用户主目录为服务器上的“D:/user/用户名”，所属用户组为默认状态 用户登录时间、登录站点自行设置
用户组的管理	用户组名、向用户组中添加的用户	组名为“net”，用户成员为“Netuser01”
主从网的登录测试	测试机器与测试用户的选择	将客户机作为测试主机，利用域控制器上所创建的域用户账号进行登录测试

2.5.5 实验内容与操作要点

按照图 2-6b 所示的拓扑结构完成 2 台计算机之间的物理连接，其中 1 台计算机安装 Windows Server 2003，由其充当域控制器角色和 DNS 服务器角色；另一台安装 Windows XP，充当域中的客户机角色。按照表 2-14 所示的规划，完成 2 台计算机的 IP 属性配置。由于本操作环境中，域控制器同时充当了 DNS 服务器，所以客户机和域控制器的 TCP/IP 属性设置中，DNS 服务器的 IP 地址都要指向域控制器的 IP 地址。

完成配置后，使用 ping 命令检查域控制器与客户机之间的连通性，确保 2 台计算机之间的连通。

1．Active Directory 及域控制器的安装

运行 Active Directory 安装向导的方法是多样的，最常用的方法之一是启动“运行”命令，在打开的文本框中输入“dcpromo”命令，即可打开 Active Directory 安装向导。按照安装向导，分别在先后出现的对话框中单击“下一步”按钮，出现如图 2-32 所示的“域控制器类型”对话框，设置该服务器为“新域的域控制器”，并单击“下一步”按钮。

打开“创建一个新域”对话框，选中第一项“新域的域控制器”单选按钮，并单击“下一步”按钮。在出现的“新的域名”对话框中，输入新的域名（DNS 全名）“test.sanyu.cn”，如图 2-33 所示。

单击“下一步”按钮，打开“NetBIOS 域名”对话框，保留默认的 NetBIOS 域名，并单击“下一步”按钮。接着出现“数据库和日志文件文件夹”对话框，分别设置“数据库文件夹”和“日志文件夹”。为了提高性能，通常建议将两者存放在不同的硬盘上。

单击“下一步”按钮，出现“共享的系统卷”对话框，设置其“SYSVOL 文件夹”的存放路径。SYSVOL 文件夹是活动目录的存储位置，包括域的账号数据库和安全策略等都位于该文件夹中，其内容会在该域的所有域控制器上进行同步复制，以保持整个域的一致性。

SYSVOL 文件夹必须在 NTFS 卷上，如图 2-34 所示。

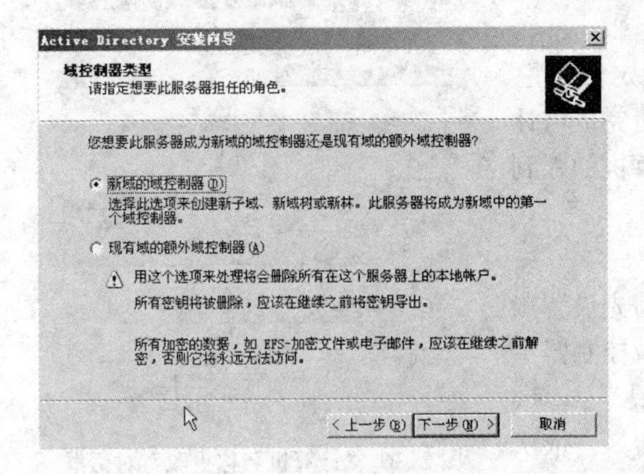

图 2-32 “域控制器类型”对话框

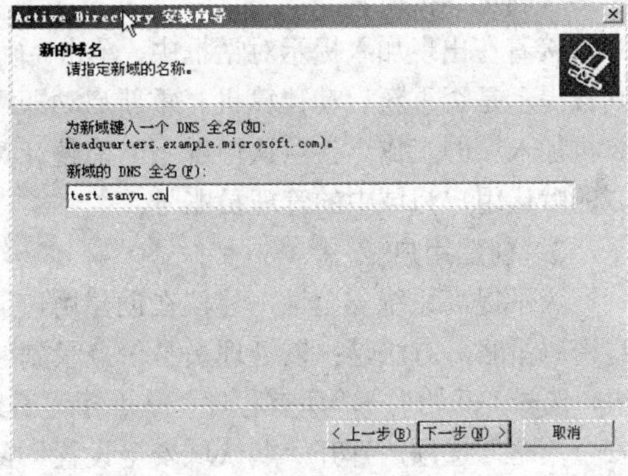

图 2-33 输入新的域名

单击“下一步”按钮，打开“DNS 注册诊断”对话框，如图 2-35 所示。如果需要在这台域控制器上安装 DNS 服务，则选中第二个单选按钮“在这台计算机上安装和配置 DNS……”，单击“下一步”按钮。

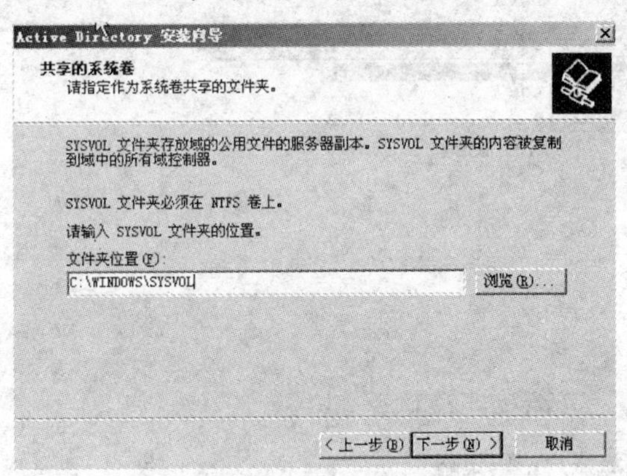

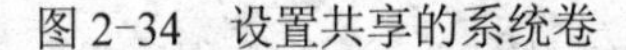

图 2-34 设置共享的系统卷

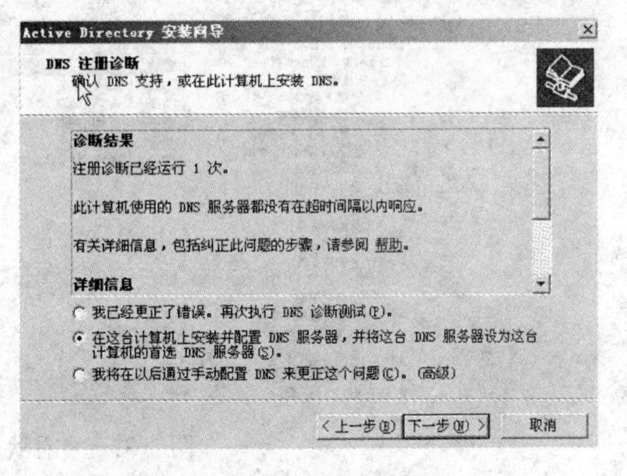

图 2-35 配置 DNS 对话框

接着出现“权限”(请选择用户和组对象的默认权限)设置对话框，设置域的兼容性。如果估计该域的所有域服务器都是 Windows Server 2000 或 Windows Server 2003，则选择第二个选项“只与 Windows 2000 或 Windows Server 2003 操作系统兼容的权限”。

单击“下一步”按钮，打开“目录服务还原模式的管理员密码”对话框，分别在“密码”和“确认密码”文本框中输入相应的信息，如表 2-14 中规划的“Net001”。

在服务器上显示所有配置摘要并进行确认后，单击“完成”按钮并等待几分钟，服务器完成活动目录的配置后，重新启动计算机使安装与配置生效。

2．域计算机的添加

在客户计算机上，打开如图 2-25 所示的“系统属性”对话框，选择“计算机名”选项卡，然后单击“更改”按钮，出现“计算机名称更改”对话框。在“隶属于”区域中选择“域”单选按钮，在“域”文本框中输入域名“test”，如图 2-36 所示。单击“确定”按钮，打开“计算机名更改”对话框，此时要求输入用户名和密码。分别在“用户名”和“密码”文本框输入能使该计算机加入域的管理员用户名和相应的密码，单击“确定”按钮。

接着在出现加入提示对话框中，单击“确定”按钮，则会提示是否重新启动计算机。重新启动即可完成将计算机加入域的工作。在默认情况下，能使计算机加入到域的默认用户为域中的管理员账号。

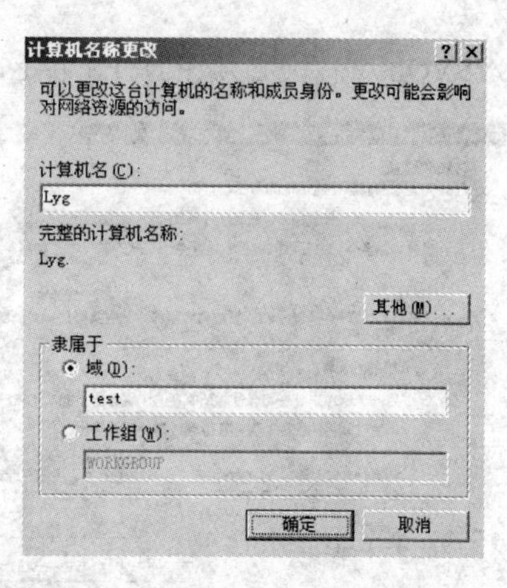

图 2-36 “计算机名称更改”对话框

3. 创建用户

为了提高系统安全性，建议在创建用户前先设置账户密码策略。方法是：以管理员身份登录到域控制器主机，选择“开始”→“所有程序”→“管理工具”→“域安全策略”选项，打开“默认域安全设置”窗口。依次单击左边目录树中的“安全设置”→“账户策略”→“密码策略”节点，在右边的窗格中右击相应的密码策略，并在弹出的快捷菜单中选择“属性”选项，查看默认的域账户密码策略并且可以根据需要进行修改，如图 2-37 所示。

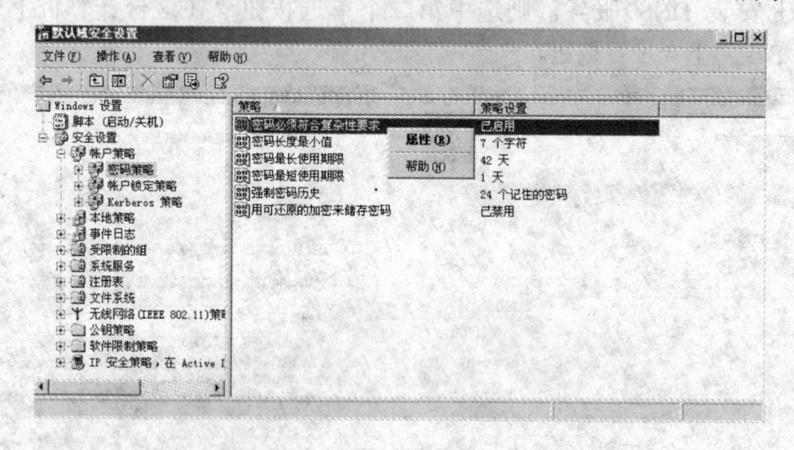

图 2-37 查看默认域账户密码策略

以“Administrator”身份登录到域控制器主机，选择“开始”→“所有程序”→“管理工具”→“Active Directory 用户和计算机”选项，打开如图 2-38 所示的“Active Directory 用户和计算机”窗口。右击该窗口左边目录树中的“Users”文件夹，在弹出的快捷菜单中选择“新建”→“用户”选项，打开“新建对象-用户”对话框，如图 2-39 所示。

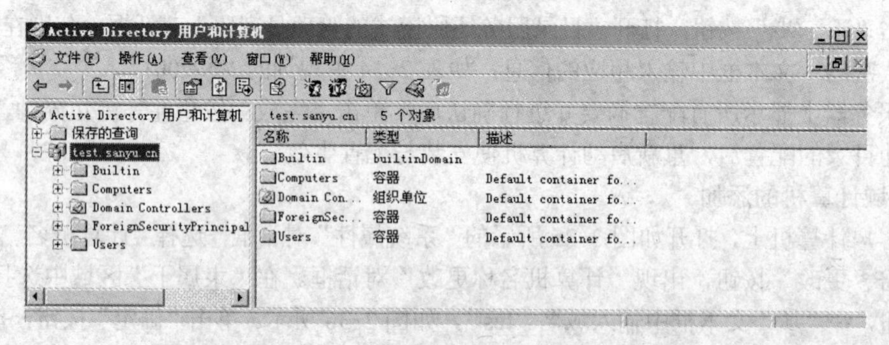

图 2-38 “Active Directory 用户和计算机”窗口

根据表 2-14 的参考规划，依次输入用户登录名、姓名等相关信息，单击“下一步”按钮，在出现的输入密码的对话框中输入 test01 用户的密码和确认密码及其他选项（密码必须满足域账户密码策略）后，单击“下一步”按钮即可完成新建用户的工作。

4．创建用户组

在如图 2-38 所示的“Active Directory 用户和计算机”窗口中，右击该窗口左边目录树中的“Users”文件夹，在弹出的快捷菜单中选择“新建”→“组”选项，打开“新建对象-组”对话框。

在该对话框中，根据表 2-14 的参考规划，输入组名信息，如“net”，“组作用域”选择“全局”，“组类型”选择“安全组”，单击“确定”按钮完成组的创建，如图 2-40 所示。

图 2-39 “新建对象-用户”对话框

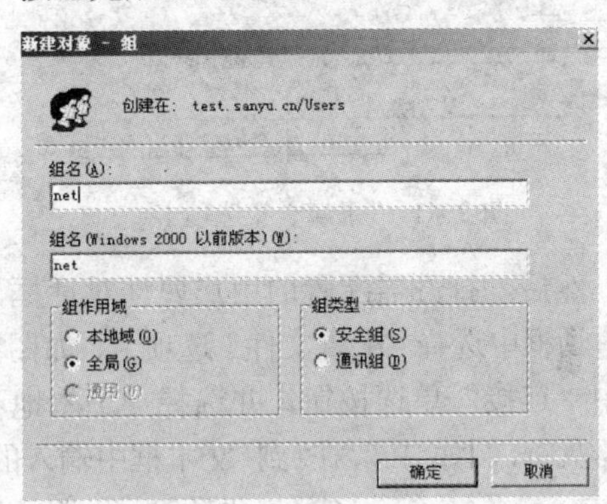

图 2-40 “新建对象-组”对话框

5．用户工作环境的定制

在域用户管理器中，可以对所创建的域用户访问网络做出某些限制，包括对用户登录网络的时间、登录网络的机器、登录网络后所使用的主目录和是否允许远程登录等许多特性做出相应的规定，这些工作统称为用户工作环境的定制。

（1）所属用户组的设置

在“Active Directory 用户和计算机”管理器窗口中，展开“Users”文件夹后选择所创建的用户名并右击，在弹出的快捷菜单中选择“属性”选项，在打开的属性对话框中选择“隶属于”选项卡，如图 2-41 所示。单击该对话框中的“添加”按钮，在打开的“选择组”对话框中，在“输入对象名称来选择（示例）”文本框中输入用户组名“Administrators”，单击“检查名称”按钮，结果如图 2-42 所示，最后单击“确定”按钮，完成所属用户组的配置。

如果要将用户从某用户组中删除，则在如图 2-41 所示的对话框中选定待删除的用户组，然后单击“删除”按钮将用户从该组中删除。

（2）用户主目录的设置

每个登录到域的用户都有自己的主目录，该目录是用户工作时使用的默认目录，用户对用户主目录具有完全控制的权限。用户主目录可以是用户自己专用工作站上的目录，也可以是网络服务器上的目录。如果是用户自己专用工作站上的目录，那么从其他计算机登录后，就无法使用该主目录了。因此，在多数情况下用户主目录都放在网络服务器上。

首先，在服务器的磁盘上建立一个目录“user”，并右击该目录，在弹出的快捷菜单中选择“共享和安全”命令，在打开对话框中的“共享”选项卡中设置共享的文件夹名为“user”，管理员对该共享文件夹具有“写”与“修改”的权限，其他用户只有“读”的权限。

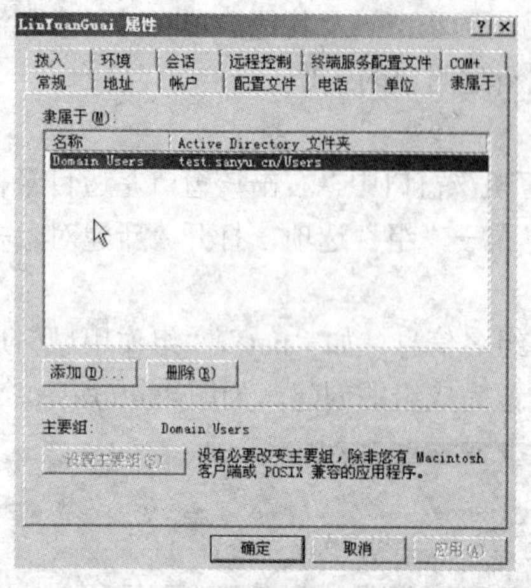

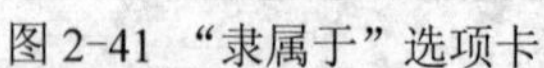

图 2-41 “隶属于”选项卡

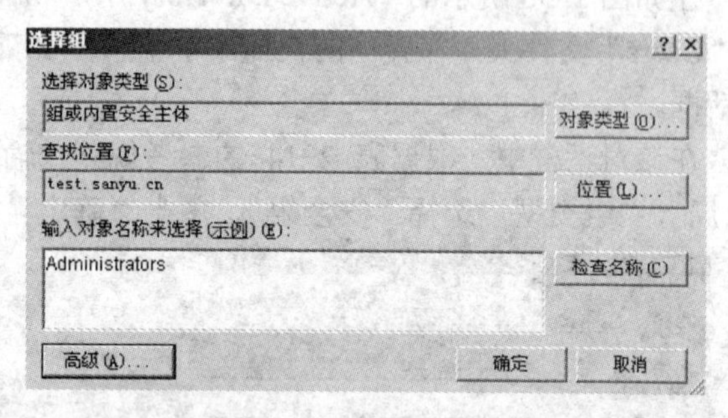

图 2-42 “选择组”对话框

然后，打开需配置的用户属性对话框，在用户属性对话框中选择“配置文件”选项卡，如图 2-43 所示。选中“连接”单选按钮，并选择一个本地不存在的驱动器盘符，例如“P:”，在“到”文本框中输入的（Universal Naming Convention，UNC）路径为“\\服务器名\user\%username%”，这里“%username%”是一个变量，其值为用户的用户名，如果用户为“test01”，则“%username%”的值为“test01”。UNC 路径是微软网络用来标识相应的网络资源所使用的统一命名约定路径。UNC 路径由 3 部分组成：计算机名、共享名和相对于共享名的目录路径。其格式形如“\\计算机名\共享名\目录路径”。例如，对用户“test01”来说，“\\test.sanyu.edu\user\%username%”表示在计算机“test.sanyu.edu”上位于共享文件夹“user”下的子目录“test01”。所以，本示例中当在该对话框的“到”文本框中输入“\\test.sanyu.edu\user\%username%”后，单击“应用”按钮，则其文本框中的值变为“\\test.sanyu.edu\user\test01”。

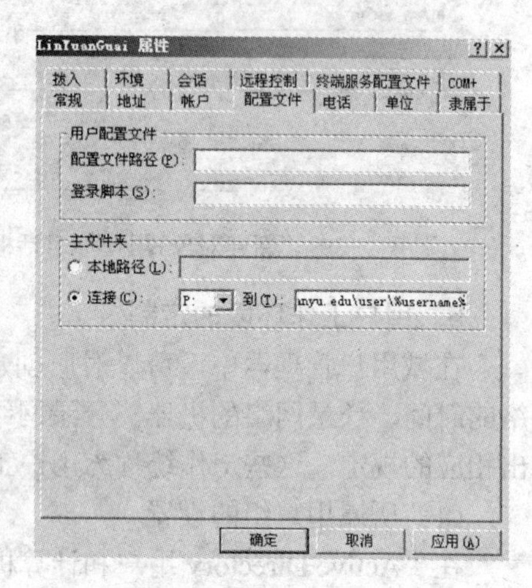

图 2-43 “配置文件”选项卡

如果用户的主目录为本地目录，则配置时选中单选按钮“本地路径”，并在后面的文本框中输入路径名。

此外，通过账户属性对话框中的不同选项卡，还可以配置用户登录时间的限制、用户登录站点的限制等信息。请借助 Windows 自带的帮助文档或查阅相关资料，自行完成设置。

6．登录测试

加入到域中的客户机在重新启动后，将出现登录 Microsoft 域的界面，输入域用户名和密码，然后选择要登录的域，单击“确定”按钮，即可登录到相应的域中，且登录用户可根据其所拥有的权限访问域中的资源。

登录成功后，可打开“网上邻居”窗口查看显示结果。建议分别在服务器端和客户端进行相关测试与观察。

2.5.6 拓展实验

某企业有 100 台主机，3 个管理员，50 个普通工作人员，为了实现部门内部员工之间的信息与数据资源共享，要求如下。

1）采用 Windows 环境搭建一个主从网，且分别配置一台域控制器和一台额外控制器，以提高系统的容错性。

2）配置一台独立服务器用作文件服务器。

3）管理员具有对计算机、用户和共享资源等的完全控制权限。

4）普通工作人员根据需要访问打印机和服务器上的部分资源。

请根据要求进行规划，画出网络拓扑图，设计配置方案并付诸实施。

2.5.7 实验思考题

1）在采用 Windows Server 2003 主从网环境中，若有人卸载了域控制器上的 DNS 服务，那么此时主从网是否仍能正常工作？如果不能，怎样进行故障排除？

2）在主从网环境中，用户从客户机登录到域后，在访问域中的特定资源时，是否还需要进行身份认证？

3）如果需配置额外域控制器的主机与域控制器主机之间不具有网络连通性，那么是否可以将计算机配置为现有域控制器的额外域控制器？为什么？

4）引入用户组的概念在网络管理中起到了哪些作用？删除组的时候是否连同组中的用户一起删除？一个用户可否被同时加入到不同的组中？

5）系统中为什么要设立诸如 Account Operator、Backup Operator 甚至 Administrators 这样的默认组？一个用户被加入到这些组中意味着什么？域中新建的用户默认属于哪一个组？

2.6 综合案例设计——IP 局域网组网设计

本实验为综合设计实验，目的是通过分析项目背景，进行需求分析，运用所学的计算机网络知识和交换机的综合应用，设计中小型交换机园区网，并进行综合配置和测试。

2.6.1 实验目的

掌握小型局域网组网设计的方法，学会根据所给定的一个小型局域网的组网需求，设计相应的组网方案并制订实施计划，能够完成局域网设计的一般性任务，包括网络需求分析、网络技术选择和拓扑设计、网络设备和传输介质选型以及方案的可行性论证等。

2.6.2 案例描述

旭日创新公司有一分公司，名为朝阳物联网产品公司，有人力资源、计划财务、市场营销与推广、产品设计 4 个部门，4 个部门均位于一幢 3 层的楼房内，同一楼层内的最大间距不超过 100 m。其中，产品设计部位于三层，现共有 PCl8 台；计划财务部、市场营销与推广部位于二层，分别有 PC6 台和 8 台；人力资源部位于一层，有 PC4 台。另外，公司的总经理办公室和行政办公室也位于一层，共有 PC7 台。

现该分公司由于企业信息化及电子商务的需要，需要进行局域网的组建，将分公司内的所有计算机连网，并新增加一台 Web 服务器、一台数据库服务器和一台文件服务器。

2.6.3 实验原理

1. 局域网设计简介

网络设计是根据用户的组网需求提供网络解决方案的过程。局域网设计的一般任务包括用户需求分析、局域网技术选择、网络拓扑设计、介质和设备选型、性能分析或可行性论证等。

2. 以太网技术简介

以太网技术产生于 20 世纪 70 年代，迄今为止，已历经了标准以太网、快速以太网、千兆以太网和万兆以太网 4 个发展阶段。表 2-15 给出了 4 代以太网的典型技术特征。目前，百兆传输速率的快速以太网主要用于桌面环境，而千兆以太网用于高速服务器或主干传输，万兆以太网目前主要用于高性能网络主干，而 10Mbit/s 的标准以太网已经不再是主流选择。

表 2-15 4 代以太网技术的主要技术特征

名　称	带宽/bit/s	相关标准	拓扑结构	传输介质	标准出台时间
标准以太网	10M	IEEE 802.3	总线型，星型	双绞线，同轴电缆，光纤	1970 年
快速以太网	100M	IEEE 802.3u	星型，扩展星型	双绞线，光纤	1995 年
千兆以太网	1000M	IEEE 802.3ab IEEE 802.3z	星型，扩展星型	双绞线 光纤	1998 年
万兆以太网	10G	IEEE 802.3ae	星型，扩展星型	光纤	2002 年

3. 网络互连设备

（1）物理层设备

物理层的网络互连设备主要是为了解决信号远距离传输所产生的衰减和变形问题，使用网络互连设备能够拓展信号的传输距离、增大网络的覆盖范围。物理层网络互连设备主要有中继器（Repeater）和集线器（Hub）。中继器具有对物理信号进行放大和再生的功能，其将从输入接口接收的物理信号通过放大和整形再从输出接口输出。中继器具有典型的单进单出结构。集线器在物理上被设计成集中式的多端口中继器，其多个端口可为多路信号提供放大、整形和转发功能。集线器除了具备中继器的功能外，相当于提供了网络线缆连接的一个集中点，并可增加网络连接的可靠性。集线器端口的带宽为共享带宽，采用集线器连接的以太网为共享式以太网，集线器不支持全双工方式，目前的组网中已较少使用。

（2）数据链路层设备

所有数据链路层的网络互连设备都具备物理层网络互连设备从物理上扩展网络的功能。数据链路层的网络互连设备包括网桥和交换机两大类。

网桥除具备在物理上扩展网络功能之外，还提供了基于 MAC 地址的数据过滤功能。在网桥中，要维持一个关于网桥不同接口所连主机的 MAC 地址信息的转发表。当网桥从某一接口收到数据帧时，将首先获取目的 MAC 地址，然后查看转发表，若发送节点与目的节点在同一个网段内，则网桥不转发该帧。只有源节点与目的节点不在同一个网段时，网桥才转发该帧。通过对数据帧的过滤，网桥还实现了逻辑划分网络的功能，即源和目标在同一物理网段中的数据帧由于网桥的数据过滤作用是不会被转发或渗透到其他网段中的。具备逻辑上划分网络的功能也是网桥与物理层网络互连设备（中继器与集线器）之间的最大区别，物理层网络互连设备只能转发原始比特流，而不能根据某种地址信息实现数据过滤功能。

交换机由网桥发展而来，是一种多端口的网桥，是当前局域网中使用最多的设备。一般的网桥端口数很少（2～4 个），而交换机通常具有较高的端口密度，如 16 口、24 口或 48 口，甚至更多。

交换机的每个端口都可以连入一个网段，也可以直接连入用户主机。交换机作为多端口网桥，具备了网桥所拥有的全部功能，如物理上扩展网络、逻辑上划分网络等。但是，交换机通过在其内部配备大容量的交换式背板，可以为每个交换机端口提供专用的带宽。另外，交换机的数据转发是基于硬件实现的，所以较网桥采用软件实现数据的存储转发具有更高的交换性能。正因为如此，在交换机问世后，网桥已逐渐退出了第二层网络互连设备的市场。

（3）网络层设备

网络层设备主要有路由器与三层交换机，网络层设备可以进行网络的逻辑分段，既可以分割广播域，也可以将多个网络号不相同的网络相互连接起来。路由器端口数较少，可实现异构网络的互连，在路由器上可提供局域网接口（如 100 Mbit/s 以太网、1000 Mbit/s 以太网及 FDDI 等接口）和广域网接口（如 ISDN、串口等接口）。三层交换机的端口数较多，常见的为 24 口、48 口等，但提供的端口类型均为各种以太网端口。

2.6.4 设计目标与要求

根据朝阳物联网产品公司的网络需求，提供一个能够满足上述局域网组网要求的设计方案，方案的设计还要充分考虑企业未来发展对网络规模扩充的需求。具体要求如下。

1）该公司的所有主机均具有 IP 的连通性。

2）服务器的连接带宽为 1000 Mbit/s，其他各 PC 的连接带宽为 100Mbit/s。

3）公司的局域网中每个部门的数据需要进行隔离，即每个部门的主机为一个单独的 IP 网络。

为保证方案的有效性与可行性，在方案设计出来之后要求在实验室环境中进行模拟配置与测试。

2.6.5 设计与规划内容

1. 需求分析

可参考表 2-16 的内容提示，完成最基本的需求分析。

表 2-16 “IP 局域网组网设计”的需求分析参考表

楼层位置	信息点类型	信息点数量	备　注

2. 网络技术的选择与网络拓扑结构设计

虽然以太网是目前主流的局域网组网技术，但在具体设计时还要根据网络带宽要求，明确具体的技术选择，如快速以太网、千兆以太网或万兆以太网等。请根据上面的需求分析结果，确定所要采用的技术并说明理由。

在确定了所采用的组网技术后，请进一步根据该公司的部门分布特点和组网要求给出网络拓扑结构图。

3. 网络设备的选型与数量

在完成拓扑结构设计之后，需要确定网络互连设备的种类、规格、数量及品牌，参考表2-17完成网络设备的选型工作。该表第二行只是给出了设备选型的一个例子，该设备并非是设计时必选的。

表2-17 "IP局域网组网设计"的网络设备选型

设备名称	设备规格	设备品牌	主要指标	所需数量
交换机	快速以太网交换机	锐捷S2126	24个端口的快速以太网，100M/1000M自适应	2

4. 传输介质的选型

在完成上述各项设计之后，还要进行传输介质的选型工作，包括确定传输介质的类型（如光纤、UTP线缆等）、品牌和所需的数量，另外，还要确定线缆连接部件的类型与数量（如RJ-45头、RJ-45连接模块或不同类型的光纤连接头等）。请参考表2-18完成传输介质的选型工作。

表2-18 "IP局域网组网设计"的传输介质及连接组件选型

连接位置	传输介质	规格	主要性能指标	连接组件的名称与数量

5. IP地址的规划

在完成上述各项设计之后，还要进行IP地址的规划与分配工作，包括确定每个网络的网络号、子网掩码和网关地址等。请参考表2-19完成IP地址的设计分配工作。

表2-19 IP地址的设计

部门	网络号	子网掩码	网关地址	可用的IP地址范围

2.6.6 设计的有效性与可行性验证

学生可根据方案的有效性与可行性测试结果对原有的设计方案进行必要的修改，以使方案更加优化或完善，最后需提交设计报告。

2.6.7 设计思考与探讨

在完成上述各项任务之后，将有关的设计经验、心得与体会、进一步的问题及其思路等以书面方式记录下来，并于适当的时机在小组内与小组间进行面对面的交流与研讨。

第3章 交换机的配置和应用

交换机主要工作在OSI参考模型的数据链路层，它以帧（Frame）作为数据转发的基本单位，是一种透明的网桥。交换机是一种基于MAC（介质硬件地址）地址识别，能够封装、转发数据包的网络设备，通过分析数据包的MAC信息，可以在数据始发者和目标接收者间建立临时通信路径，使数据包能够在不影响其他端口正常工作的情况下从源地址直接到达目的地址。交换机是现代计算机网络中必备的设备，掌握交换机的选择、配置和管理方法是计算机及相关专业的学生应具备的一项技术。绝大多数交换机同时提供了Web和命令行两种管理方式，其中，命令行管理方式的功能一般要比Web方式强。

命令行界面是交换机配置和调试界面中的主流，基本上网络设备都支持命令行界面，国内外主流的网络设备供应商使用很相近的命令行界面，以方便用户调试不同厂商的设备。

本章主要介绍交换机的配置和应用及对应的实验，内容主要包括交换机的基本配置（包括交换机的管理配置）、虚拟局域网的配置和应用、端口聚合的实现和应用、生成树协议的配置和应用等几个实验，通过这些实验，使读者对交换机有较多的了解，初步掌握交换机的配置和应用方法。本章所使用的交换机是锐捷S2126和S3760交换机，不同的交换机配置命令可能会有些差别，请读者注意阅读交换机配套的使用说明书。

本章所有的实验项目都可以在Packet Tracer仿真平台中完成。但需注意的是该平台使用的是Cisco公司的IOS，个别命令与锐捷交换机的命令稍有差别。

3.1 交换机的基本配置

交换机的基本操作主要包括硬件连接和基本参数的配置。其中，对单台交换机来说连接比较简单，只需要使用直连双绞线分别连接不同的计算机。交换机间一般是通过普通用户端口进行级联，有些交换机则提供了专门的级联端口（Uplink Port）。这两种端口的区别仅仅在于普通端口符合MDI标准，而级联端口（或称上行口）符合MDIX标准。当两台交换机都通过普通端口进行级联时，使用交叉双绞线进行连接；当且仅当其中一台通过级联端口时，使用直连双绞线进行连接。为了方便进行级联，某些交换机上提供一个两用端口，可以通过开关或管理软件将其设置为MDI或MDIX方式。某些交换机上全部或部分端口具有MDI/MDIX自校准功能，可以自动区分网线类型，进行级联时更加方便，只需直连线即可。目前的交换机端口一般具有MDI/MDIX自校准功能，只需用直连线进行级联。交换机的管理方式基本分为带内管理和带外管理两种。

3.1.1 实验目的

通过本实验，在认识交换机外部结构的基础上，了解交换机的物理连接方法，了解交换机最基本的管理模式，熟悉交换机的命令行界面，了解基本的命令格式，能够使用各种帮助信息，以及用命令行进行基本的配置。

3.1.2 项目背景

某公司新来一位网管，公司要求其熟悉网络产品，首先要求熟悉交换机的配置和管理。该公司采用的是锐捷系列交换机。将交换机接入公司内部网络正式使用前，需要先对交换机进行配置和测试，掌握交换机命令行的操作技巧。

3.1.3 实验原理

网络设备的管理方式基本上分为带内管理（In Band）和带外管理（Out of Band）两种。通过网络设备的 Console 端口管理网络设备就属于带外管理，不占用网络设备的网络接口，设备的管理控制信息与用户网络的承载业务信息在不同的逻辑信道传送，其特点是需要使用配置线缆，近距离配置。第一次配置网络设备时必须利用 Console 端口进行配置。所谓带内管理，是指设备的管理控制信息与用户网络的承载业务信息在同一个逻辑信道传送，简而言之，就是占用业务带宽。可以配置交换机支持带内管理。带内管理方式主要有：Telnet、Web 和 SNMP 等。

Console 端口：也叫配置口，用于接入交换机、路由器等网络设备的内部对其进行配置。

Console 线：网络设备包装箱中标配线缆，用于连接 Console 端口和配置终端。

为了通过 IP 网络实现对网络设备的远程访问与管理，需要将网络设备视为一台 IP 主机，为其配置相应的 IP 参数，包括 IP 地址、子网掩码和默认网关。例如交换机，所配置的 IP 参数需要与交换机上的某个 VLAN 虚拟接口绑定，这个被绑定的 VLAN 被称为管理 VLAN，所对应的虚拟接口被称为交换机的管理接口。

交换机默认的管理 VLAN 为 VLAN1，但为了安全起见，系统运行管理员将管理 VLAN 更改为非 VLAN1 的其他 VLAN。无论是默认的管理 VLAN 还是管理员重新指定的管理 VLAN，都要确保交换机上至少有一个端口隶属于该 VLAN，且隶属于该 VLAN 的端口中至少有一个端口为“UP”状态。对应二层交换机来说，任何时候只允许一个管理 VLAN 接口处于活动状态，当启用新的管理 VLAN 后，原有的管理 VLAN 就将被抑制或废除。

Console 端口通常用于对交换机/路由器进行初始化配置和管理工作，以及对交换机的状态进行监控和一些灾难性恢复工作。一旦将某台计算机的 COM 口与交换机的 Console 端口相连，并在计算机上安装诸如微软的超级终端仿真软件或 SecureCRTV 配置工具，这台计算机就可以同交换机建立基于文本的终端会话，此时把这台计算机称为交换机的控制终端。

Telnet 方式通过一台连接在网络中的计算机，用 Telnet 命令登录网络设备进行配置。远程登录条件：网络设备已经配置了 IP 地址、远程登录密码和特权密码；网络设备已经连入网络工作；计算机也连入网络，并且可以和网络设备通信。其特点是网管人员可以进行远程的控制。网络设备在出厂情况下是没有配置支持远程登录的。通过 Telnet 访问需要远程主机与网络设备具有 IP 连通性，同时要求远程主机有 Telnet 客户端。

Web 方式是指通过网页的形式对交换机进行配置管理。使用网络浏览器管理交换机时，交换机相当于一台 Web 服务器，只是网页并不储存在硬盘里面，而是在交换机的 NVRAM（非易失性随机访问存储器）里面，通过程序可以把 NVRAM 里面的 Web 程序升级。当管理员在浏览器中输入交换机的 IP 地址时，交换机就像一台服务器一样把网页传递给计算机，此时给你的感觉就像在访问一个网站一样。这种方式占用交换机的带宽，因此称为“带内管理”（In Band）。通过该方式访问交换机也是一种远程方法，也需要事先为交换机配置管理端口。除此之外，还需要将交换机配置为 HTTP 服务器，即需要在交换机上启用 HTTP 服务功能，如有必要，还可以启用 HTTP 服务器下的身份验证功能，以控制哪些用户可以通过 Web 方式访问交换机。

SNMP 方式是指利用网管软件基于 SNMP 协议统一对网络中的设备进行管理和配置。可以通过 SNMP 工作站对交换机进行远程管理。

可以利用简单文件传输协议（Trial File Transport Protocol，TFTP）服务器进行配置。在实际应用中，通常把配置文件备份到 TFTP 服务器上，在需要时再从 TFTP 服务器上把配置文件传回到设备中。

TFTP 服务器是网络中的一台计算机，可以把网络设备的配置文件等信息备份到 TFTP 服务器之中，也可以把备份的文件传回到网络设备中。TFTP 是一种基于 TCP/IP 的网络应用，常用于数据量较小的文件传输，在传输层使用无连接的 UDP 协议。TFTP 与网络设备（如路由器、交换机等）有着重要而又密切的关系，它既可实现网络设备配置文件和系统软件的备份，也可提供配置文件和系统软件的更新。只要网络中有 TFTP 服务器存在，就可以将路由器或交换机的系统软件和重要的配置文件备份到 TFTP 服务器，并在必要时将所备份系统软件或配置文件下载到路由器和交换机上使用。

使用 TFTP 的另一好处在于其非常简单，既不需要密码，也不需要进行文件目录或路径的定位；TFTP 软件可以从网上免费下载；对于运行 TFTP 服务器的计算机平台也无特殊要求。

由于设备的配置文件是文本文件，所以可以用文本编辑软件打开进行修改，再把修改后的配置文件传回网络设备，这样就可以实现配置功能。也可以通过 TFTP 服务器把一个已经做好的配置文件上传到一台同型号的设备中实现对它的配置。

在作为 TFTP 服务器的计算机上打开 TFTP 服务器软件，并设置存放文件的路径，如图 3-1 所示，然后在交换机或路由器上进行以下操作。

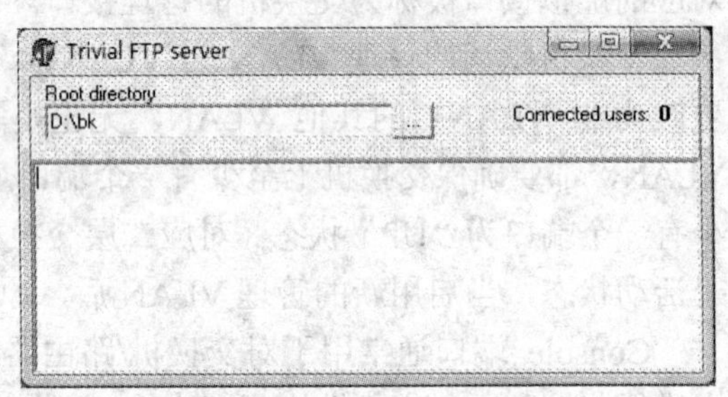

图 3-1　TFTP 服务器设置窗口

```
Ruijie#copy running-config tftp
Address or name of remote host [ ]?192.168.0.100
Destination filename [ ]?S1-config.txt
```

说明：输入 copy 命令后还需要回答两个问题，一是 TFTP 服务器的地址，本例中假设为 192.168.0.100，二是备份的配置文件名，本例中假设为 S1-config.txt。备份成功后，在 TFTP 服务器指定的目录中可看到此文件。

从 TFTP 服务器传回配置文件。

```
Ruijie#copy tftp running-config
Address or name of remote host [ ]?192.168.0.100
Source filename [ ]?S1-config.txt
```

说明：有些设备不支持备份 running-config 文件，但支持备份 startup-config 文件。

通过带外管理模式成功登录进入网络设备的配置界面。此时所看到的配置界面称之为 CLI 界面。CLI 界面又称为命令行界面，和图形界面（GUI）相对应。CLI 的全称是：Command Line Interface，它由 Shell 程序提供，是由一系列的配置命令组成的，根据这些命令在配置管理交换机时所起的作用不同，Shell 将这些命令分类，不同类别的命令对应不同的配置模式。这些 CLI 命令要按照正确的格式输入才能使用，如果输入不正确或不完整，将出现错误提示，常见的错误提示如下。

- % Ambiguous command: "show c"

用户没有输入足够的字符，设备无法识别唯一的命令。

- % Invomplete command

命令缺少必需的关键字或参数。

- % Invalid input detected at '^' marker

输入的命令错误，符号 ^ 指明了产生错误的单词的位置。

交换机和路由器提供了多种不同的访问模式，以满足不同权限的用户执行不同的功能，其访问模式大体可分为四层：用户模式→特权模式→全局配置模式→其他配置模式。表 3-1 中给出了交换机和路由器的主要访问模式、提示符及所支持的主要功能。

表 3-1　各种命令模式及其提示符

模式的名称	提　示　符	实现的功能
用户模式	Switch>	进入交换机后得到的第一级操作模式，实现状态的查看
特权模式	Switch#	由用户模式进入的下一级模式，对交换机具有完全的控制权，实现状态的查看
全局配置模式	Switch(config)#	属于特权模式的下一级模式，完成全局参数的配置
VLAN 配置模式	Switch(config-vlan)#	属于全局配置模式的下一级模式，完成 VLAN 的创建、修改和删除等配置
接口配置模式	Switch(config-if)#	属于全局配置模式的下一级模式，完成交换机相关接口的配置

进入某模式时，需要逐层进入，表 3-2 给出了逐层进入的实例。

表 3-2　命令模式的切换

要　求	命 令 举 例	说　明
进入用户模式	Switch>	登录后就进入
进入特权模式	Switch>enable Switch#	在用户模式中输入 enable 命令
进入全局配置模式	Switch# configure terminal Switch(config)#	在特权模式中输入 configure terminal 命令
进入接口配置模式	Switch# interface f0/1 Switch(config-if)#	在全局配置模式中输入 interface 命令，该命令可带不同参数
进入 VLAN 配置模式	Switch#vlan 31 Switch(config-vlan)#	在全局配置模式中输入 vlan 命令，该命令可带不同参数
进入线路配置模式	Switch# line Switch(config- line)#	在全局配置模式中输入 line 命令，该命令可带不同参数
进入路由配置模式	Switch# router rip Switch(config- router)#	在全局配置模式中输入 router 命令，该命令可带不同参数

（续）

要　求	命令举例	说　明
退回到上一层模式	Switch(config-if)#exit Switch(config)#	用 exit 命令可退回到上一层模式
退回到特权模式	Switch(config-if)#end Switch#	用 end 命令或按〈Ctrl+Z〉可从各种配置模式中直接退回到特权模式
退回到用户模式	Switch#disable Switch>	从特权模式退回到用户模式

说明：interface 等命令都是带参数的命令，应根据情况使用不同参数。

特例：在特权模式下输入 exit 命令时，会直接退出登录，而不是回到用户模式。从特权模式返回用户模式的命令是 disable。

交换机命令行支持获取帮助信息、命令的简写、命令的自动补齐及快捷键功能。配置交换机的设备名称和配置交换机的描述信息必须在全局配置模式下执行。

hostname 配置交换机的设备名称。

当用户登录交换机时，需要向用户提示一些必要的信息。网管可以通过设置标题来达到这个目的。可以创建每日提示和登录提示两种类型的标题。

banner motd：配置交换机每日提示信息。

banner login：配置交换机登录提示信息，位于每日提示信息之后。

查看交换机的系统和配置信息命令要在特权模式下执行。

show version：查看交换机的版本信息，可以查看到交换机的硬件版本信息和软件版本信息，作为交换机操作系统升级时的依据。

show mac-address-table：查看交换机当前的 MAC 地址表信息。

show running-config：查看交换机当前生效的配置信息。

3.1.4 实验任务与规划

1. 实验任务

认识交换机的物理接口，常用的 Console 连接电缆类型如图 3-2 所示，不同类型的电缆接口不同。目前，还有一种 2 头都是 RJ-45 接口的 UTP 反接线，这种电缆 2 头的 RJ-45 连接器的电缆具有完全相反的次序，这种连接线的详细说明请参考第 2 章的 2.1 节。Console 线在购置网络设备时会提供。

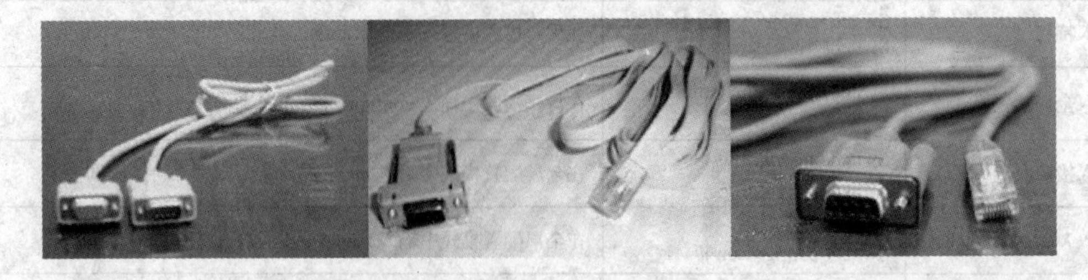

图 3-2　常用的 Console 连接电缆

选择相应的线缆连成如图 3-3 所示的通过 Console 端口配置交换机的实验拓扑图，实现交换机的初始化访问，包括观察交换机的启动过程，认识交换机的访问模式、命令行界面基本功能，完成交换机的基本配置等，相应的任务分解见表3-3。

表3-3 “交换机基本配置”的任务分解

任务分解	任务描述
网络环境的搭建	选择合适的交换机及物理连接线缆，完成所要配置的交换机与PC的互连
观察并认识交换机外部结构	观察对象包括交换机是否模块化，交换机的接口数、接口类型和指示灯，并做好书面记录
观察并了解交换机的开机启动过程	通过观察开机启动过程中交换机上各指示灯的现象及控制端的系统提示，识别交换机的硬件组成、软件平台等
认识用户界面	认识交换机不同的访问模式及各模式间的切换
命令帮助、历史和编辑功能	以配置交换机主机名为例，学习命令帮助、历史和编辑等功能的使用方法
配置交换机的管理地址	配置相应的IP参数，以实现通过IP网络远程访问交换机
show的使用	通过帮助命令获得show子命令（参数），查看如配置文件等状态

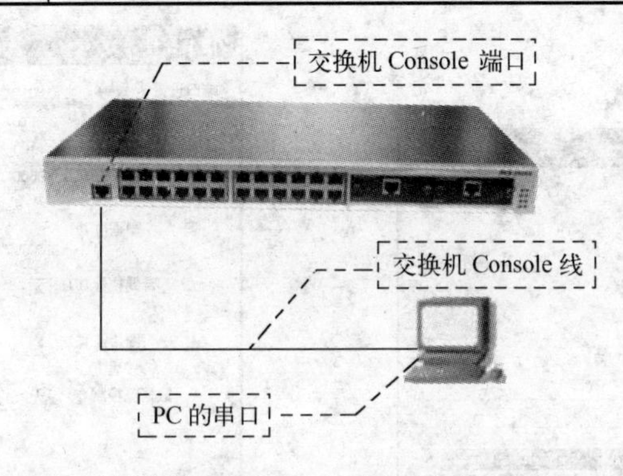

图3-3 通过交换机的Console端口进行配置的连接图

2．规划与准备

在预习阶段，要求学生根据表3-3的任务分解，进行相关的准备并完成相应的规划工作。表3-4给出了一种参考规划，学生可以自己提出规划。

表3-4 “交换机基本配置”的参考规划

规划内容	规划要点	参考建议
网络环境的搭建	线缆的选择，网络设备型号、网络设备数的确定以及网络设备之间的物理连接	交换机：1台；PC：1台
交换机主机名、管理接口的配置	交换机主机名，管理VLAN、管理接口的IP信息	自行采用易于区分或记忆的名字 交换机的管理VLAN为VLAN1，其管理接口的IP信息为192.168.200.1/24
PC的IP配置信息	PC的IP地址、子网掩码、默认网关	PC1的IP地址与交换机的管理接口IP同一网段，192.168.200.11/24（也可以采用该网段其他可用的IP地址）

3.1.5 实验内容与操作要点

1．网络环境的搭建

根据不同的端口或连接类型来选择合适的连接线缆。按照图3-3所示，搭建物理网络环境，完成PC的串口与交换机的Console端口的连接。不要带电拔插，启动交换机。设置所连接的PC的IP参数。

2．控制终端的配置

物理连接好之后，需要作为控制终端的计算机上运行超级终端软件来对交换机进行配置。通常，Windows 操作系统中已经默认安装超级终端 Hyper Terminal 组件，如果未安装，则按在 Windows 中添加 Windows 组件的方法安装即可。当然也可以使用 SecureCRTV 这类的超级终端软件。

超级终端的运行是以终端会话形式实现的，在同一台 PC 可建立多个终端会话。以 Windows 操作系统为例，启动 Windows 自带的超级终端软件，其终端会话连接的配置方法如下。

1）启动超级终端软件后，打开“连接到”对话框，如图 3-4 所示。在“连接时使用”下拉列表框中选择控制台所连接的 COM 端口，如“COM1”，然后单击“确定”按钮，出现关于端口属性的设置对话框，如图 3-5 所示。

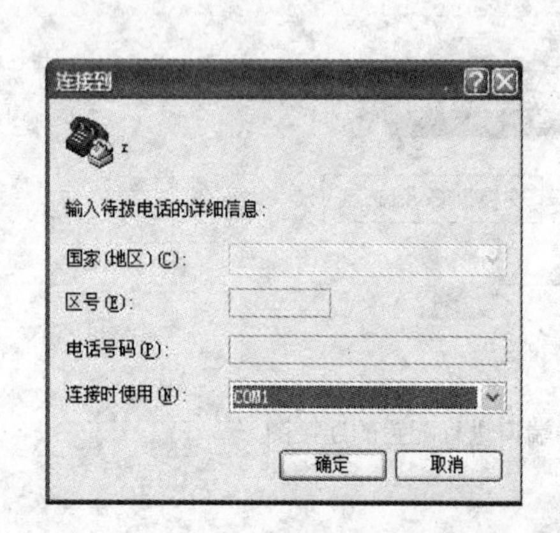

图 3-4　控制终端连接控制端口的选择

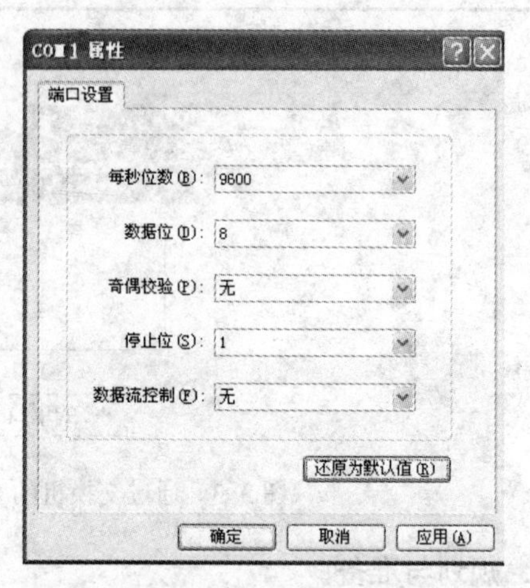

图 3-5　控制终端端口属性的设置

2）在端口属性设置对话框中提供了终端会话参数，包括波特率（每秒位数）、数据位等。一般在交换机的初始化配置中要求还原为默认值，即波特率为 9600bit/s，数据位为 8 位，无奇偶校验，1 位停止位，无数据流控制。

3）单击“确定”按钮，打开“连接描述”对话框，输入连接的名称，选择连接的图标后，单击“确定”按钮就进入到终端会话形式下，如果交换机电源已开启，则按〈Enter〉键就可以看到交换机的运行状态。

3．认识交换机的外部结构和物理端口

首先观察交换机的外部，认识交换机的外部结构及各类端口，必要时还可查阅交换机的使用说明书。了解各类指示灯、电源线及各类物理接口等的位置，了解交换机上的相关标识、连接方式、带宽和功能，并了解交换机的接口是否模块化。

按照功能与作用的不同，交换机的物理接口被分为网络接口与管理接口。网络接口用于主机或设备间的以太网连接，包括主机接入交换机、交换机与交换机互连，以及交换机与路由器互连等，也被称为以太网接口。管理端口用于对交换机进行控制管理，包括通常说的 Console 端口等。

现在的智能交换机一般采用模块化的组成模式，固定的以太网端口是标配模块，其余模块是选配，根据实际需要添加选配模块。固定端口所在的模块即标配模块编号为 0，选配模块从 1 开始编号，每个模块的端口从 1 开始编号。其端口组成如图 3-6 所示，建议学生制作一个类似于表 3-5 的记录表，用于进行相应的记录。

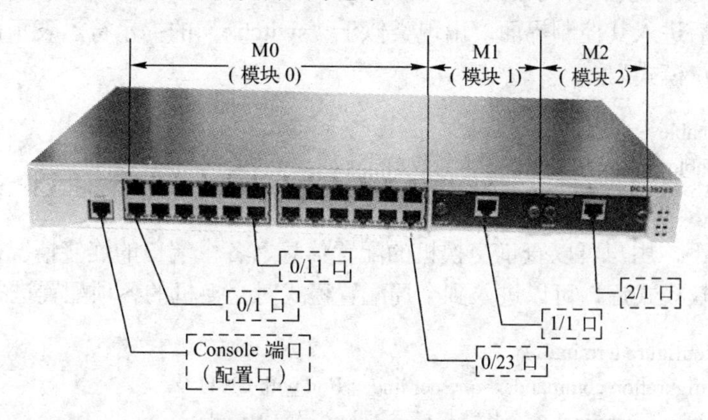

图 3-6　交换机的各种端口

表 3-5　交换机的物理接口

接 口 标 识	支持的物理连接/带宽	是否模块化	功 能 描 述
F0/1	双绞线/100Mbit/s	否	用于连接快速以太网

0/1 中的 0 表示交换机上的第 1 个模块，1 是该模块中的第 1 个端口。即 0/1 表示固定端口中的第 1 个端口。

1/1 表示选配模块中的第 1 个端口。

4．交换机的开机启动过程

其启动过程包括系统硬件自检、操作系统装载和配置文件应用等工作。当交换机加电时，首先进行开机自检（POST），即从 ROM（只读存储器）中运行诊断程序对包括 CPU、存储器和网络接口在内的硬件进行基本检测。硬件检测通过后，从 ROM 中调用和运行引导程序（Bootstrap），再由默认或指定的途径装载交换机操作系统软件。一旦操作系统被装载并运行后，就可以发现所有的系统硬件与软件，并将结果从控制终端上显示出来。操作系统装载完毕后，系统将定位配置文件的路径并装载与应用配置文件。用心观察交换机的启动过程，可以观察到以下现象。

1）启动时，所有端口指示灯变绿。

2）每个端口自检完毕，对应的指示灯熄灭。

3）如果端口自检失败，对应指示灯呈黄色。

4）如果有自检失败的情况，系统指示灯呈现黄色。

5）如果没有自检失败，自检过程完成。

6）随着自检过程的完成，指示灯闪亮后熄灭。

5．登录交换机

在已经成功启动的“超级终端”窗口中认真观察交换机启动过程的运行状况与显示的结

果，如有必要，应记录开机启动过程中所显示的本交换机硬件与软件的配置情况，并理解相应的含义。

6．初步认识交换机的访问模式

登录交换机后进入其控制界面，出现类似于“switch>”的提示符，表示已经进入到交换机控制台的“用户模式”。

switch>enable
（使用 enable 命令从用户模式进入特权模式）
Switch#　　　　　　（显示说明：已经进入到特权模式）

在特权模式下，用户可以查询交换机的配置信息、各个端口的连接情况及收发数据统计等。而且进入特权模式后，可以进入到全局配置模式对交换机的各项配置进行修改。

Switch#configure terminal
Enter configuration commands，one per line.　End with CNTL/z。
（使用 configure terminal 命令从特权模式进入全局配置模式）
Switch(config)#　　　　（显示说明：已经进入到全局配置模式）

在全局配置模式下，用户可以对交换机进行全局性的配置，如创建 VLAN、启动 STP 或 MAC 地址表管理等。全局配置模式还可以通过命令进入到端口模式对各个端口进行配置。

switch(config)#interface fastethernet 0/1
（使用 interface 命令进入接口配置模式，出现如下提示符，这时可以通过命令对接口进行相关的配置）
switch(config-if)#　　　　（显示说明：已经进入到端口配置模式）
switch(config-if)#exit
（使用 exit 命令退回上一级操作模式）
switch(config-if)#end
（使用 end 命令直接退回到特权模式）

注意事项：特定的命令应用在特定的配置模式下。在进行配置的时候不仅需要键入正确的命令，还需要知道该命令是否在正确的配置模式下。当你不知道该命令是否正确时，可以使用“？”来咨询交换机。

7．交换机命令行界面基本功能

switch> ?
（显示当前模式下所有可执行的命令）
switch >en<tab>
switch >enable
（使用〈Tab〉键补齐命令）
switch #con?
configure connect
（使用？显示当前模式下所有以“con”开头的命令）
switch #conf t
switch(config)#
（使用命令的简写）
switch(config)#interface ?

（显示 interface 命令后可执行的参数）

switch(config)#interface fastethernet 0/1

switch(config-if)# ^Z

switch #

（使用快捷键〈Ctrl+Z〉可以直接退回到特权模式）

switch #ping 1.1.1.1

sending 5，100-byte ICMP Echos to 1.1.1.1，

timeout is 2000 milliseconds.

. ^C

switch #

（在交换机特权模式下执行 ping 1.1.1.1 命令，发现不能 ping 通目标地址，交换机默认情况下需要发送 5 个数据包，如不想等到 5 个数据包均不能 ping 通目标地址的反馈出现，可在数据包未发出 5 个之前按快捷键〈Ctrl+C〉终止当前操作）

8. 使用历史命令

系统提供了用户输入的命令的记录。该特性在重新输入长而且复杂的命令时将十分有用。从历史命令记录重新调用输入过的命令，执行表 3-6 中的操作。

表 3-6 使用历史命令的操作

操 作	结 果
Ctrl-P 或上方向键	在历史命令表中浏览前一条命令。从最近的一条记录开始，重复使用该操作可以查询更早的记录
Ctrl-N 或下方向键	在使用了 Ctrl-P 或上方向键操作之后，使用该操作在历史命令表中回到更近的一条命令。重复使用该操作可以查询更近的记录

9. 使用命令的 no 和 default 选项

几乎所有命令都有 no 选项。通常，使用 no 选项来禁止某个特性或功能，或者删除某项配置或执行与命令本身相反的操作。例如，接口配置命令 no shutdown 执行关闭接口命令 shutdown 的相反操作，即打开接口。

配置命令大多有 default 选项，命令的 default 选项将命令的设置恢复为默认值。大多数命令的默认值是禁止该功能，因此在许多情况下 default 选项的作用和 no 选项的作用是相同的。但部分命令的默认值是允许，这时 default 选项的作用和 no 选项的作用是相反的。no 选项和 default 选项的用法是在命令前加 no 或 default 前缀。如：

- no ip address
- default hostname

相比之下，实际应用中多使用 no 选项来删除有问题的配置信息。

10. 配置交换机的名称和每日提示信息

switch(config)# hostname SW-1

（使用 hostname 命令更改交换机的名称）

SW-1(config)# banner motd $

（使用设置交换机的每日提示信息，参数 motd 指定以哪个字符为信息的结束符。在运行 banner 命令后，出现“Enter TEXT message. End with the character'$'.”，这时，输入期待显示的交换机提示信息）

11．配置交换机的端口

交换机端口的配置主要有接口描述、接口物理工作特性、激活或关闭接口等内容。

目前交换机 Fastethemet 端口默认情况下是 10Mbit/s/100Mbit/s 自适应端口，双工模式也是自适应（端口速率、双工模式可配置）。默认情况下，所有交换机端口均开启。

如果网络中有一些型号比较旧的主机在使用 10Mbit/s 半双工的网卡，此时为了能够实现主机之间的正常访问，应当在交换机上进行相应的配置，把连接这些主机的交换机端口速率设为 10Mbit/s，传输模式设为半双工。

```
SW-1(config)# interface fastethernet 0/1
（进入端口 F0/1 的配置模式）
SW-1(config-if)#speed 10
（配置端口速率为 10Mbit/s）
SW-1(config-if)#duplex half
（配置端口的双工模式为半双工）
SW-1(config-if)#no shutdown
（开启端口，使端口转发数据）
```

说明：每一个端口在进行配置后，出于安全考虑，系统默认为不可用（down 状态），所以在配置完一个端口后需要使用 no shutdown 命令将其开启。

可以退回到特权模式查看该接口的信息。

```
SW-1(config-if)#end
SW-1#show interface fastethernet 0/1
（在配置和管理交换机的过程中，经常需要显示查看交换机端口的当前状态，可以使用该命令）
```

如果需要将交换机端口的配置恢复为默认值，可以使用 default 命令。

```
SW-1(config) # interface fastethernet 0/1
SW-1(config-if) # default bandwidth
（恢复端口默认的带宽设置）
SW-1(config-if) # default duplex
（恢复端口默认的双工设置）
SW-1(config-if)#end
SW-1#show interface fastethernet 0/1
```

再次查看该端口的信息，比较其结果。

如果是三层交换机还可以配置接口的 IP 地址。

```
Switch(config)# interface fastethernet 0/16
Switch(config-if)#no switchport
（关闭交换机的二层接口状态，进入三层模式）
Switch(config-if)#ip address 172.16.1.16
```

12．交换机的基本管理

（1）配置交换机的管理地址

为了通过 IP 网络实现对二层交换机的远程访问与管理，需要将交换机视为一台 IP 主机，为其配置相应的IP参数，包括IP地址、子网掩码和默认网关。所配置的IP参数与交换机上的某个VLAN虚拟接口相绑定，这个被绑定的VLAN称为管理VLAN，所对应的虚拟接口称为交换机的管理接口。

二层交换机一次只允许一个 VLAN 接口处于活动状态，这个活动的 VLAN 即为管理VLAN。

SW-1(config)# interface vlan 1　　　（进入交换机管理 vlan 1 的端口配置模式）
SW-1(config-if)#　　　（显示说明：已进入端口配置模式）
SW-1(config-if)# ip address 192.168.200.1 255.255.255.0
（将交换机管理的端口地址配置为 192.168.200.1，子网掩码为 255.255.255.0）
SW-1(config-if)# no shutdown　　　（激活交换机的管理端口）

说明：VLAN1 默认是交换机管理中心，用于配置交换机的管理地址，交换机的管理IP只能有一个生效，交换机所有接口默认都属于VLAN1。当需要重新配置VLAN1的IP地址时，应首先在端口模型下输入no ip address命令，取消对已有IP地址的配置，然后再根据上面介绍的方法重新配置VLAN1的IP地址。二层交换机无法直接给物理端口（如F 0/1、F 0/2等）配置IP地址，仅有三层交换机才能给物理端口配置IP地址，其配置方法与VLAN 1的IP地址配置方法一样。

虽然交换机默认的管理 VLAN 为 VLAN1，但为了安全起见，系统允许管理员将管理VLAN更改为非VLAN1的其他VLAN。例如要将其更改为VLAN90，其配置如下。

SW-1(config)# vlan 90　　　（创建 vlan90）
SW-1(config-vlan)#　　　（显示说明：已经进入 VLAN90 的配置模式）
SW_1 (config-vlan) #exit　　　（退出 VLAN90 的配置模式，返回全局配置模式）
SW_1 (config) #interface FastEthernet 0/1
SW_1 (config-if) #　　　（显示说明：已经进入 FastEthernet 0/1 的端口配置模式）
SW_1 (config-if) #switchport access vlan 90
（将 FastEthernet 0/1 端口添加到 VLAN 90）
SW-1(config)# interface vlan 90（进入交换机管理 vlan 90 的端口配置模式）
SW-1(config-if)#　　　（显示：已进入端口配置模式）
SW-1(config-if)# ip address 192.168.200.1 255.255.255.0
（将交换机管理的端口地址配置为 192.168.200.1，子网掩码为 255.255.255.0）
SW-1(config-if)# no shutdown　　　（激活交换机的管理端口）

（2）配置交换机的密码

默认情况下，系统只有两个受口令保护的授权级别：普通用户级别（1 级）和特权用户级别（15 级）。

如果使用带外管理交换机，可以直接进入普通用户级别，而不需要校验普通用户级别的口令。在特权用户级别口令没有设置的情况下，用户只能通过带外管理交换机，而且进入特权模式不需要口令校验。如果需要使用Telnet来管理交换机，则必须先设置普通用户级别口令，用于用户的合法性校验。如果需要使用 Web 方式管理交换机，则必须为特权用户级别设置口令，用于Web用户的合法性校验。为了安全起见，最好在交换机中设置特权用户级别口令。

配置特权模式（Enable Password）密码。

```
SW-1(config) # enable password 123456（设置明文密码为 123456）
SW-1(config) # enable secret 123456      （设置加密密码为 123456，为了安全，建议使用加密口令）
```

配置远程登录（Telnet）密码。

```
SW-1(config) # line vty 0 4
（该命令表示配置远程登录线路，0~4 是远程登录的线路编号）
SW-1(config-line) # login
（用于打开登录认证功能）
SW-1(config-line) # password 123456
```

（3）查看交换机的系统和版本信息

```
SW-1 # show version
（查看交换机的系统信息）
```

系统信息主要包括系统描述、系统上电时间、系统的硬件版本和系统的软件版本等。用户可通过这些信息来了解这个交换机系统的概况。

（4）查看交换机的配置信息

```
SW-1 # show running-config
（查看当前交换机系统正在运行的配置信息）
SW-1 # show startup-config
（查看保存在交换机存储器 NVRAM（非易失性随机存取存储器）上的配置信息）
```

（5）保存配置

以下 3 条命令都可以保存配置。

```
SW-1 # copy running-config startup-config
SW-1 # write memory
SW-1 # write
```

注意事项如下。

1）命令不区分大小写，命令行操作进行自动补齐或命令简写时，要求所简写的字母能够区别该命令。如 SW-1 #conf 可以代表 configure，但 SW-1 #co 无法代表 configure，因为 co 开头的命令有两个 copy 和 configure，设备无法区别。

2）用〈Tab〉键可简化命令的输入。如果你不喜欢简写的命令，可以用〈Tab〉键输入单词的剩余部分。每个单词只需要输入前几个字母，当它足够与其他命令相区分时，用〈Tab〉键可得到完整单词。如输入 conf(Tab) t(Tab) 命令可得到 configure terminal。

3）配置设备名称的有效字符是 22 个字节。

4）注意区别每个操作模式下可执行的命令种类。交换机不可以跨模式执行命令。

5）show running-config 查看的是当前生效的配置信息，该信息存储在 RAM，当交换机掉电、重新启动时会重新生成新的配置信息。

13．验证测试

对交换机进行配置后，设置 PC 的 IP 地址（例如，172.16.31.10）与交换机的管理 IP 地址同一网段。可以通过以下的方法进行验证。

（1）验证 Telnet 登录密码

在 PC 上进入命令行模式，输入"telnet 172.16.31.1"，这时将出现登录界面，输入验证口令后，进入交换机的用户模式。

（2）验证"特权模式"密码

在用户模式下，输入 enable 命令后，在接着出现的"Password:"后输入已经设置的特权密码，即可进入特权模式。

特别说明：在对交换机进行相应的配置之前，应该了解并逐渐养成一个网络工程师所应具备的良好专业习惯，那就是对交换机进行任何配置或状态修改前，必须首先对交换机的相应状态进行查看。查看交换机的基本状态，如交换机的一些全局参数设置、各接口的状态信息及 VLAN 信息等，然后在此基础上再进行配置。

3.1.6 实验思考题

1）现在的许多笔记本电脑或台式 PC 上都没有串口，应该怎样使用交换机的带外管理模式？

2）为什么 enable 密码在 show 命令显示的时候，不是出现配置的密码，而是很多不认识的字符。

3）当不能确定一个命令是否存在于某个配置模式下的时候，应该怎样查询？

4）交换机的管理 VLAN 是否只能是 VLAN1？可否在交换机上同时配置和启用多个管理 VLAN，或为其配置多个 IP 地址？

5）为什么在使用 Telnet 方式访问交换机时，需要配置交换机的管理端口，而且要确保远程主机与交换机具有 IP 连通性？

3.2 端口 VLAN 的配置和应用

虚拟局域网（Virtual Local Area Network，VLAN）是一种通过将局域网内的设备逻辑地划分成一个个网段并进行管理的技术。VLAN 扩大了交换机的应用和管理功能，这是交换机的重要功能之一。

3.2.1 实验目的

了解 VLAN 的原理；熟练掌握二层交换机 VLAN 的划分方法；理解端口 VLAN（Port VLAN）的功能和配置方法，了解如何验证 VLAN 的划分，初步掌握在交换机中配置和管理 VLAN。

3.2.2 项目背景

某中学的校园网络在升级和扩建中，办公楼中多个年级组之间的网络连接畅通。由于各年级组之间的计算机以前都连接在同一台交换机上，网络中存在广播等干扰，造成网络传输效率低下。重新规划网络时，提出希望通过实施虚拟局域网技术，保证不同的年级组的网络之间的计算机互相不进行干扰，实现隔离技术，提高网络传输效率。

3.2.3 实验原理

VLAN 是指在一个物理网络段内通过交换机软件根据需要对网络进行逻辑上的划分，组成虚拟工作组或逻辑网段。VLAN 可以在单台交换机上或跨交换机实现，无需考虑用户或主机在网络中的物理位置。VLAN 最大的特性是不受物理位置的限制，可以灵活地进行划分。VLAN 具备了一个物理网络段所具备的特性。相同 VLAN 内的主机可以相互直接通信，不同 VLAN 内的主机之间互相访问必须经路由设备进行转发，广播数据包只可以在本 VLAN 内进行广播，不能传输到其他 VLAN 中，划分 VLAN 是控制网络广播风暴的有效方法，同时也提高了网络的安全性。

Port VLAN 是实现 VLAN 的方式之一，它利用交换机的端口进行 VLAN 的划分，一个端口只能属于一个 VLAN。Port VLAN 使得只有同一 VLAN 中的不同端口之间才能实现通信，从而有效地屏蔽广播风暴，提高网络的安全性。

设置 Port VLAN 时需考虑两个问题：一是 VLAN ID，每个 VLAN 都需要一个唯一的 VLAN ID（VLAN 号），不同类型的交换机在进行端口 VLAN 设置时，所提供的 VLAN ID 的值可能不同，但一般都支持 1~98 这一范围；二是 VLAN 所包含的成员端口。设置 VLAN 的成员端口需要指定该端口的设备号与端口号，设备号为成员端口所在的交换机号，端口号是指该端口在所属设备中的模块与端口组成的编号，一般交换机的面板上都有明显的标识。例如，一台 24 口快速以太网交换机，设备编号为 1，端口号为 24，一般写成 FastEthernet 0/24，也可简写成 F0/24。

有两类特殊的 VLAN：管理 VLAN 和默认 VLAN。

管理 VLAN 是指配置用于访问交换机管理功能的 VLAN。通过为管理 VLAN 分配 IP 地址、子网掩码和网关地址，用户可基于 HTTP、Telnet、SSH 或 SNMP 等协议通过 IP 网络实现对交换机的远程管理。在默认情况下，VLAN1 被指定为管理 VLAN。但为了安全起见，建议配置除 VLAN 1 以外的其他 VLAN 作为管理 VLAN。

默认 VLAN 是交换机在出厂时默认配置的 VLAN。交换机初始启动之后，所有端口自动加入到默认 VLAN 中。例如思科、锐捷等品牌的交换机，将 VLAN1 作为默认 VLAN。默认 VLAN 具有 VLAN 的所有功能，但用户不能对它进行重命名，也不能删除它。

3.2.4 实验任务与规划

1. 实验任务

实验拓扑图如图 3-7 所示，1 台 24 口的快速（或更高速率）以太网交换机，该交换机支持 VLAN 功能，要求完成端口 VLAN 的相关配置。包括 VLAN 的创建、交换机端口的分配等配置工作，使得 3 台 PC 分别属于 3 个不同的 VLAN，相应的任务分解表见表 3-7。

表 3-7 “端口 VLAN 的配置与应用”的任务分解

任务分解	任务描述
网络环境的搭建	涉及网络设备型号和网络设备间物理连接线缆的选择
查看交换机的默认 VLAN	查看交换机默认 VLAN 的信息
VLAN 的创建、删除与修改	在交换机上创建、删除与修改 VLAN

（续）

任务分解	任务描述
接入端口的配置	将属于各VLAN的交换机端口指派到所属的VLAN中，并将端口指定为接入模式
IP地址的规划与配置	各VLAN的网络号、子网掩码及网关地址；各主机的IP地址、子网掩码及网关地址

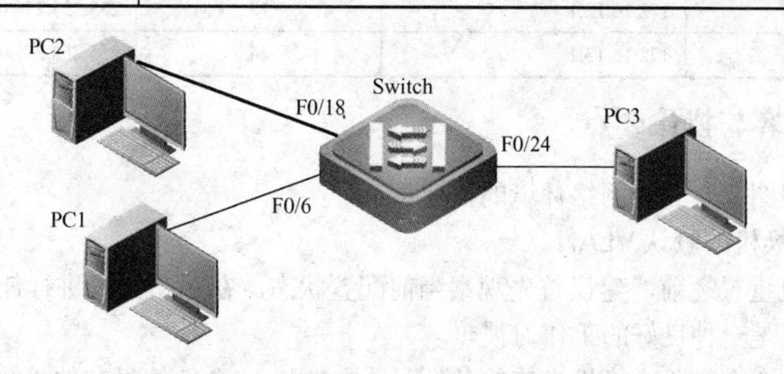

图3-7　端口VLAN实验拓扑图

2．规划与准备

在预习阶段，要求学生根据表3-7的任务分解，进行相关的准备并完成相应的规划工作。将各年级组中的PC分别划分到3个VLAN中，分配给各VLAN的IP地址分别为：172.16.11.0/24、172.16.12.0/24、172.16.13.0/24。在对交换机进行配置前，先根据实际情况确定交换机的哪些端口属于哪个VLAN，并确定测试PC所接入的交换机端口。表3-8给出了一种参考规划，学生可以自己提出规划。

注意：VLAN的划分必须同时考虑所使用的IP网段，各VLAN的IP网段不同。

表3-8　"端口VLAN的配置与应用"的参考规划

规划内容	规划要点	参考建议
网络环境的搭建	线缆的选择，网络设备型号、网络设备数的确定以及网络设备之间的物理连接	交换机：1台；PC：3台；UTP直连双绞线若干条
查看交换机的默认VLAN	将交换机还原为出厂时状态，查看默认VLAN情况	使用命令 delete flash: config.text 删除配置文件，再用命令 delete flash:vlan.dat 删除VLAN信息，使用"show vlan"查看默认VLAN情况
VLAN的创建、删除与修改	需创建的VLAN数量、各VLAN的名称	交换机的管理VLAN：VLAN1 创建3个数据VLAN：VLAN11、VLAN12、VLAN13
接入端口的配置	将交换机的端口指派给相应的VLAN	详见表3-9
IP地址的规划与配置	PC的IP地址、子网掩码、默认网关	详见表3-10

表3-9　XX交换机VLAN划分表

VLAN ID	VLAN名称	子网号	子网掩码	所包含的交换机端口
11		172.16.11.0	255.255.255.0	2~6
12		172.16.12.0	255.255.255.0	7~18
13		172.16.13.0	255.255.255.0	19~24

注：XX为交换机的名称或编号。

表 3-10 测试 PC 的 TCP/IP 属性配置及所接入的交换机端口

测试主机	配置的 IP 地址	交换机端口	子网掩码
PC1	172.16.11.1	6	255.255.255.0
PC2	172.16.12.1	18	255.255.255.0
PC3	172.16.13.1	24	255.255.255.0

3.2.5 实验内容与操作要点

首先，按照图 3-7 完成网络环境的搭建。

1．观察交换机的默认 VLAN

在将交换机重置之前，建议首先观察当前配置状态。在对交换机进行任何配置更改前，进行必要的查看是一种良好的工作习惯。

使用下面的命令删除交换机当前的备份配置文件与 VLAN 信息文件，并重启交换机，使之恢复到出厂时状态。

```
Switch #
Switch # show vlan                  （查看交换机的 VLAN 信息）
Switch # show running-config        （查看交换机当前的配置信息，注意观察交换机端口的配置）
Switch # delete flash:config.text
```

执行上述命令后，建议使用“show running-config”命令查看交换机的配置文件，使用“show vlan”命令再度查看交换机的 VLAN 信息。

```
Switch # delete flash:vlan.dat      （删除 FLASH 中的 vlan.dat 文件）
Switch # reload                     （重启交换机）
```

再次使用“show vlan”与“show running-config”命令查看系统现在的 VLAN 设置情况，并注意观察：

- 交换机目前存在哪些 VLAN，其工作状态如何？
- 默认 VLAN 的名称及用途分别是什么？
- 交换机各端口在默认状态下属于哪个 VLAN？

2．创建 VLAN

进入交换机的全局配置模式，然后进行配置。

```
Switch (config) #                          （显示说明：已经进入全局配置模式）
Switch (config) # hostname Switch_1        （将交换机的名称改为 Switch_1）
Switch_1 (config) #vlan 11
Switch_1 (config-vlan) #                   （显示说明：已经自动进入 VLAN11 的配置模式）
Switch_1 (config-vlan) #name grade01       （给 VLAN11 命名为 grade01）
Switch_1 (config-vlan) #exit               （退出 VLAN11 的配置模式，返回全局配置模式）
Switch_1 (config) #vlan 12
Switch_1 (config-vlan) #name grade02       （给 VLAN12 命名为 grade02）
Switch_1 (config-vlan) #exit               （退出 VLAN 12 的配置模式，返回全局配置模式）
Switch_1 (config) #vlan 13
Switch_1 (config-vlan) #name grade03       （给 VLAN13 命名为 grade03）
```

Switch_1 (config-vlan) #end　　　　　（退出 VLAN13 的配置模式，直接返回特权模式）
Switch_1 # show vlan　　　　　　　　（查看交换机的 VLAN 信息）
（如果要删除已创建的 VLAN，可以在全局配置模式下输入 no vlan vlan-id 来完成）
Switch_1 (config) # no vlan 11　　　　（删除 VLAN11）
Switch_1 # show vlan　　　　　　　　（查看交换机的 VLAN 信息）
（注意与前面查看的 VLAN 信息进行比较）
Switch_1 (config) # vlan 11

3．将交换机端口指派给 VLAN

将 FastEthernet 0/2~ FastEthernet 0/6 添加到 VLAN 11 中。

Switch_1 (config) #interface FastEthernet 0/6
Switch_1 (config-if) #　　（显示说明：进入 FastEthernet 0/6 的端口配置模式）
Switch_1 (config-if) #switchport access vlan 11
（将 FastEthernet 0/6 端口添加到 VLAN11）
Switch_1 (config-if) # exit　　（退出 VLAN11 的配置模式，返回全局配置模式）

可以重复以上命令，分别将 FastEthernet 0/2~ FastEthernet 0/5 添加到 VLAN11 中，也可以使用 interface range 命令同时配置多个端口。

```
Switch_1 (config) #interface range FastEthernet 0/2-5
Switch_1 (config-if-range) #switchport access vlan 11
Switch_1 (config-if-range)#no shutdown
Switch # show vlan
```

按照同样的方法可以将 FastEthernet 0/7~FastEthernet 0/18 添加到 VLAN12 中，将 FastEthernet 0/19~ FastEthernet 0/24 添加到 VLAN13 中。

```
Switch # show vlan
```

注意与将交换机端口分配到 VLAN 之前 show vlan 的结果比较。

4．保存配置

在进行了交换机的配置后，为了防止断电等原因造成的配置参数丢失，可以通过以下命令进行保存。

Switch #write memory
或　Switch #Copy running-config startup-config

5．配置主机并测试

（1）同一 VLAN 内的 PC 之间的通信测试

分别将 PC1 或 PC2 的 IP 地址设置为同一 VLAN 网段内的 IP 地址，例如 172.16.11.10/24、172.16.11.11/24，将其同时连接到交换机上同一 VLAN 所在的端口（例如，VLAN 11 所在的端口 6 和 5）。再利用 ping 命令进行测试，正常情况下 PC1 和 PC2 之间是可以通信的。

（2）不同 VLAN 间的 PC 之间的通信测试

如图 3-7 所示将 3 台 PC 分别接入到对应的交换机端口，按表 3-10 中所分配的相关信息进行配置 TCP/IP 属性。然后利用 ping 命令进行测试，正常情况下这 3 台 PC 之间是无法直接进行通信的。

如果实验的结果为同一VLAN中的成员能够互相访问，不同VLAN中的成员之间不能互相访问，说明与VLAN的理论相符，则本实验完成。

3.2.6 实验思考题

1）怎样取消一个VLAN中的某些端口？

2）如果一个交换机中的某些端口没有添加到所配置的VLAN中，则默认属于哪个VLAN？

3）VLAN创建信息是否保存在配置文件中？如果不是，那么保存在什么文件中？

4）假设某交换机原来有VLAN13，而交换机F0/21到F0/24端口均属于该VLAN，现由于网络管理员的误操作将VLAN13删除掉，那么交换机的F0/21到F0/24端口属于哪个VLAN？

5）如果在二层交换机上创建了VLAN10，且对VLAN10虚拟端口设置了IP地址、子网掩码，并激活了该端口，但该交换机没有任何端口属于VLAN10，则VLAN10作为管理接口能否正常启用？

6）在前面操作要点的第5项中，如果将PC1和PC2分别接入同一VLAN所包含的端口（例如VLAN13所在的端口20和21），但IP地址分别设置为172.16.12.10/24、172.16.13.10/24，再利用ping命令在这2台PC上进行测试，结果如何？为什么？

3.3 多交换机之间VLAN的配置和应用

在实际应用中，局域网内的计算机通常包含百余台或千余台，甚至更多，由于单台交换机所提供的端口数量有限，所以需要多台交换机来进行连接。本实验在3.2节的基础上，介绍多交换机之间VLAN的配置和应用特点。在同一台交换机中，不同端口之间的通信是利用交换机本身的背板交换来完成的。而不同交换机之间的通信，需要在交换机之间存在一个公用连接，当一台交换机将数据发送给另一台交换机时，将通过该公用连接端口进行转发。

3.3.1 实验目的

在掌握端口VLAN的功能和配置方法的基础上，学习多交换机之间VLAN的实现和配置方法。了解IEEE802.1q的实现方法，掌握跨二层交换机相同VLAN间通信的调试方法；了解交换机接口的Trunk模式和Access模式；了解交换机的Tagged端口和Untagged端口的区别。

3.3.2 项目背景

假设某企业有3个主要部门：销售部、技术部和后勤部，销售部有20台PC，技术部的PC数量为30台，后勤部的PC为10台，其中销售部的个人计算机系统分散连接，它们之间需要进行通信。但为了数据安全起见及减少广播风暴，以提高网络性能，3个部门之间的网络需要进行逻辑隔离。

通过划分VLAN使得不同部门之间的计算机不能直接互相访问，使用IEEE 802.1q进行跨交换机的VLAN配置。

3.3.3 实验原理

多交换机之间 VLAN 的实现主要是解决不同交换机级联端口之间的通信问题。引入 VLAN 后，根据交换机端口帧传输功能的不同，相应的链路被分成中继链路、接入链路和混合链路 3 种类型，如图 3-8 所示。

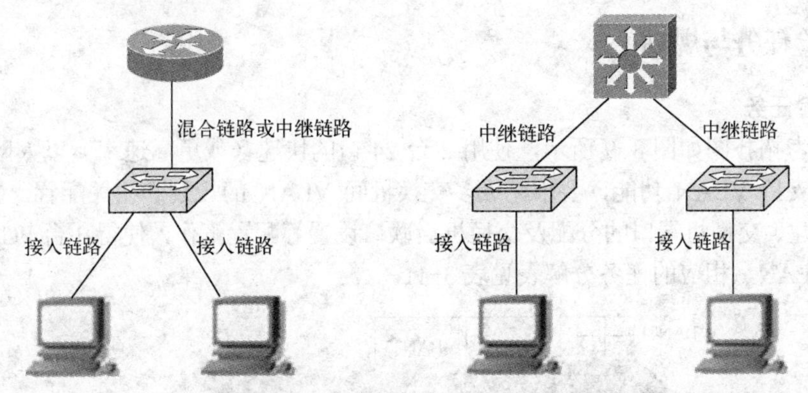

图 3-8 VLAN 环境下的交换机链路类型

（1）中继链路

中继链路又被称为干道链路（Trunk）。中继是指在交换机与交换机或交换机与路由器之间互连的情况下，通过将互连端口配置为中继模式，实现 VLAN 帧的跨设备传输。所以，它不属于任何一个具体的 VLAN。中继链路可以被配置成传输来自所有 VLAN 的帧，也可以被限制为只为某些指定的 VLAN 中继帧。

需要注意的是，对目前部分二层交换机产品来说，中继端口的封装协议只支持 IEEE 802.1q，如果是这种情况，则中继端口封装协议的配置就不需要了。

（2）接入链路

接入链路是指属于一个并且只属于一个 VLAN 的端口，它只是某一个 VLAN 的成员。这个端口不能从另一个 VLAN 直接接收信息，除非该信息已经经过路由选择；同样，这个端口也不能直接发送信息到另一个 VLAN。

（3）混合链路

混合链路是指既是中继链路又是接入链路。该链路可传输两种帧：带 VLAN 信息的帧和不带 VLAN 信息的帧。目前大多数交换机设备已经不再支持混合链路。

当多台交换机进行级联时，应该把级联端口设置为标记（Tag）端口，而将其他端口均设置为未标记（Untag）端口。Tag 端口的功能相当于一个公共通道，它允许不同的 VLAN 的数据都可以通过该端口进行传输。Tag VLAN 是基于交换机端口的另一种类型，主要用于实现跨交换机的同一 VLAN 内的主机之间可以直接访问，同时对不同 VLAN 的主机进行隔离。Tag VLAN 遵循 IEEE802.1q 协议的标准，在利用配置了 Tag VLAN 的端口进行数据传输时，需要在数据帧内添加 4 个字节的 802.1q 标签信息，用于标识该数据帧属于哪个 VLAN，便于对端交换机接收到数据帧后进行准确的过滤。Untagged 报文就是普通的 Ethernet 报文，普通 PC 的网卡是可以识别这样的报文进行通信的；Tag 报文结构的变化是在源 MAC 地址和目的 MAC 地址之后，加上了 4 个字节的 VLAN 信息，也就是 VLAN Tag 头。

Tag 为 IEEE802.1q 协议定义的 VLAN 的标记在数据帧中的标识。Access 端口、Trunk 端口是厂家对某一种端口的叫法，并非 IEEE802.1q 协议的标准定义。每个 Access Port 只能属于一个 VLAN，它只传输属于这个 VLAN 的帧，一般用于连接计算机。每个 Trunk Port 可以属于多个 VLAN，能够接收和发送属于多个 VLAN 的帧，一般用于设备之间的连接，也可以用于连接用户的计算机。

3.3.4 实验任务与规划

1. 实验任务

实验参考拓扑图如图 3-9 所示，使用 2 台 24 口的快速（或更高速率）以太网交换机，2 台交换机都支持 VLAN 功能，要求完成多交换机间 VLAN 的规划和相关配置。包括 VLAN 的规划、创建、交换机端口的分配及交换机级联口设置等配置工作，使得 3 台 PC 分别属于 3 个不同的 VLAN，相应的任务分解表见表 3-11。

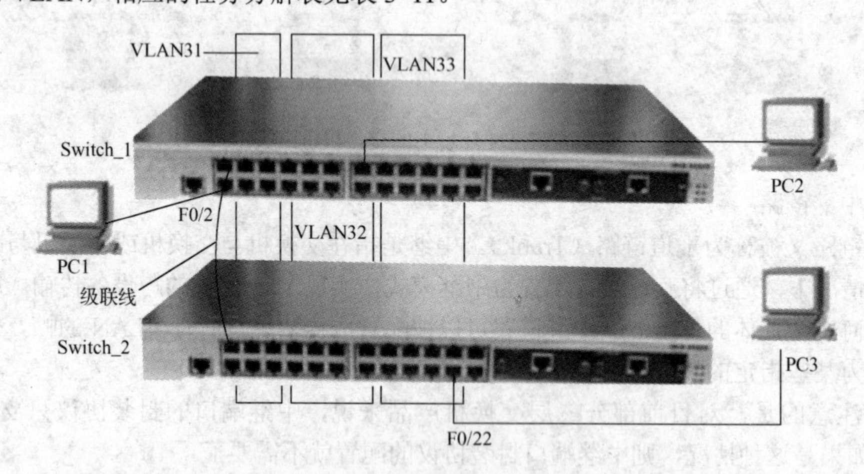

图 3-9　多交换机间 VLAN 实验拓扑图

说明： 为了方便，所设计的实验仅有 2 台交换机，实际的应用中应该根据计算机数量确定所用的交换机数。

表 3-11 “多交换机之间 VLAN 的配置与应用”的任务分解

任务分解	任务描述
网络环境的搭建	涉及网络设备型号和网络设备间物理连接线缆的选择
Trunk 的配置	配置交换机之间的互连链路，指定其封装协议
VLAN 的创建、删除与修改	在交换机上创建、删除与修改 VLAN
接入端口的配置	将属于各 VLAN 的交换机端口指派到所属的 VLAN 中，并将端口指定为接入模式
IP 地址的规划与配置	各 VLAN 的网络号、子网掩码及网关地址 各主机的 IP 地址、子网掩码及网关地址

2. 规划与准备

在预习阶段，要求学生根据表 3-11 的任务分解，结合图 3-9 所示的实验参考拓扑图，进行相关的准备并完成相应的规划工作。假设将各年级组中的 PC 分别划分到 3 个 VLAN 中，分配的 IP 地址分别为：172.16.11.0/24、172.16.12.0/24、172.16.13.0/24。在对交换机进行配置前，先确定交换机的级联口（本实验中 2 台交换机的第 1 个端口用于级联），再根据实际情况确定各交换机的哪些端口属于哪个 VLAN，并确定测试 PC 所接入的交换机端口。表 3-12 给出了一种参考规划，学生可以自己提出规划。

表 3-12 “多交换机之间 VLAN 的配置与应用”的参考规划

规划内容	规划要点	参考建议
网络环境的搭建	线缆的选择，网络设备型号、网络设备数的确定以及网络设备之间的物理连接	交换机：2 台；PC：3 台；UTP 直连双绞线若干条
Trunk 的配置	Trunk 链路及封装协议的选择	2 台交换机之间的互连链路为 Trunk 链路，各自对应的端口为 Trunk 端口，封装协议为 IEEE 802.1q
VLAN 的创建、删除与修改	需创建的 VLAN 数量、各 VLAN 的名称	先将交换机还原为出厂时的状态； 创建 3 个数据 VLAN：VLAN31、VLAN32、VLAN33
接入端口的配置	将各交换机的端口指派给相应的 VLAN	详见表 3-13
IP 地址的规划与配置	PC 的 IP 地址、子网掩码、默认网关	详见表 3-14

表 3-13 跨交换机 VLAN 划分表

VLAN ID	子网号	子网掩码	交换机编号及所包含的端口
31	172.16.11.0	255.255.255.0	1.2~1.6，2.2~2.6
32	172.16.12.0	255.255.255.0	1.7~1.14，2.7~2.14
33	172.16.13.0	255.255.255.0	1.15~1.22，2.15~2.22

注：X.X 形式的编号中第 1 个数字表示交换机的编号，第 2 个数字表示交换机端口的编号，例如 1.2 表示第 1 台交换机的第 2 个端口。

表 3-14 测试 PC 的 TCP/IP 属性配置及所接入的交换机和端口

测试主机	配置的 IP 地址	交换机编号及端口	子网掩码
PC1	172.16.11.1	1.2	255.255.255.0
PC2	172.16.12.1	1.13	255.255.255.0
PC3	172.16.13.1	2.22	255.255.255.0

3.3.5 实验内容与操作要点

按照图 3-9 完成网络环境的搭建。

在对交换机进行配置前，先将交换机进行重置，使之恢复到出厂时状态。详细的操作请参考 3.1 节中的实验内容与操作要点。

1．将 Switch_1 与 Switch_2 进行级联的端口 F0/1 设置为 Tag 模式

```
Switch_1 (config) # interface FastEthernet 0/1
Switch_1 (config-if) #Switchport mode trunk
```

2．在 Switch_1 上创建 VLAN

进入交换机的全局配置模式，然后进行配置。

```
Switch (config) # hostname Switch_1 （将交换机的名称改为 Switch_1）
```

```
Switch_1 (config) #vlan 31
Switch_1 (config-vlan) #name XiaoShouBu （给 VLAN31 命名为 XiaoShouBu）
Switch_1 (config-vlan) #exit （退出 VLAN31 的配置模式，返回全局配置模式）
Switch_1 (config) #vlan 32
Switch_1 (config-vlan) #name JiShuBu （给 VLAN32 命名为 JiShuBu）
Switch_1 (config-vlan) #exit （退出 VLAN32 的配置模式，返回全局配置模式）
Switch_1 (config) #vlan 33
Switch_1 (config-vlan) #name HouQinBu （给 VLAN33 命名为 HouQinBu）
Switch_1 (config-vlan) #exit （退出 VLAN33 的配置模式，返回全局配置模式）
Switch_1 # show vlan            （显示 VLAN 的成员端口等信息）
```

3. 将交换机 1 的端口分配到对应的 VLAN

将 FastEthernet 0/2~ FastEthernet 0/6 添加到 VLAN31 中。

```
Switch_1 (config) # interface range FastEthernet 0/2-6
Switch_1 (config-if-range) #switchport access vlan 31
Switch_1 (config-if-range)#no shutdown
Switch_1 (config-if) # exit （返回全局配置模式）
```

按照同样的方法可以将交换机 1 的 FastEthernet 0/7~ FastEthernet 0/14 添加到 VLAN32 中，将 FastEthernet 0/15~ FastEthernet 0/22 添加到 VLAN33 中。

```
Switch_1 # show vlan            （显示 VLAN 的成员端口等信息）
```

当然也可以逐个将端口添加到对应的 VLAN 中，所用命令参考 3.2 节。

注意与将交换机端口分配到 VLAN 之前 show vlan 的结果比较。

4. 保存配置

请参考 3.2 节。

5. 将 Switch_2 与 Switch_1 进行级联的端口 F0/1 设置为 Tag 模式

```
Switch_2 (config) # interface FastEthernet 0/1
Switch_2 (config-if) #Switchport mode trunk
```

6. 在 Switch_2 上创建 VLAN

进入交换机的全局配置模式，然后进行配置。

```
Switch (config) # hostname Switch_2 （将交换机的名称改为 Switch_2）
Switch_2 (config) #vlan 31
Switch_2 (config-vlan) #name math （给 VLAN31 命名为 math）
Switch_2 (config-vlan) #exit （退出 VLAN31 的配置模式，返回全局配置模式）
Switch_2 (config) #vlan 32
Switch_2 (config-vlan) #name Chinese （给 VLAN32 命名为 Chinese）
Switch_2 (config-vlan) #exit （退出 VLAN32 的配置模式，返回全局配置模式）
Switch_2 (config) #vlan 33
Switch_2 (config-vlan) #name English （给 VLAN33 命名为 English）
Switch_2 (config-vlan) #exit （退出 VLAN33 的配置模式，返回全局配置模式）
Switch_2 # show vlan            （显示 VLAN 的成员端口等信息）
```

7．将交换机 2 的端口分配到对应的 VLAN

将 FastEthernet 0/2~ FastEthernet 0/6 添加到 VLAN31 中。

```
Switch_2 (config) # interface range FastEthernet 0/2-6
Switch_2 (config-if-range) #switchport access vlan 31
Switch_2 (config-if-range)#no shutdown
Switch_2 (config-if) # exit （返回全局配置模式）
```

按照同样的方法可以将交换机 1 的 FastEthernet 0/7~ FastEthernet 0/14 添加到 VLAN32 中，将 FastEthernet 0/15~ FastEthernet 0/22 添加到 VLAN33 中。

```
Switch_2 # show vlan          （显示 VLAN 的成员端口等信息）
```

注意与将交换机端口分配到 VLAN 之前 show vlan 的结果比较。

8．保存配置

请参考 3.2 节。

9．配置主机并进行测试

根据所规划的参数，完成各主机 IP 地址、子网掩码的配置，配置完成后在 DOS 命令行下使用“ipconfig/all”命令查看其配置信息是否正确，并使用“ping”命令测试与其他主机的连通性。

3.3.6 拓展实验

点创公司总部有 4 个部门，分别是销售部、技术部、财务部和行政部，主机总规模达到 200 台，分别连接到 5 台交换机（具有 VLAN 管理功能）上，参考拓扑图如图 3-10 所示。其中，技术部有 90 台计算机，销售部有 70 台计算机，财务部有 20 台计算机，行政部有 40 台计算机，包括网络管理员的 4 台主机，分别连接到交换机 SW1 的 F0/21 到 F0/24 端口上。

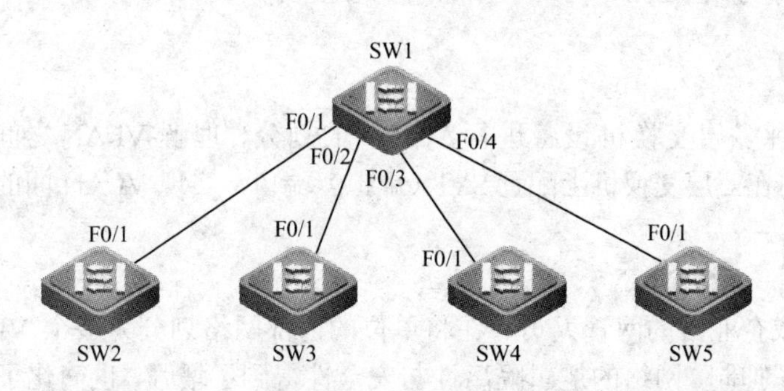

图 3-10 “多交换机 VLAN 的配置与应用”拓展实验

要求采用 VLAN 技术来优化网络管理，并给出以下的规划建议。

1）企业总部的每个部门单独属于一个 VLAN，共计分为 4 个 VLAN，每个 VLAN 分配一个单独的 IP 网络号。

2）交换机之间连接的链路设置为中继链路，其对应的端口设置为 Trunk 口。

3）为了保证可以使用 Telnet 方式访问交换机，需要为交换机指定管理 VLAN，出于安全性考虑，将其管理 VLAN 改为 VLAN99。

根据上述建议完成以下工作。

1）给出具体的规划和配置方案，包括详细填写表 3-13 和表 3-14。

2）先在仿真环境中实施并进行必要的测试；如果有条件，再在实际环境中实施和测试。

3）分析与判断该方案的可行性与完备性，如它能否实现总部各主机之间的有效通信，网络管理员的主机能否使用 Telnet 方式访问交换机。

4）在可行性基础上，根据现有方案的问题，提出进一步的解决方案。

3.3.7 实验思考题

1）Trunk、Access、Tagged、Untagged 这几个专业术语的关联与区别是什么？

2）在通过 Trunk 和 Access 接口时，VLAN 中的数据帧如何处理？

3）如何实现跨交换机同一 VLAN 内的通信？

3.4 通过三层交换机实现 VLAN 之间的路由

VLAN 的引入，实现了网络逻辑分段，限制了网络之间的一些不必要的通信，控制了广播风暴，有效提高了交换以太网的性能。但划分 VLAN 后不同 VLAN 的端口之间却是无法直接通信的，即系统默认不同 VLAN 之间是无法进行通信的。逻辑分段与广播隔离并不意味着“老死不相往来”的互不通信状态。出于不同 VLAN 中的主机资源共享或相互通信的需要，还需要实现必要的互访功能。如果要实现不同 VLAN 之间的通信，一般需要路由器或三层交换机实现路由选择，在目前的应用中以三层交换机居多。

实现 VLAN 之间的通信，在配置过程中需要同时用到二层和三层设备，在二层上创建 VLAN，并将端口添加到指定的 VLAN 中。在三层设备上创建 VLAN 后，创建 VLAN 的 IP 地址，该 IP 地址即为该 VLAN 中所有主机的网关地址。

3.4.1 实验目的

学会使用各种多层交换机设备进行 VLAN 的划分，理解 VLAN 之间路由的原理和实现方法，掌握如何在三层交换机上配置 SVI（虚拟）端口，实现 VLAN 间的路由。

3.4.2 项目背景

作为校园网或企业网的网管人员，在将单位的内部网络划分为多个 VLAN 后，网络中的广播风暴得到了抑制，网络的逻辑隔离性与安全性得到了增强，也简化了用户移动时的物理管理工作。但是，由于每个 VLAN 属于一个单独的 IP 网段，位于不同 VLAN 的主机 IP 网络号不一样，所以到目前为止，所管理的网络还无法实现不同 VLAN 之间的通信。为了解决上述问题，必须进行进一步的工作，那就是在不同的 VLAN 之间规划与部署必要的路由方案。

3.4.3 实验原理

局域网内的通信是通过数据帧头部得到目标主机的 MAC 地址来完成的。在使用

TCP/IP 的网络中，需要通过 ARP 地址解析协议来查找某一 IP 地址对应的 MAC 地址。而 ARP 是通过广播报文来实现的，如果广播报文无法到达目的地，那么就无法解析到 MAC 地址，也就无法直接通信。当计算机分别位于不同的 VLAN 时，就意味着这些计算机分别属于不同的广播域，所以不同 VLAN 中的计算机由于收不到彼此的广播报文就无法直接互相通信。

为了能够实现 VLAN 之间通信，须借助于网络层的功能，利用网络层的信息（IP 地址）来进行路由。网络层的路由设备可以基于三层协议及三层逻辑地址实现不同网络间的数据包路由与转发，从而为实现不同 VLAN 之间的通信提供了可能。

根据硬件实现方式的不同，VLAN 之间的通信可分为外部路由器和三层交换机两种方式。外部路由器方式是指在网络中提供专门的独立路由器，用以实现 VLAN 之间的通信；三层交换机方式是指通过采用三层交换机，利用其内部路由模块所提供的路由功能，实现 VLAN 之间的通信，这也是本节中所采用的方式。在实际的网络项目中是以三层交换机为 VLAN 间提供路由应用最为广泛。

三层交换机是在二层交换机的基础上集成了三层的路由功能，一般使用专用集成电路构造更多功能，而路由器一般采用软件实现这些功能，所以三层交换机路由转发数据包的速率远远高于路由器。三层交换机采用“一次路由，多次交换”的三层报文转发机制，转发效率明显提高。而且三层交换机同时具备二层的功能，能够和二层交换机进行很好的数据转发。三层交换机的以太网接口要比一般的路由器多，更加适合多个局域网段之间的互联。与二层交换机不同，可以在三层交换机的端口上设置 IP 地址。但多数三层交换机的端口在默认情况都属于二层端口，只有开启了路由功能后才能够给该端口配置 IP 地址。

在三层交换机上实现不同 VLAN 之间的通信要用到直连路由的概念。所谓直连路由是指在三层设备（包括三层交换机和路由器）的端口配置 IP 地址，并且激活该端口，使三层设备自动产生该端口 IP 所有网段的直连路由信息。

三层交换机实现 VLAN 互访的原理是，利用三层交换机的路由功能，通过识别数据包（分组）的 IP 地址，查找路由表进行路由选择。从应用的角度，三层交换机和每个 VLAN 均需要通过一个虚拟的路由器接口（接口名称为 VLAN1、VLAN2 等）相连。在具体配置时，需将交换机与交换机之间相连的端口设置为 Trunk 口，并在三层交换机上创建多个 VLAN 虚拟端口 SVI（Switch Virtual Interface）与不同的 VLAN 相关联，接着给虚拟端口设置 IP 地址，作为该 VLAN 中所有主机的默认网关，然后由三层交换机完成不同 VLAN（其实是不同子网）之间的路由。

3.4.4 实验任务与规划

1．实验任务

以某企业的 VLAN 应用为例，该企业有两个主要部门：销售部和技术部，其计算机分散连接在 2 台二层交换机上，划分 2 个 VLAN，并使它们之间能够相互通信。

将销售部和技术部中的 PC 分别划分到 2 个 VLAN 中，实验参考拓扑图如图 3-11 所示，2 台二层交换机的第 1 个端口用于级联，分别连接到三层交换机的 1、2 端口，相应的任务分解见表 3-15。

表 3-15 “通过三层交换机实现 VLAN 之间的路由”的任务分解

任务分解	任务描述
网络环境的搭建	选择合适的交换机（包括型号、数量），网络设备之间以及网络设备与计算机之间的物理连接线缆
VLAN 相关的配置	VLAN 相关的规划与配置，包括 VLAN 的数目、名称，Trunk 口与接入端口，VLAN 相关的 IP 规划
路由的规划与配置	三层交换机上 VLAN 虚拟端口的规划，包括虚拟端口的数量、IP 参数等

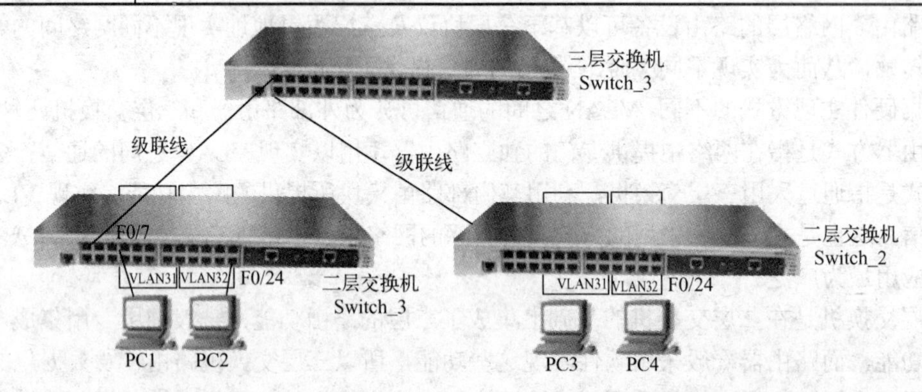

图 3-11 “通过三层交换机实现 VLAN 之间的通信”的网络拓扑

2. 规划与准备

在预习阶段，要求学生根据表 3-15 的任务分解结合实验参考拓扑图图 3-11，进行相关的准备并完成相应的规划工作。表 3-16 给出了一种参考规划，学生可以自己提出规划。

表 3-16 “通过三层交换机实现 VLAN 之间的路由”的参考规划

规划内容	规划要点	参考建议
网络环境的搭建	设备选型、相关线缆的选择	二层交换机：2 台，三层交换机：1 台，PC：4 台 直连双绞线若干条，交换机到控制台 PC 用反接线 1 条
VLAN 相关的配置	VLAN 的 ID、名称，Trunk 口、接入端口、端口所属的 VLAN、VLAN 的网络地址等，主机与交换机的 IP 地址信息	VLAN 的相关规划信息详见表 3-17，主机的 IP 地址信息详见表 3-18； 如图 3-11 所示，交换机 1 和交换机 2 的 F0/1 端口需配置为 trunk 口，交换机 3 的 F0/1、F0/2 端口需配置为 Trunk 口，中继链路的封装协议为 IEEE 802.1q
使用三层交换机实现 VLAN 间的通信	每个虚拟端口的 IP 参数	有 2 个 VLAN，所以要在三层交换机上用 2 个虚拟端口： 虚拟端口中 VLAN 31 的 IP 地址为 172.16.21.254/24 虚拟端口中 VLAN 32 的 IP 地址为 172.16.22.254/24

表 3-17 VLAN 规划表

VLAN ID	VLAN 名称	子网号	子网掩码	网关	交换机编号及所包含的端口
31	XiaoShouBu	172.16.21.0	255.255.255.0	172.16.21.254	1.7~1.16，2.7~2.16
32	JiShuBu	172.16.22.0	255.255.255.0	172.16.22.254	1.17~1.24，2.17~2.24

注：X.X 形式的编号中第 1 个数字表示交换机的编号，第 2 个数字表示交换机端口的编号，例如 1.2 表示第 1 台交换机的第 2 个端口。

表 3-18　测试 PC 的 TCP/IP 属性配置及所接入的交换机和端口

测试主机	配置的 IP 地址	交换机编号及端口	子 网 掩 码	网　关
PC1	172.16.21.1	1.7	255.255.255.0	172.16.21.254
PC2	172.16.22.1	1.24	255.255.255.0	172.16.22.254
PC3	172.16.21.2	2.8	255.255.255.0	172.16.21.254
PC4	172.16.22.2	2.24	255.255.255.0	172.16.22.254

3.4.5　实验内容与操作要点

1．网络环境的搭建

如图 3-11 所示和表 3-15～表 3-18 所示，首先根据不同的端口或连接类型来选择合适的网络连接线缆完成网络的物理连接；然后，根据所规划的参数完成 4 台主机的 TCP/IP 属性（包括 IP 地址、子网掩码及默认网关）设置。

2．交换机 Trunk 口的配置

将三层交换机与 2 台二层交换机相连的两端以太网端口均配置为 Trunk 口。根据规划，Switch_1 的 F0/1 与 Switch_3 的 F0/1 及 Switch_2 的 F0/1 与 Switch_3 的 F0/2 之间的中继链路必须允许 VLAN31 和 VLAN32 的数据帧通过，且封装协议为 IEEE 802.1q。在三层交换机上配置 Trunk 口与二层交换机并无区别。可以根据自己在前一个实验中在二层交换机上配置 Trunk 口的经验，结合交换机的命令帮助功能，在端口配置模式下完成该配置。

```
Switch (config) # hostname Switch_3 （将交换机的名称改为 Switch_3）
Switch_3 (config) # interface FastEthernet 0/1
Switch_3 (config-if) #Switchport mode trunk
Switch_3 (config-if) # exit
Switch_3 (config) # interface FastEthernet 0/2
Switch_3 (config-if) #Switchport mode trunk
Switch_3 (config-if) # exit
```

然后，分别将 2 台二层交换机的 F0/1 端口配置为 Trunk 口。

3．VLAN 的配置

参考 3.3 节的配置方法与步骤，在交换机上完成 VLAN 的创建、端口的分配等。以在 Switch_1 的配置为例。

（1）在 Switch_1 上创建 VLAN

进入交换机的全局配置模式，然后进行配置。

```
Switch (config) # hostname Switch_1 （将交换机的名称改为 Switch_1）
Switch_1 (config) #vlan 31
Switch_1 (config-vlan) #name XiaoShouBu （给 VLAN31 命名为 XiaoShouBu）
Switch_1 (config-vlan) #exit （退出 VLAN31 的配置模式，返回全局配置模式）
Switch_1 (config) #vlan 32
Switch_1 (config-vlan) #name JiShuBu（给 VLAN32 命名为 JiShuBu）
Switch_1 (config-vlan) #exit （退出 VLAN32 的配置模式，返回全局配置模式）
Switch_1 # show vlan          （显示 VLAN 的成员端口等信息）
```

（2）将交换机 1 的端口分配到对应的 VLAN

将 FastEthernet 0/7~ FastEthernet 0/16 添加到 VLAN31 中。

```
Switch_1 (config) # interface range FastEthernet 0/3-16
Switch_1 (config-if-range) #switchport access vlan 31
Switch_1 (config-if-range)#no shutdown
Switch_1 (config-if) # exit  （返回全局配置模式）
```

按照同样的方法可以将交换机 1 的 FastEthernet 0/17~ FastEthernet 0/24 添加到 VLAN32 中。

```
Switch_1 # show vlan          （显示 VLAN 的成员端口等信息）
```

注意与将交换机端口分配到 VLAN 之前 show vlan 的结果比较。

按同样的方法在 Switch_2 上 VLAN 进行相关配置工作。

4．将 Switch_1 与 Switch_3 进行级联的端口 F0/1 设置为 Tag 模式

```
Switch_1 (config) # interface FastEthernet 0/1
Switch_1 (config-if) #Switchport mode trunk
```

5．在三层交换机 Switch_3 上配置 VLAN 虚拟端口

在三层交换机 Switch_3 上创建 VLAN 虚拟接口，其详细的配置过程如下。

```
Switch_3 (config) #vlan 31
Switch_3 (config-vlan) #name XiaoShouBu
Switch_3 (config-vlan) #exit  （退出 VLAN31 的配置模式，返回全局配置模式）
Switch_3 (config) # interface vlan 31  （创建虚拟端口 VLAN31，并进入该端口的配置模式）
Switch_3 (config-if) # ip address 172.16.21.254    255.255.255.0
Switch_3 (config-if) # no shutdown
（配置虚拟端口 VLAN31 的 IP 地址与子网掩码，并激活）
Switch_3 (config-if) # exit  （返回全局配置模式）
Switch_3 (config) #vlan 32
Switch_3 (config-vlan) #name JiShuBu)
Switch_3 (config-vlan) #exit  （退出 VLAN32 的配置模式，返回全局配置模式）
Switch_3 (config) # interface vlan 32  （创建虚拟端口 VLAN32）
Switch_3 (config-if) # ip address 172.16.22.254     255.255.255.0
Switch_3 (config-if) # no shutdown
（配置虚拟端口 VLAN32 的 IP 地址与子网掩码，并激活）
Switch_3 (config-if) # end  （直接返回特权模式）
```

在特权模式下使用“show running”命令查看正在执行的配置文件，注意查看所配置的虚拟端口在配置文件中是否存在，使用“show interface vlan”命令查看虚拟端口 VLAN31 与 VLAN32 是否已正常启用，使用“show ip route”命令查看路由表，注意两个 VLAN 的网络号在路由表中是否已经为其选路。

6．验证测试

在任何一台计算机上使用 ping 命令进行网络连通性测试，正常情况下这 4 台 PC 之间及 PC 与交换机之间是可以进行通信的。

注意事项如下。

1）2 台交换机之间相连的端口应该设置为 Tag VLAN 模式即端口模式为 Trunk。

2）为 SVI 端口设置 IP 地址后，一定要使用 no shutdown 命令进行激活，否则无法正常使用。

3）如果 VLAN 内没有激活的端口，相应 VLAN 的 SVI 端口将无法被激活。

4）需要设置 PC 的网关为相应 VLAN 的 SVI 端口地址。

5）对交换机进行配置后，要记得保存。

3.4.6 拓展实验

某企业的内部网络拓扑如图 3-10 所示，以前面的学习与训练为基础，结合三层交换机的命令帮助功能，自主完成以下任务。

1）设计一个采用三层交换机实现所有 VLAN 之间通信的方案。

2）在实际或模拟环境中完成相关配置，以测试方案的可行性。

3.4.7 实验思考题

1）各 VLAN 中的主机所配置的网关 IP 地址指的是哪个接口的地址？

2）实现 VLAN 间的通信有哪些方式？

3）为什么需要三层设备才能实现 VLAN 间的通信？

4）通过 SVI 如何实现 VLAN 间的通信？

5）在图 3-11 中，其中的二层交换机 Switch_1 的 Trunk 口 F0/1 已正常配置，而与之相连的三层交换机的 F0/1 端口并未做任何配置，那么此时三层交换机的 F0/1 端口可否工作在中继模式？为什么？

6）在如图 3-11 所示中，如果三层交换机上的 VLAN 数据库中不存在二层交换机上所创建的 VLAN，那么该三层交换机能否实现不同 VLAN 之间的通信？

3.5 生成树协议的配置和应用

对于交换机之间的连接，必须考虑链路的安全性和可靠性。为了确保交换机之间的可靠连接，一般需要提供两条链路。其中一条链路称为“主链路”，用于交换机之间的正常通信，另一条链路称为“冗余链路”或“备份链路”，当主链路出现故障时，冗余链路将自动启用，保证交换机之间正常的通信。但是，在交换机之间同时提供两条链路将会导致网络产生环路，环路会导致网络产生广播风暴、出现多帧复用以及交换表（MAC 地址表）处于不稳定状态。环路的出现，轻则使整个网络的性能下降，重则将耗尽整个网络资源，最终造成网络瘫痪。采用生成树协议可以避免环路。

3.5.1 实验目的

理解 RSTP（快速生成树协议）的功能、工作原理及在交换机中配置 RSTP 的方法，进一步了解利用冗余链路来提高网络安全性和可靠性的相关技术。

3.5.2 项目背景

某中学为了采用信息化技术进行无纸化办公和利用计算机网络进行辅助教学，建立了计算机网络教室和学校办公区域。这 2 处的计算机网络通过 2 台交换机互连组成内部校园网，为了提高网络的可靠性，网络管理员用 2 条链路将交换机互连，现要求在交换机上进行适当的配置，使网络避免环路。

3.5.3 实验原理

STP（Spanning Tree Protocol）指的是生成树协议，STP 最初是由美国数字设备公司开发的，后经 IEEE 委员会进行修改，最终制定成 IEEE802.1d 标准。其主要功能是维持一个无环的拓扑结构，当交换机或网桥发现拓扑中存在环路时，就会逻辑地阻塞一个或更多个冗余端口，解决交换网络中由于备份连接所产生的环路问题。

STP 的主要思想是，利用 SPA 算法（生成树算法），在存在交换环路的网络中生成一个没有环路的树形网络。运用该算法，当网络中存在冗余链路时，只允许开启主链路，而将其他的冗余链路自动设置为“阻断”状态。当主链路因故障被断开时，系统再从冗余链路中产生一条链路作为主链路并自动开启来接替故障链路的通信，保证数据的正常转发。

STP 协议中定义了根交换机（Root Bridge）、根端口（Root Port）、指派端口（Designated Port）和路径开销（Path Cost）等概念，目的就在于通过构造一棵自然树的方法达到阻塞冗余环路的目的，同时实现链路备份和路径优化。

STP 拓扑结构的思路是：不论网桥（交换机）之间采用怎样的物理连接，网桥（交换机）能够自动发现一个没有环路的拓扑结构的网路，这个逻辑拓扑结构的网路必须是树型的。STP 还能够确定有足够的连接通向整个网络的每一个部分。所有网络节点要么进入转发状态，要么进入阻塞状态，这样就建立了整个局域网的生成树。当首次连接网桥或者网络结构发生变化时，网桥都将进行生成树拓扑的重新计算。为稳定生成树的拓扑结构选择一个根桥，从一个结点传输数据到另一个结点，当出现两条以上路径时只能选择一条距离根桥最短的活动路径。这样的控制机制可以协调多个网桥（交换机）共同工作，使计算机网络可以避免因为一个结点的失败导致整个网络连接的中断，而且冗余设计的网络环路不会出现广播风暴。

端口的状态主要包括 5 种。

1）关闭（Disable）：端口处于管理关闭状态。

2）阻塞（Blocking）：不能转发用户数据。

3）监听（Listening）：接口开始启动。

4）学习（Learning）：学习 MAC 地址，构建 MAC 表进程项。

5）转发（Forwarding）：可以转发用户数据。

STP 的工作过程如下。

1）选择根网桥：既然是树就只能存在一个根，在 STP 中系统将网桥 ID（Bridge ID）最小的交换机选为根网桥（Root Bridge）。网桥 ID 由 2 个字节的优先级和 6 个字节的 MAC 地址组成。优先级的范围是 0~65535，系统默认为 32768。

2）选择根端口：每一个非根网桥都会自动选择一个端口作为根端口（Root Port）。根端口是交换机通过判断到根网桥的最小根路径开销来决定的，该开销由桥接协议数据单元（Bridge Protocol Data Units，BPDU）决定。BPDU 以组播方式在交换机之间获得建立最佳树型拓扑所需要的信息。

3）选择指派端口：每一个网段都会选择一个交换机端口用于处理本网段的数据流量。在一个网段中，拥有最小根路径开销的端口将成为指派端口（Designated Port）。

4）非指派端口被放置在阻塞状态：将既不是根端口，也不是指派端口的交换机端口设置为“阻塞”状态。在将某一端口设置为“阻塞”状态后，该端口还会传输用于检测端口状态的信息，但不转发用户数据。

生成树协议目前常见的版本有 STP（生成树协议 IEEE802.1d）、RSTP（快速生成树协议 IEEE802.1w）和 MSTP（多生成树协议 IEEE802.1s）。

STP 虽然解决了交换机链路的冗余问题，但由于链路出现故障后切换到备份链路需要的收敛时间太长（系统默认 50s 左右），影响了网络的正常应用。为了解决 STP 存在的这一问题，在 IEEE802.1d 的基础上开发了基于新标准 IEEE802.1w 的 RSTP（Rapid Spanning Tree Protocol），其最大特点是最大限度地减少了收敛时间（约 1s），适应了现代网络的应用需求。

另外，RSTP 在 STP 的基础上增加了替换端口（Alternate Port）和备份端口（Backup Port），分别作为根端口（Root Port）和指派端口（Designated Port）的冗余端口。当根端口或指派端口出现故障时，在 1s 左右的时间内替换端口或备份端口就会接替故障端口的工作。RSTP 对 STP 是兼容的，本实验是在锐捷交换机上配置 RSTP。不同品牌的交换机在配置上会有差别，配置前请参考交换机的使用说明书。

3.5.4 实验任务与规划

1. 实验任务

实验参考拓扑图如图 3-12 所示，实验方案将交换机 1 和交换机 2 的 F0/23 与 F0/24 端口分别用双绞线连接起来，其中一条链路为冗余链路，要求完成 RSTP 的配置，相应的任务分解见表 3-19。

说明： 由于某些品牌的交换机默认是自动启用了生成树协议，而某些交换机默认则是没有启用生成树协议。所以，在具体实验中，要先配置交换机的生成树协议后再将 2 台交换机连接起来。如果先连接 2 台交换机而未启用生成树协议，则会因环路产生的广播风暴导致交换机工作不正常。

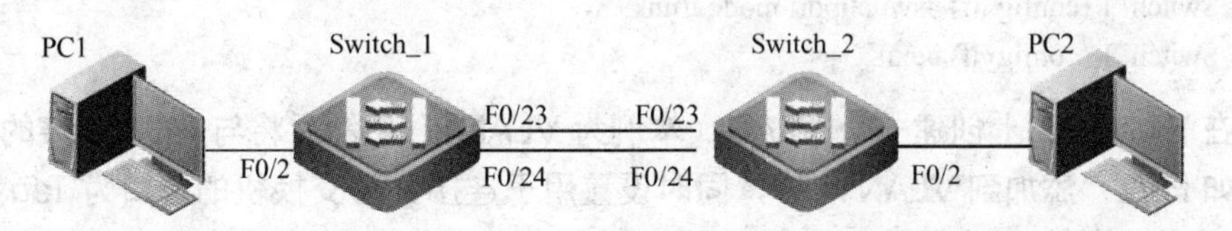

图 3-12 RSTP 的配置网络拓扑

表 3-19 “生成树协议的配置和应用”的任务分解

任 务 分 解	任 务 描 述
网络环境的搭建	选择合适的交换机（包括型号、数量），网络设备之间以及网络设备与计算机之间的物理连接线缆
交换机上 VLAN 的相关配置	在交换机上创建 VLAN、将交换机端口加入 VLAN
RSTP 的规划与配置	交换机上冗余链路的规划，包括所用的端口及所选用的生成树协议

2．规划与准备

在预习阶段，要求学生根据表 3-19 的任务分解，进行相关的准备并完成相应的规划工作。表 3-20 给出了一种参考规划，学生可以自己提出规划。

表 3-20 “生成树协议的配置和应用”的参考规划

规划内容	规划要点	参考建议
网络环境的搭建	线缆的选择，网络设备型号、网络设备数的确定以及网络设备之间的物理连接	交换机：2 台，PC：2 台，网络连接线若干条 配置时仅连接配置线，配置后再将 2 台交换机进行连接
交换机上 VLAN 的相关配置	在 2 台交换机创建 VLAN11、设置接入 PC 的 IP 地址等信息	在 2 台交换机上创建 VLAN11，2 台交换机的 F0/2 分别用于连接 PC1 和 PC2，其 IP 地址分别为 172.16.11.1/24 和 172.16.11.2/24
RSTP 的规划与配置	冗余链路端口的确定及其端口模式的配置，RSTP 协议的配置	选择 2 台交换机的 23、24 端口作为冗余链路端口，并配置其端口模式为 Trunk，启用 RSTP 协议，指定根网桥和根端口 按照图 3-12 连接交换机、PC，并进行测试

3.5.5 实验内容与操作要点

1．在 Switch_1 上创建一个 VLAN（本例为 VLAN11），然后将与 PC1 连接的端口（例如 F0/2）添加到 VLAN11 中，同时设置用于连接 2 台交换机的端口为 Tag 模式

进入交换机的全局配置模式，然后进行配置。

```
Switch (config) # hostname Switch_1 （将交换机的名称改为 Switch_1）
Switch_1 (config) #vlan 11
Switch_1 (config-vlan) #name test
Switch_1 (config-vlan) #exit （退出 VLAN11 的配置模式，返回全局配置模式）
Switch_1 (config) #interface FastEthernet 0/2
Switch_1 (config-if) #switchport access vlan 11
Switch_1 (config-if) #exit
Switch_1 (config) #interface FastEthernet 0/23
Switch_1 (config-if) #switchport mode trunk
Switch_1 (config-if) #exit
Switch_1 (config) #interface FastEthernet 0/24
Switch_1 (config-if) #switchport mode trunk
Switch_1 (config-if) #exit
```

2．在 Switch_2 上创建一个 VLAN（本例为 VLAN11），然后将与 PC2 连接的端口（例如 F0/2）添加到 VLAN11 中，同时设置用于连接 2 台交换机的端口为 Tag 模式

进入交换机的全局配置模式，然后进行配置。

```
Switch (config) # hostname Switch_2 （将交换机的名称改为 Switch_2）
Switch_2 (config) #vlan 11
Switch_2 (config-vlan) #name test
Switch_2 (config-vlan) #exit （退出 VLAN11 的配置模式，返回全局配置模式）
Switch_2 (config) #interface FastEthernet 0/2
Switch_2 (config-if) #switchport access vlan 11
Switch_2 (config-if) #exit
Switch_2 (config) #interface range FastEthernet 0/23-24
```

```
Switch_2 (config-if-range) #switchport mode trunk
Switch_2 (config-if) #exit
```

3. 在 2 台交换机上启用 RSTP

```
Switch_1 (config) # spanning-tree                 （开启生成树协议）
Switch_1 (config) # spanning-tree mode rstp       （指定生成树协议的类型为 RSTP）
Switch_2 (config) # spanning-tree
Switch_2 (config) # spanning-tree mode rstp
```

在使用默认参数启用了 RSTP 后，可以使用 show spanning-tree 命令观察 2 台交换机上生成树的工作状态。

```
Switch_1 # show spanning-tree
```

用心观察显示的结果，正常情况下，可以看到 2 台交换机已经正常启用了 RSTP，其优先级均是默认的 32768，MAC 地址小的被选为根网桥，Switch_2 的根端口是 F0/23。2 台交换机上计算路径成本的方法都是长整型。

4. 指定 Switch_1 为根网桥，Switch_2 的端口 F0/24 为根端口，指定 2 台交换机的端口路径成本计算方法为短整型

```
Switch_1 (config) # spanning-tree priority ?
（查看网桥优先级的可配置范围，在 0~61440 之内，且必须是 4096 的倍数）
Switch_1 (config) # spanning-tree priority 4096          （设置 Switch_1 的优先级为 4096）
Switch_1 (config) # interface FastEthernet 0/24
Switch_1 (config-if) # spanning-tree port-priority ?
（查看端口优先级的可配置范围，在 0~240 之内，且必须是 16 的倍数）
Switch_1 (config-if) # spanning-tree port-priority 96（设置 F0/24 的优先级为 96）
Switch_1 (config-if) # exit
Switch_1 (config) # spanning-tree pathcost method short
（修改计算路径成本的方法为短整型）
Switch_1 (config) #exit
Switch_2 (config) # spanning-tree pathcost method short
（修改计算路径成本的方法为短整型）
Switch_2 (config) #exit
```

5. 查看生成树的配置

在进行了交换机生成树的配置修改后，查看生成树的状态并且与前面的生成树的状态进行比较。

```
Switch_1 # show spanning-tree
Switch_1 # show spanning-tree interface FastEthernet 0/23
Switch_1 # show spanning-tree interface FastEthernet 0/24
```

正常情况下可以观察到在 Switch_1 中，网桥优先级已经被修改为 4096，F0/24 端口的优先级也被修改为 96。在短整型的计算路径成本的方法中，两个端口的路径成本都是 19，现在都处于转发状态。

```
Switch_2 # show spanning-tree
Switch_2 # show spanning-tree interface FastEthernet 0/23
Switch_2 # show spanning-tree interface FastEthernet 0/24
```

正常情况下可以观察到在 Switch_2 中，网桥优先级还是默认的 32768，端口的优先级也是默认的 128，路径成本是 19。F0/24 端口被选举为根端口，处于转发状态，而端口 F0/23 则是替换端口，处于丢弃状态。

6．验证测试

1）根据图 3-12 所示的拓扑图连接网络，按照规划配置 PC1 和 PC2 的 IP 地址。在 PC1 长时间 ping PC2 的 IP 地址，网络这时应该是通的。

```
ping 172.16.11.2 –n 3000
```

2）冗余性测试。在此过程中，拔掉其中一台交换机上 FastEthernet 0/24 端口的网线，这时观察替换端口能够在多长时间内成为转发端口。

一般而言，网络产生几秒钟的中断后马上又连通。这时，如果在 Switch_2 上使用 show spanning-tree 命令显示生成树的配置，就会发现 FastEthernet 0/23 端口由原来的 discarding 状态转变为 forwarding，说明冗余链路开始发挥了作用。

稍后，如果恢复 FastEthernet 0/24 端口的网络连接，在 Switch_2 上再次运行 show spanning-tree 命令，注意观察 FastEthernet 0/23 和 FastEthernet 0/24 端口的状态。

注意事项如下。

锐捷交换机 spanning-tree 默认情况下是关闭的，如果网络在物理上存在环路，则必须手工开启 spanning-tree。

3.5.6 实验思考题

1）生成树的作用是什么？

2）STP 的工作过程是怎样的？

3）非根网桥上如何确定根端口？

4）相对于 STP，RSTP 中增加了哪些端口角色？

5）RSTP 中的替换端口（Alternate Port）作为什么端口的备份端口？

6）RSTP 中的备份端口（Backup Port）作为什么端口的备份端口？

3.6 端口聚合的实现和应用

对于局域网交换机之间以及从交换机到高需求服务的许多网络连接来说，100Mbit/s 甚至 1Gbit/s 的带宽已经无法满足网络的应用需求。此时，如果采用多条链路进行连接，则会产生环路，使用生成树解决环路问题，结果备份链路仅仅是作为备份，不能用于增加带宽和提高传输速率。

端口聚合技术（也称链路聚合）解决了这个问题。1999 年制定的 IEEE802.3ad 标准中定义了如何将两个以上的以太网链路组合起来，为高带宽网络连接实现负载共享、负载平衡以及提供更好的弹性。

3.6.1 实验目的

理解端口聚合的工作原理和应用，掌握如何在交换机上配置端口聚合。

3.6.2 项目背景

假设某企业采用两台交换机组成一个局域网，由于很多数据流量是跨交换机进行转发的，所以需要提高交换机之间的传输带宽，并实现链路冗余备份。为此网络管理员在两台交换机之间要采用两根网线互连，并将相应的两个端口聚合为一个逻辑端口，现要求在交换机上进行适当配置来实现这一目标。

3.6.3 实验原理

1．端口汇聚

端口汇聚（Aggregate Port，AP）又称链路聚合，是指两台交换机之间在物理上将多个端口连接起来，将多条链路聚合形成一条逻辑链路；从而增大链路带宽，解决交换网络中因带宽引起的网络瓶颈问题；以实现在各成员端口中的负载均衡，同时多条链路之间能够互相冗余备份，其中任意一条链路断开，不会影响其他链路的正常转发数据，提供了更高的连接可靠性。需要说明的是，链路聚合不仅仅适用于交换机之间，还适用于交换机与高性能网卡（服务器）之间。

AP 中任意一条成员链路收到的广播或者多播报文，都不会被转发到其他成员链路上。端口聚合的成员端口类型可以是 Access Port 或 Trunk Port，但同一 AP 的成员端口必须为同一类型，要么全部是 Access Port，或者全部是 Trunk Port。

在配置 AP 时应坚持以下原则。

1）将 AP 中所有的端口配置在同一 VLAN 中。

2）将 AP 中所有的端口配置在相同的速率和相同的工作模式（全双工或半双工）下。

3）将 AP 中所有端口的安全功能关闭。

4）启用 AP 中的所有端口。

5）确保 AP 中所有端口在两端都有相同的配置。

6）当把端口加入一个不存在的 AP 时，会自动创建 AP。

2．流量平衡

AP 会根据报文的 MAC 地址或 IP 地址进行流量平衡，即把流量平均地分配到 AP 的成员链路中去。流量平衡可以根据源 MAC 地址、目的 MAC 地址或源 IP 地址/目的 IP 地址进行设置。

源 MAC 地址进行流量平衡会根据源 MAC 地址把报文分配到各个链路中。不同的主机的报文转发的链路不同，同一台主机的报文从同一个链路转发。

目的 MAC 地址进行流量平衡会根据目的 MAC 地址把报文分配到各个链路中。同一目的主机的报文从同一个链路转发，不同目的主机的报文从不同的链路转发。用 aggregateport load-balance 可以设定流量分配方式。

源 MAC+目的 MAC 地址的流量平衡会根据源 MAC 地址和目的 MAC 地址把报文分配到 AP 的各个成员链路中。具有不同的源 MAC+目的 MAC 地址的报文可能被分配到同一个 AP

的成员链路中。

源IP地址或者目的IP地址的流量平衡，以及源IP地址+目的IP地址流量平衡是根据报文源与目的IP地址进行流量分配的。不同的源IP地址/目的IP地址对报文通过不同的端口转发；同一源IP地址/目的IP地址对报文通过相同的链路转发；其他的源/目的IP对报文通过其他的链路转发。该流量平衡方式一般用于三层AP。在此流量平衡下收到的如果是二层报文，则自动根据源MAC/目的MAC对其进行流量平衡。

根据不同的网络环境应设置合适的流量分配方式，以便能把流量较均匀地分配到各个链路上，充分利用网络的带宽。

需要注意的是，不同型号的交换机支持的流量平衡算法类型也不尽相同，配置前需要查看该型号交换机的配置手册。

3.6.4 实验任务与规划

1. 实验任务

实验参考网络拓扑图如图3-13所示，实验方案将交换机1和交换机2的F0/1与F0/2端口分别用双绞线连接起来，并将这两个端口聚合为一个逻辑端口，要求完成交换机之间的链路聚合，相应的任务分解见表3-21。

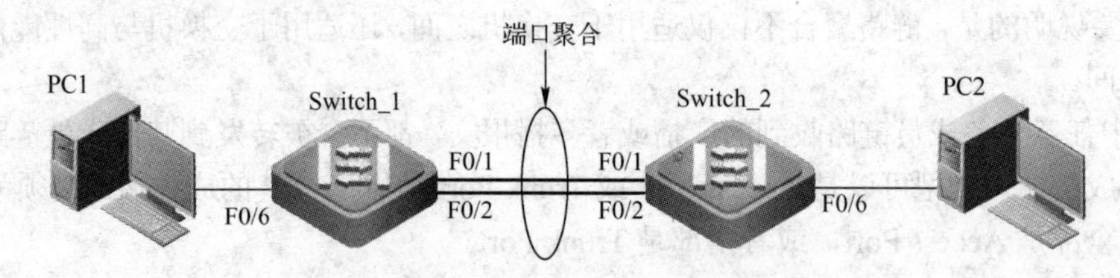

图3-13 交换机链路聚合的配置网络拓扑

表3-21 “端口聚合的实现和应用”的任务分解

任务分解	任务描述
网络环境的搭建	选择合适的交换机（包括型号、数量），网络设备之间以及网络设备与计算机之间的物理连接线缆
交换机上VLAN的相关配置	在交换机上创建VLAN、将交换机端口加入VLAN
端口聚合的规划与配置	交换机上端口聚合的规划，包括所用的端口及端口模式、聚合端口的负载平衡的设置

2. 规划与准备

在预习阶段，要求学生根据表3-21的任务分解，进行相关的准备并完成相应的规划工作。表3-22给出了一种参考规划，学生可以自己提出规划。

表3-22 “端口聚合的实现的应用”的参考规划

规划内容	规划要点	参考建议
网络环境的搭建	线缆的选择，网络设备型号、网络设备数的确定以及网络设备之间的物理连接	交换机：2台，PC：2台，网络连接线若干条 配置时仅连接配置线，配置后再将2台交换机进行连接
交换机上VLAN的相关配置	在2台交换机创建VLAN 20、设置接入PC的IP地址等信息	在2台交换机上创建VLAN20，2台交换机的F0/6分别用于连接PC1和PC2，其IP地址分别为172.16.20.1/24和172.16.20.2/24

（续）

规 划 内 容	规 划 要点	参 考 建 议
端口聚合的规划与配置	聚合链路端口的确定及其端口模式的配置，端口聚合的配置	选择 2 台交换机的 1、2 端口作为聚合链路端口，并配置其端口模式为 Trunk，配置端口聚合及端口的负载平衡方式 按照图 3-13 连接交换机、PC，并进行测试

说明：不同品牌的设备，在一个聚合链路中所支持的端口数也可能不同，目前一般可支持 4 个左右的端口，也有些可以同时支持 8 个以上的端口。本实验中以锐捷的二层交换机为例进行说明。

3.6.5 实验内容与操作要点

1．在 Switch_1 上创建一个 VLAN（本例为 VLAN20），然后将与 PC1 连接的端口（例如 F0/6）添加到 VLAN20 中

进入交换机的全局配置模式，然后进行配置。

```
Switch (config) # hostname Switch_1  （将交换机的名称改为 Switch_1）
Switch_1 (config) #vlan 20
Switch_1 (config-vlan) #name test
Switch_1 (config-vlan) #exit  （退出 VLAN20 的配置模式，返回全局配置模式）
Switch_1 (config) #interface FastEthernet 0/6
Switch_1 (config-if) #switchport access vlan 20
Switch_1 (config-if) #exit
```

2．在 Switch_1 上配置端口聚合

按照图 3-8 所示，将该交换机的 F0/1 和 F0/2 这两个端口配置为聚合端口。

```
Switch_1 (config) #interface range FastEthernet 0/1-2
Switch_1 (config-if-range) #port-group 1
（将端口 F 0/1 和 F 0/2 加入聚合端口 1，同时创建该聚合端口）
Switch_1 (config-if-range) #exit
Switch_1 (config) #interface aggregateport 1
Switch_1 (config-if) #switchport mode trunk          （将聚合端口设置为 Trunk 模式）
Switch_1 (config-if) # exit
```

3．在 Switch_2 上创建一个 VLAN（本例为 VLAN20），然后将与 PC2 连接的端口（例如 F 0/6）添加到 VLAN20 中

进入交换机的全局配置模式，然后进行配置。

```
Switch (config) # hostname Switch_2  （将交换机的名称改为 Switch_2）
Switch_2 (config) #vlan 20
Switch_2 (config-vlan) #name test
Switch_2 (config-vlan) #exit （退出 VLAN20 的配置模式，返回全局配置模式）
Switch_2 (config) #interface FastEthernet 0/6
Switch_2 (config-if) #switchport access vlan 20
Switch_2 (config-if) #exit
```

4．在 Switch_2 上配置端口聚合

按照图 3-13 所示，将该交换机的 F 0/1 和 F 0/2 这两个端口配置为聚合端口。

```
Switch_2 (config) #interface range FastEthernet 0/1-2
Switch_2 (config-if-range) #port-group 1
（将端口 F 0/1 和 F 0/2 加入聚合端口 1，同时创建该聚合端口）
Switch_2 (config-if-range) #exit
Switch_2 (config) #interface aggregateport 1
Switch_2 (config-if) #switchport mode trunk          （将聚合端口设置为 Trunk 模式）
Switch_2 (config-if) # exit
```

5．设置聚合端口的负载平衡方式

```
Switch_1 (config) # aggregateport load-balance ?
（查看交换机支持的负载平衡方式）
Switch_1 (config) # aggregateport load-balance dst-mac
（设置负载平衡方式为根据目的 MAC 地址进行）
Switch_1 (config-if) # exit
Switch_2 (config) # aggregateport load-balance ?
（查看交换机支持的负载平衡方式）
Switch_2 (config) # aggregateport load-balance dst-mac
（设置负载平衡方式为根据目的 MAC 地址进行）
Switch_2 (config) #exit
```

6．查看聚合端口的配置

在进行了交换机聚合端口的配置后，分别在 2 台交换机上查看其状态信息及负载平衡情况。

```
Switch_1 # show aggregateport load-balance
Switch_1 # show aggregateport summary
Switch_1 # show interface aggregateport 1
Switch_2 # show aggregateport load-balance
Switch_2 # show aggregateport summary
Switch_2 # show interface aggregateport 1
```

7．验证测试

1）将图 3-13 中所示的 PC1（假设为 172.16.20.1）和 PC2（假设为 172.16.20.2）的 IP 地址设置在同一网段，并连接到交换机的对应接口上（F 0/6）。在 PC1 长时间 ping PC2 的 IP 地址，网络这时应该是通的。

```
ping 172.16.20.2 –n 3000
```

2）冗余性测试。在此过程中，拔掉其中一台交换机上 FastEthernet 0/1 端口的网线，发现 PC1 和 PC2 之间的通信未受影响。稍后再将断开的链路正确连接，发现通信正常。这说明聚合链路起到了链路冗余作用。

注意事项如下。

锐捷交换机 spanning-tree 默认情况下是关闭的，如果网络在物理上存在环路，则必须手工开启 spanning-tree。

3.6.6 实验思考题

1）在交换机网络中链路备份的技术有哪些？

2）什么是端口聚合？为什么需要使用端口聚合技术？

3）配置端口聚合技术需要注意哪些事项？

3.7 综合案例设计——中小型交换园区网的设计与综合配置

本实验为综合设计实验，目的是通过分析项目背景，进行需求分析，运用所学的计算机网络知识和交换机的综合应用设计中小型交换机园区网，并进行综合配置和测试。

3.7.1 实验目的

理解交换园区网络的分层设计思想与方法，掌握交换网络的逻辑设计方法与流程，培养中小型交换园区网络的 IP、VLAN 规划与部署能力，培养综合运用各种交换机技术进行中小型交换园区网架构的综合配置能力。

3.7.2 案例描述

为满足教育信息化需求，未来实验学校要将内部的所有主机连接成一个内部网，高效利用内部网络服务教学和办公。该学校主要包括 3 幢楼，分别是教学楼、综合楼和信息技术楼，3 幢楼之间的距离为 500～1000m，学校所有的主机都分布在 3 幢楼内。

教学楼共有 6 层，每层有 20 个教室，每个教室有 1 台主机，预留 2 个网络接口；综合楼有 6 层，第 1～3 层为图书馆，每层有 10 个房间，每个房间预留 2 个网络接口；第 4～6 层用做行政和教师办公室，每层有 15 个房间，每个房间预留 2～4 个网络接口；信息技术楼有 3 层，第 1 层为网络中心以及实验人员的办公室，学校的服务器群集中放在网络中心，第 2 层和第 3 层均为实验室，每层 6 间实验室，每个实验室有 60 台主机。

3.7.3 实验原理

1．需求分析

网络需求分析是网络规划设计的第一步。网络需求分析是在网络设计过程中用来获取和确定系统需求的方法。网络需求指明必须实现的网络规格参数，需求分析是网络设计的基础，良好的需求分析有助于为后续工作建立一个稳定的根基。网络需求分析一般包括网络建设目标分析、网络应用约束分析和网络技术分析等方面。分析时一般采用系统调查的方法，包括了解应用背景、查询技术文档和与客户交流等手段。

2．交换园区网络的层次化设计方法

在构建中小型园区网络时，为了使建立的网络更容易管理、更灵活和更具有扩展性，通常采用分层设计模型。分层设计模型也称为结构化设计模型，通过对网络的功能进行较明确的划分，采用分层的思想将整个网络结构分成若干个层次，从而使各层的设计变得相对简单。

层次化的网络设计不仅简化了复杂的网络设计任务，也增强了网络的可扩展性。分层设计模型通常采用 3 层结构，即接入层、分布层和核心层，如图 3-14 所示。

（1）接入层

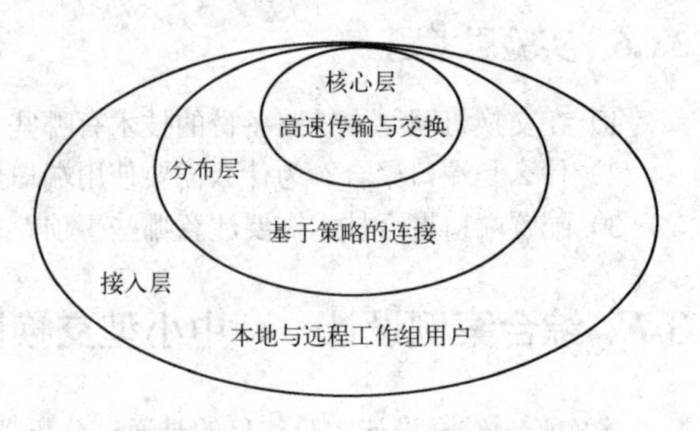

图 3-14　分层设计模型

接入层也称为访问层（Access Layer），其主要功能是为用户或工作组访问网络提供接入方式。该层主要负责用户的逻辑划分或 VLAN 的实现，并可以过滤或访问控制列表，提供对用户流量的进一步控制。

（2）分布层

分布层也称为汇聚层（Distribution Layer），是接入层和核心层之间的分界点，分布层通过提供基于策略的连接管理，实现接入层对核心层的可控传输。分布层主要实现 VLAN 之间的路由、地址或路由的汇聚以及路由策略等功能。

（3）核心层

核心层（Core Layer）是园区网的高速主干，其主要功能是为相互通信的节点提供高速优化的带宽传输，因此核心层需要保持高可用性和高冗余性，而避免诸如访问控制列表和数据包过滤之类的功能。

此外，在实际的网络设计中，不是所有的网络都必须具有全部的三层，当网络的规模较小或网络的功能较少时，三层设计往往可以简化为二层设计甚至是一层设计。

3. 分层交换网络中的交换机

与上述分层结构的交换网络相对应，园区网络中的交换机被分成接入层交换机、分布层交换机和核心层交换机。根据每层功能定位的不同，各层交换机在设备选型与功能配置上也存在差异。

对于接入层交换机，主要为用户或工作组访问网络提供接入功能，故通常选用二层交换机，其配置主要包括 VLAN 的实现和对用户接入的控制，因此在接入层交换机上会进行创建 VLAN、将交换机的端口指派给相应的 VLAN 和进行交换机端口安全性配置等工作。

对于分布层交换机，主要实现 VLAN 之间的通信、路由汇聚与路由策略，故通常选用三层交换机。以三层交换机取代传统路由器是由于三层交换机相对于路由器具有价格低、转发速率高等优点。在分布层交换机上需要进行 VLAN 之间通信与路由协议等基本配置。此外，由于路由汇聚在分布层交换机上进行，因此分布层交换机与核心层交换机之间相连的链路通常不配置为中继链路，而是将此链路所连接的分布层交换机端口与核心层交换机端口配置为路由端口，即将交换机的端口配置成类似于路由器的接口。

对于核心层交换机，主要是为了实现数据包在骨干链路上的快速转发，因此通常也选用三层交换机，且对于交换转发性能的要求相对于分布层交换机更高。核心层交换机上的基本配置为路由协议。此外，若园区网的企业级服务器连接在核心层交换机上，那么核心层交换机还需要完成 VLAN 的创建，将交换机的端口指派给相应的 VLAN 和 VLAN 之间的通信等配置工作。

3.7.4　设计目标与要求

根据前面所学的知识，按照项目背景进行需求分析，按以下要求设计园区网方案，画出网络拓扑图，设计所用交换机的配置方案并实施。

1）学校的网络中心在信息技术楼的 1 楼，用 1 台高性能的三层交换机作为核心交换机，通过 2 条链路对各栋楼的汇聚交换机进行连接，接入交换机使用二层交换机。

2）教学楼和综合楼的网络先各用 1 台三层交换机进行汇聚，信息技术楼的所有实验室的网络也用 1 台三层交换机进行汇聚。

3）学校的服务器群处于一个单独的广播域，直接接入核心交换机。

4）网络中心以及实验人员的办公室网络用二层接入交换机连接后，直接接入核心交换机。

5）教师机、教室用户、图书馆用户及实验室的广播域必须隔离。

6）校园内的所有主机都可以彼此通信。

7）由于实验室的网络流量大，要求实验室的汇聚到核心交换机使用端口汇聚技术提高传输带宽。

为保证所设计方案的有效性与可行性，在将方案设计出来之后要求先在仿真环境中配置实施，进过修改完善后到实验室环境中进行相关的配置实施，以测试方案的可行性。

3.7.5 设计与规划内容

1. 交换机选型

根据校园网的接入节点数及组网模型和性能要求，选择所需的交换机的性能、参数及数量，确定交换机使用的位置。

2. 网络拓扑结构设计

这是网络逻辑设计的第一步，主要是确定各种设备以什么方式互相连接起来。在设计时应考虑网络的规模、网络的体系结构、所采用的协议、扩展和升级管理维护等各方面的因素。

本实验中注意根据项目背景和需求分析考虑各种交换机以何种方式互连。

3. VLAN 的设计

根据校园网需求分析结果，进行 VLAN 的设计，并明确以下信息。

1）需要划分多少个 VLAN，每个 VLAN 的 ID 号、名称及作用。

2）哪些端口为中继端口，哪些链路为中继链路。

3）哪些端口为接入端口，它们分别要被指派给哪个 VLAN 以及哪些链路为接入链路。

4. IP 地址的分配

根据上面所确定的 VLAN，结合网络拓扑结构给出详细的 IP 分配方案，包括每个 VLAN 的网络号、子网掩码，VLAN 中各主机的 IP 参数（包括 IP 地址、子网掩码与默认网关）。最好以表格的形式列出 IP 地址的分配情况。

5. 冗余链路与端口汇聚设计

交换机之间的哪些连接链路需要冗余链路，哪些需要设计为端口汇聚？

6. 园区网测试方案的生成

测试方案是用于测试校园网设计与配置方案是否达到预期设计目标与要求的技术文档，包括测试目标、方法与程序等。试为所规划的各项配置方案制订相应的查实与测试方案。为降低测试工作量，建议在某些功能测试中以关键点测试取代全测试。例如，对于一个具有多个主机的 IP 逻辑子网，在实际测试中可只选择一到两台主机作为代表进行测试。

3.7.6 设计的有效性与可行性验证

上述校园网交换方案设计完成后，应到实验室进行实际配置与相应的测试。建议学生先在仿真环境中进行配置和测试，并进行改进。在进入实验室之前，应提供详细的技术设计文档，该文档至少应包括网络需求说明、网络拓扑图、交换网络的设计、配置与测试方案（包括 VLAN、IP 等相关内容）。

为了保证方案配置与测试的顺利进行，建议学生在进入实验室之前，以清单方式说明实验室需要为方案配置与测试提供的支撑条件，如设备、材料及使用时间等。

学生可根据方案的有效性与可行性测试结果对原有的设计方案进行必要的修改，以使方案更加优化或完善，最后需提交设计报告。

3.7.7 设计思考与探讨

结合本综合案例的设计与配置，思考并探讨以下问题。

1）某学校的校园网现需安装一台 VOD 服务器，作为管理员，你应该将服务器连接到校园网的哪一层交换机上？

2）在本实验中，关于分布层交换机与核心层交换机之间的链路有两种配置方案，一是将其配置为中继链路，二是不将其配置为中继链路，也就是将分布层交换机与核心层交换机的相应端口配置为路由端口，那么这两种方案是否均能满足网络连通的需求？哪个方案更好，为什么？

第4章　路由器的配置和应用

路由器是工作在OSI参考模型第三层的网络互连设备，可以提供各种异构网络之间的互连。与交换机不同，它以分组（Packet）作为数据交换的基本单位，属于通信子网的最高层设备。掌握路由器的选择、配置和管理方法是计算机及相关专业的学生应具备的一项重要能力。与交换机一样，绝大多数路由器同时提供了Web和命令行两种管理方式，其中，命令行管理方式的功能一般要比Web方式强。

目前路由器的品牌较多，不同品牌的配置命令不尽相同，但是基本上都支持命令行界面。

本章主要介绍路由器的配置和应用及对应的实验，内容主要包括路由器的基本配置、静态路由配置、RIP动态路由配置、OSPF动态路由配置和应用等几个实验。通过这些实验，使读者对路由器有较多的了解，初步掌握路由器的配置和应用。本章所使用的路由器设备为锐捷R1700和R2600系列，不同的路由器配置命令可能会有些差别，请读者注意阅读所用路由器配套的使用说明书。

本章所有的实验项目都可以在Packet Tracer仿真平台中完成。但需注意的是该平台使用的是Cisco公司的IOS，个别命令与锐捷路由器的命令稍有差别。

4.1　路由器的使用和基本配置

路由器主要位于一个网络的边缘，负责网络的远程互连和局域网到广域网的接入或是局域网之间的互连，路由器上所使用的连接模块远比交换机丰富，连接介质也多样。路由器的基本操作主要包括硬件连接和基本参数的配置。

4.1.1　实验目的

了解路由器物理接口的类型与功能，掌握路由器与PC、交换机的连接方法；掌握路由器的基本管理和配置方法，熟悉路由器的CLI界面和基本的命令格式及使用方法，掌握PC与路由器之间连通性的测试方法。

4.1.2　项目背景

某企业的总部设置在A城，总部共有500台PC，有一分公司设置在B城（约100台PC），随着管理信息化水平的提高及电子政务和电子商务活动的开展，该企业需要组建内部网络，将分公司与总部连接起来，并通过总部接入Internet。该企业规划了相应的组网方案，其拓扑结构如图4-1所示，总部通过点到点链路连接到Internet服务提供商（Internet Service Provider，ISP）的接入路由器上，分公司通过租用专线与总部相连。

作为该公司新来的一位网管，被要求按照相应的组网方案完成有关的网络互连工作并熟悉其网络产品，熟悉路由器的配置和管理。面对一批新购买的路由器设备，该从何入手呢？在进行相关的路由器配置之前，需要首先对路由器进行初始化配置，并对路由器端口进行基本参数的配置。如何实现对路由器的访问与初始化配置，路由器的初始化配置又涉及哪些内容呢？

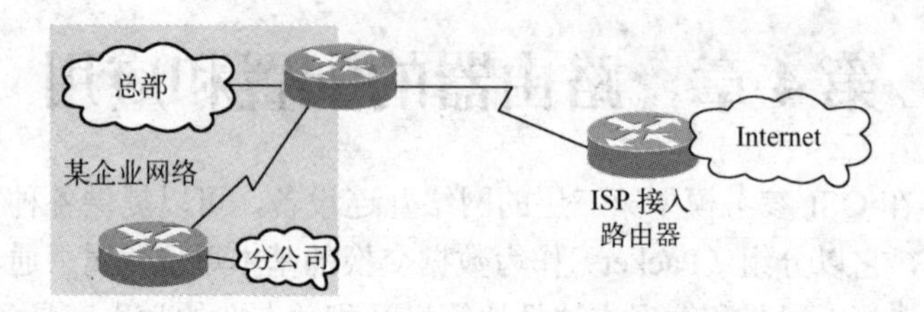

图 4-1　某企业网络拓扑结构

4.1.3　实验原理

路由器的管理方式与交换机一样，基本分为带内管理（In Band）和带外管理（Out of Band）两种。其命令行的操作模式也主要包括：用户模式、特权模式、全局配置模式及其他模式等几种，不同的模式所能使用的命令不同，基本上与交换机的各种模式一样，可以采用类比的方法。详细的内容请参考 3.1 节。

通过 Console 端口访问路由器属于带外管理，通常用于对路由器进行初始化配置和管理工作以及对路由器的状态进行监控和一些灾难性恢复工作。本章中的实验都是通过 Console 端口来进行配置。

新购买的路由器必须进行初始化配置，才能进行管理和使用，而交换机可以不用配置就能使用。

4.1.4　实验任务与规划

1. 实验任务

认识路由器的物理接口，选择相应的电缆将 2 台路由器连成如图 4-2 所示的拓扑结构任务分解见表 4-1。

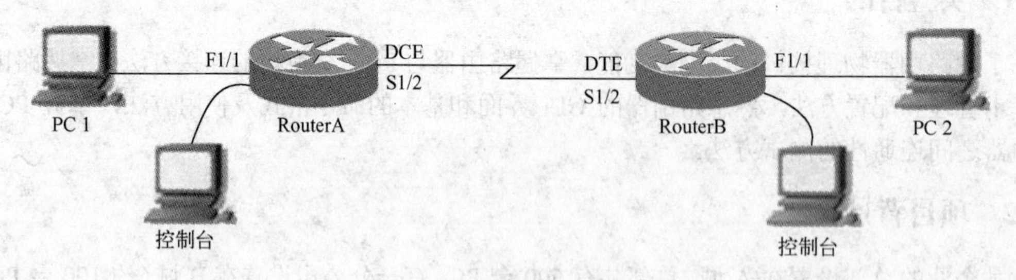

图 4-2　路由器使用入门网络拓扑

表 4-1　“路由器的使用和基本配置”的任务分解

任务分解	任务描述
观察并认识路由器外部结构	观察对象包括路由器是否模块化，路由器的接口数、接口类型和指示灯，并做好书面记录
网络环境的搭建	涉及网络设备型号、网络设备数以及网络设备之间的物理连接线缆的选择
观察并了解路由器的开机启动过程	通过开机过程，识别路由器的硬件组成、软件平台

（续）

任务分解	任务描述
认识用户界面	认识不同的用户模式及各模式间的转换
命令帮助、历史和编辑功能	以配置路由器主机名为例，学习命令帮助、历史和编辑功能的使用方法
配置路由器的接口	通过对路由器的以太网接口及串口的配置，掌握路由器接口配置需要完成的任务及配置方法
show 的使用	通过帮助命令获得 show 子命令（参数），查看如配置文件等状态

2. 规划与准备

在预习阶段，要求学生根据表 4-1 的任务分解，进行相关的准备并完成相应的规划工作。表 4-2 给出了一种参考规划，学生可以自己提出规划。

表 4-2 “路由器的使用和基本配置”的参考规划

规划内容	规划要点	参考建议
网络环境的搭建	线缆的选择，网络设备型号、网络设备数的确定以及网络设备之间的物理连接	路由器：2 台；PC：4 台，其中，2 台分别用做主机，2 台用做控制台；连接线若干条
路由器主机名	路由器主机名	自行采用易于区分或记忆的名字
路由器接口	路由器接口的 IP 地址，如果是串口，需要在 DCE 端配置时钟频率	自行确定 3 个不同网段的 IP 地址分配给各接口，互连的 2 个串口 IP 属于同一个网段，最好以表格的形式给出各接口及 PC 的 IP 信息
PC 的 IP 配置信息	PC 的 IP 地址、子网掩码、默认网关	PC1 与 RouterA 的 F1/1 接口同一网段，网关为 F1/1 接口的 IP 地址 PC2 与 RouterB 的 F1/1 接口同一网段，网关为 F1/1 接口的 IP 地址

4.1.5 实验内容与操作要点

1. 认识路由器的外部结构和物理接口

首先观察路由器的外部，认识路由器的外部结构，各类指示灯、电源线、各类物理接口等的位置，了解路由器上的相关标识，特别是各接口的编号。

认识路由器的物理接口，可通过实际观察，必要时还可查阅路由器的使用说明书。认识物理接口需要明确相关接口的标识、连接方式和功能，并了解路由器的接口是否为模块化，并根据实际填写表 4-3。

表 4-3 路由器的物理接口

接口标识	支持的物理连接	是否模块化	功能描述
Fastethernet	双绞线	否	用于连接快速以太网

接口就是路由器上的物理连接端口，用来接收和发送数据包。这些接口由插座或插孔构成，使电缆能够很容易地连接。接口在路由器外部，一般都位于路由器的背面。路由器的接口类型比交换机丰富。

1）以太网接口：一般路由器都有以太网接口，其接口都使用 RJ-45 插孔，支持屏蔽双绞线（STP）和非屏蔽双绞线连接（UTP）。

2）串行（Serial）接口：通常用于连接广域网，如帧中继、DDN 专线等，也可以通过背对背电缆来进行路由器之间的互连。

3）AUX 口（辅助接口）：许多路由器一般都带有一个 AUX 接口，它是一个异步串行口，具有很多功能，主要有远程拨号调试功能、拨号备份功能、网络设备之间的线路连接功能以及本地调试功能等。

4）Console（控制口 RJ-45）：主要用于在本地连接到计算机，对路由器进行配置。

路由器接口的编号规则如下。

在一些小型路由器上，接口编号是一个数字；而一些大中型路由器，接口首先按照卡插入的插槽位置进行编号，接着是斜线，然后是卡上的端口号。请务必用心观察，对路由器接口进行配置时得按其标识写接口编号。

2．相关准备

按照图 4-2 所示，完成网络环境的物理搭建，根据不同的端口或连接类型来选择使用的连接线缆。最好使用路由器厂家所配的线缆连接其 Console 端口和 PC 的 COM 口。

启动 PC 上的超级终端软件（如果没有该软件，则要先安装），按照提示逐步完成连接，详细的请参考 3.1 节中的内容“控制终端的配置”。

3．认识与观察路由器的开机启动过程

在确认路由器与作为控制终端的 PC 之间连接好之后（注意在终端会话形式下，在按了〈Enter〉键之后才能看到路由器的运行状态），开启路由器电源，观察路由器指示灯的变化，并在终端显示器上认真观察整个启动过程的运行状况与显示结果。如有必要，应记录开机启动过程中所显示的本路由器硬件与软件配置情况。注意与交换机的启动过程进行比较。

路由器的开机启动过程与普通计算机类似，也包括系统硬件自检、操作系统装载和配置文件应用等工作。当系统加电时，首先进行开机自检（Power On Self Test，POST），即从 ROM 中运行诊断程序对包括 CPU、存储器和网络接口在内的硬件进行基本检测。硬件检测通过后从 ROM 中调用和运行引导程序（Bootstrap），再由默认或指定的途径装载路由器操作系统软件（路由器的操作系统软件的可能装载途径包括 FLASH、ROM 和网络方式）。在操作系统被装载并运行后，就可以发现所有的系统硬件与软件，并从控制终端上显示出来。最后，由路由器的操作系统软件定位配置文件的路径并装载与应用配置文件。

4．路由器各个操作模式的认识及其间的切换

登录路由器后进入其控制界面，出现类似于“router>”的提示符，表示已经进入到路由器控制台的“用户模式”。路由器各个模式基本上与交换机一样，其各模式之间的切换命令也基本一样。

5．路由器的命令使用说明

路由器命令行界面的基本功能与交换机一样，可使用“？”来获得帮助，使用〈Tab〉键补齐命令，可以使用历史命令，也可以使用命令的 no 和 default 选项等。详细的说明请参考 3.1 节。

6．路由器的基本配置

根据不同的工作目标，可以在路由器上进行许多不同的配置，通常路由器的配置任务可分为基本配置与高级配置两大类。基本配置是使路由器能正常工作所必需的最小配置，如主机名、登录密码设置、接口配置和路由配置等；高级配置是指在路由器上为网络性能优化所做的有关配置工作，如策略路由、访问控制列表（Access Control List，ACL）和 QoS 策略等，所有路由器配置的信息以路由器配置文件的形式存在。就路由器的基本配置而言，可参照下面的例程。

- 启动路由器。
- 登录到特权模式。
- 检查当前的配置情况。
- 进行必要的全局配置（如主机名、登录密码等）。
- 在线路配置模式下完成相应的线路配置（如 VTY 的登录密码）。
- 在接口模式下完成基本的接口配置（如协议地址、介质类型或带宽等）。
- 在路由配置模式下完成路由协议的配置。
- 检查和测试配置结果。
- 保存配置。

路由器的接口配置包括接口 IP 地址、子网掩码、接口描述、接口物理工作特性、激活或关闭接口等内容。

在 IP 网络中，路由器的每个接口都要有一个 IP 地址，并且该 IP 地址和与该接口直连的网络必须具有相同的网络号和子网掩码。在进行串行接口配置时，除了上述的配置内容外，还要对作为 DCE 端的路由器串口进行时钟频率的配置，时钟频率作为 DCE 与 DTE 设备之间的串行同步信号。

注意：路由器的不同接口必须属于不同的网络，因此路由器不同接口的 IP 网络号必须不同。

与交换机一样可以使用 show 命令带相关参数来显示各种信息。例如，show running-config 用于查看路由器当前生效的配置信息，show ip route 用于查看路由表信息。

7．路由器的基本管理

路由器与交换机一样，可以通过带外和带内方式进行管理。最常用的是通过 Telnet 方式来进行配置。这种方式要求路由器和 Telnet 主机之间有可达的 TCP/IP 连接，一台路由器可同时存在多个 VTY（虚拟终端）连接。注意：VTY 方式不能被用于路由器的初始化。各种管理模式的详细内容请参考第 3.1 节。

8．测试

配置串行接口后，使用 show 命令查看串行接口的状态，然后使用 ping 命令测试两端串行口的连通性。

在进行 Telnet 测试时，先在路由器上使用 show 命令查看路由器的相关端口是否已正常启动，再使用 ping 命令测试路由器与主机的连通性，最后在主机的 DOS 命令提示符下使用 telnet 命令登录到路由器上查验。

注意：在对路由器进行相应的配置之前，应该了解并逐渐养成一个网络工程师所应具备的良好专业习惯，那就是对路由器进行任何配置或状态修改前，必须首先对路由器的相应状态进行查看。就路由器的基本配置而言，需要首先对路由器的基本状态进行查看，如路由器的一些全局参数设置、各接口的状态信息等，然后在此基础上再进行路由器的基本配置。

4.1.6　实验思考题

1）如果超级终端无法连接到路由器，应该如何解决？

2）如果为某路由器的 F 1/0 端口配置与其 S 1/2 端口的 IP 地址在同一子网的 IP 地址，会出现什么情况？为什么？

4.2 静态路由配置

路由器是根据路由表进行选路和转发的，而路由表就是由一条条的路由信息组成的。

4.2.1 实验目的

理解路由器的工作原理，理解生成路由表的方法；在掌握路由器基本配置方法的基础上，继续学习路由配置的相关概念和静态路由的实现方法，并了解静态路由在实际网络互连中的重要性，掌握默认路由的配置方法；初步掌握路由测试命令的使用方法。

4.2.2 项目背景

在完成路由器接口等基本配置工作后，对公司中的所有主机而言，只能与位于同一网段的主机或充当网关的路由器接口具有 IP 连通性；对路由器来说，则只能与下一跳路由器的所有接口通信，但不能与远端路由器接口或远程网络中的主机进行通信。例如，分公司的主机能够与分公司的路由器的所有接口通信，但不能与总部的主机通信；分公司的路由器可以 ping 通总部路由器的所有接口，但不能 ping 通总部的主机。分公司与总部主机不具有 IP 的连通性，公司中的所有主机均不能访问外部网络，产生该问题的原因是什么？如何解决？解决的方法是对路由器进行相应的路由配置，以实现不同网络间的数据包传输。

4.2.3 实验原理

路由器的两大基本功能是“路由”与“交换”，前者是指提供最佳路径选择功能，后者是指在确定了出去的接口或下一跳接口地址后，以合适的数据帧完成分组的转发。路由器根据所收到的数据分组中所给出的目标网络地址，通过查找路由表来确定是从路由器的某个接口进行包的转发，还是丢弃该分组。一旦确定了相应的路由器转发端口，就将分组以该接口所对应的数据帧格式进行封装后从该端口转发出去。

每个路由器都要保存一个关于目标网络及对应的转发接口信息的数据库表，该表被称为路由表，其中的转发接口以“出去接口（Outgoing Interface）”或“下一跳路由器接口（Next Hop）的 IP 地址”来表示。关于路由器最佳路径的选择是通过查找路由表获知的。路由表是路由器对网络拓扑结构的认识，所以路由表的更新和维护对路由器至关重要。根据路由选择策略的不同，可以将路由选择分为动态路由选择和静态路由选择两类。所谓的静态路由选择是指路由器中的路由表是静态的，路由器之间不需要进行路由信息的交换。

路由器是根据路由表进行路由选择和数据转发的。通常，路由器通过下列 3 种途径来生成与维护路由表。

- 直连网络：路由器的任何接口只要其状态为“UP”状态，则这个接口所在的网络会直接添加到路由器的路由表中。
- 静态路由：指网络管理员根据其所掌握的网络连通信息，以手工配置方式创建的路由表。其优点是简单、高效和可靠，在所有的路由中，静态路由优先级最高。当动态路由与静态路由发生冲突时，以静态路由为准。

- 动态路由：指路由器通过动态路由协议自主学习而产生的路由表表项。在大规模的网络中，或网络拓扑相对复杂的情况下，通过在路由器上运行动态路由协议，路由器之间互相自动学习产生路由信息。

另外，静态路由还常被用于路由到与外界网络只有唯一通道的所谓末节（Stub）网络，也被用于进行网络测试、网络安全或带宽管理。图 4-3 给出了一个末节网络的例子。

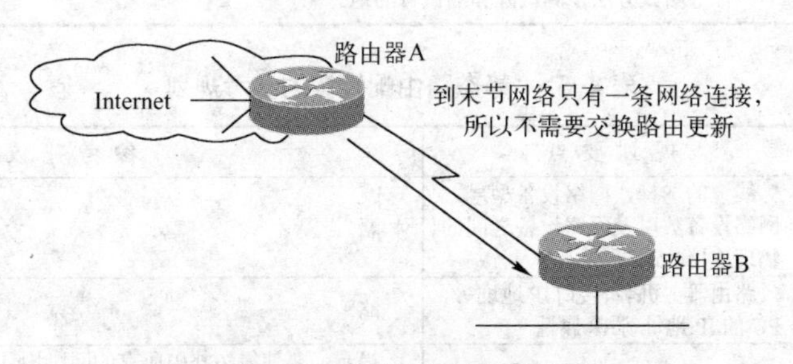

图 4-3　末节网络的示例

在静态路由中，有一种特殊的路由被称为默认路由（Default Route）。默认路由是为所有在路由表中找不到明确对应的路由表项的数据包所默认指定的路由。如果没有默认路由，当网络通信请求目标不在路由器的路由表中时，路由器可能会丢弃网络请求，并会给通信源头发送 ICMP 目标无法到达的信息。就像 PC 都会有默认网关来连接本地路由器一样，在互联网上许多路由器和交换机也有默认的路由，以便访问不是本地的网络。随着网络互连规模的增长，维持庞大的路由信息会使路由器不堪重负，而使用默认路由则可以大大降低路由表的规模和管理工作量。

4.2.4　实验任务与规划

1. 实验任务

网络拓扑如图 4-4 所示，两台路由器通过串口以 V.35 DCE/DTE 电缆连接在一起，在完成路由器的基本配置之后，完成静态与默认路由的规划与配置，使得图中的所有子网具有 IP 连通性。

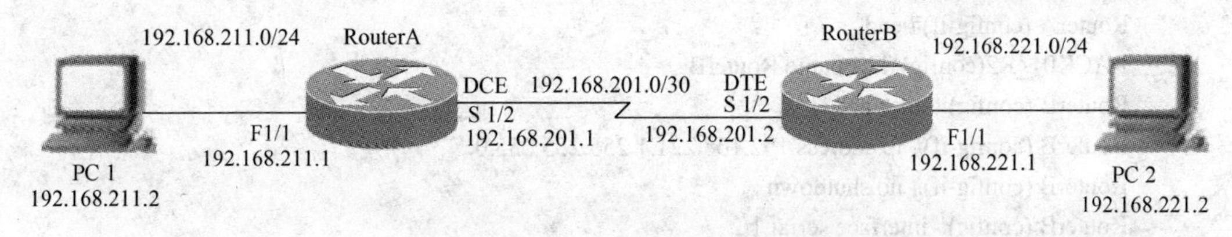

图 4-4　路由器之间的连接和配置方式

2. 规划与准备

在预习阶段，要求学生根据表 4-4 的任务分解，进行相关的准备并完成物理环境的搭建、路由器的基本配置等相应的规划工作。表 4-5 给出了一种参考规划，学生可以自己提出规划。

PC 1、PC 2 的网关分别为 192.168.211.1、192.168.221.1。

表 4-4 “静态路由配置”的任务分解

任务分解	任务描述
路由器的基本配置	配置路由器的主机名、接口等
静态路由的配置	静态路由的条目数，每条静态路由所对应的目的地址，下一跳地址，应用在哪个路由器
默认路由的配置	采用哪种配置方式、应用在哪个路由器，下一跳地址
路由的测试	测试方法、测试源和测试目的地

表 4-5 “静态路由配置”的参考规划

规划内容	规划要点	参考建议
网络环境的搭建	线缆的选择，网络设备型号、网络设备数以及网络设备之间的物理连接的选择	略
路由器与主机的基本配置	路由器主机名、接口IP地址等，PC的IP地址等IP属性	略
静态路由的配置	静态路由应用的路由器，静态路由条目数，静态路由条目网络号、下一跳地址	提示：要使得拓扑中所有的网段均具有 IP 连通性，则每个路由器得为每一个直接相连的网络进行选路 路由器RouterA配一条默认路由：下一跳地址为路由器RouterB的S1/2接口的IP地址 路由器RouterB配一条默认路由：下一跳地址为路由器RouterA的S1/2接口的IP地址
路由的测试	通过主机测试 通过路由器测试	使用 ping、tracert 工具 使用 ping、扩展 ping、traceroute 工具

4.2.5 实验内容与操作要点

1. 配置路由器的名称、接口 IP 地址和时钟

```
RACK01_R1(config)#hostname RouterA
RouterA (config)# interface f1/1
RouterA (config-if)# ip address 192.168.211.1 255.255.255.0
RouterA (config-if)# no shutdown
RouterA (config)# interface serial 1/2
RouterA (config-if)#clock rate 6400
RouterA (config-if)# ip address 192.168.201.1 255.255.255.248
RouterA (config-if)# no shutdown
RouterA (config-if)# end
RACK01_R2(config)#hostname RouterB
RouterB (config)# interface f1/1
RouterB (config-if)# ip address 192.168.221.1 255.255.255.0
RouterB (config-if)# no shutdown
RouterB (config)# interface serial 1/2
RouterB (config-if)# ip address 192.168.201.2 255.255.255.248
RouterB (config-if)# no shutdown
RouterB (config-if)# end
```

2. 清空路由表

在每个路由器上，使用“show ip route”命令查看当前路由表中的内容，若路由表中存在

除了直接相连路由条目之外的其他路由条目，采用全局配置模式下的“clear ip route”命令清空路由表，并通过“show running-config”命令查看路由器上是否已配置静态或动态路由。如果有静态路由存在，则使用“no ip route”命令删除所有存在的静态路由配置；如果有动态路由存在，则使用“no router routing-protocol”命令删除所有存在的动态路由配置，并将路由表清空，这样会使后续的配置结果更加易于观察。

3．配置静态路由

一条静态路由的设置通常通过全局配置模式下的一条简单命令即可完成。以锐捷 2100 系列路由器为例，只要在路由器的全局配置模式使用下列命令即可。

```
Router (config)# ip route network mask{ip-address|interface-type interface -number}[distance]
```

其中，相关配置参数的说明见表 4-6。

表 4-6　静态路由配置命令“ip route”的参数说明

参数名	描述
network	目的网络地址
mask	子网掩码
ip-address	下一跳的 IP 地址
interface-type interface -number	到达目的网络所对应的本地路由器出口的名称
distance	管理距离，用于描述所选路的可信度，值越小，越可信

注意：如果路由器出口的链路为点到点的链路，则采用下一跳或出口的方式配置静态路由均可，但如果路由器出口的链路为广播式链路，则需采用下一跳的方式配置静态路由。

不同品牌或不同型号的路由器，命令格式稍有不同，请配置前查阅路由器的使用说明书或配置参考。

```
RouterA (config)# ip route 192.168.221.0 255.255.255.0 192.168.201.2
（配置到目的网络 192.168.221.0/24 的静态路由，其下一跳地址为 192.168.201.2）
RouterB (config)# ip route 192.168.211.0 255.255.255.0 192.168.201.1
（配置到目的网络 192.168.211.0/24 的静态路由，其下一跳地址为 192.168.201.1）
```

4．查看路由表和接口配置

```
RouterA (config)# end
RouterA # show running-config
（查看正在执行的配置文件内容，注意观察所做的静态路由配置是否已存在于正在执行的配置文件中）
RouterA # show ip route
（查看路由表的内容）
RouterA # show interface serial 1/2
RouterB (config)# end
RouterB # show running-config
RouterB # show ip route
RouterB # show interface serial 1/2
```

如果要取消已经配置的静态路由，则在配置命令前加 no。例如：

```
RouterB (config)# no ip route 192.168.211.0 255.255.255.0 192.168.201.1
（取消配置到目的网络 192.168.211.0 的静态路由，下一跳地址为 192.168.201.1）
```

再返回到特权模式下查看正在执行的配置文件与路由表，看到目的网络的 192.168.211.0/24 的静态路由是否已不存在。

因为下面还要进行测试，得再次在路由器 B 上增加这条静态路由。

5．验证测试

路由测试属于网络测试的一部分，所以也可采用一些通用的测试网络状态的常用命令。在 IP 网络中，用于测试网络状态的常用命令有 telnet、ping 和 trace 等。作为应用层的测试工具，telnet 是最全面的测试机制，也就是说，如果 telnet 给出的结果正常，则意味着网络在所有层次上工作正常。而 ping 和 trace 作为网络层的测试工具，只能用于检测网络层的工作状态。但由于网络的许多问题出在网络层，所以这是两个非常有用的网络层测试工具。ping 和 trace 都基于 IP 网络层的 ICMP 实现，前者用于测试网络之间的连通性，后者用于追踪路由所经历的路径或用于定位网络层上的网络故障点。

在路由器上，除了上述 IP 网络环境中通用的测试命令外，还提供了其他一些有用的路由测试专用工具或命令，包括路由器状态显示或路由器的调试命令。提供了关于“show”的系列命令用于查看路由器的有关状态信息，包括接口、协议、路由表及与相邻设备的连通性等信息。另外，还提供了“debug”命令用于实时监测路由器中的状态变化或数据交换的信息。

按照图 4-4 所示，根据所做的规划表，分别配置 PC 1 和 PC 2 的 TCP/IP 属性。

（1）在路由器上测试网络连通性

在 RouterA 或 RouterB 上进行 ping 测试。

```
RouterA # ping 192.168.201.2
RouterA # ping 192.168.221.1
RouterA # ping 192.168.211.2
RouterA # ping 192.168.221.2
```

（2）通过 PC 测试网络之间的连通性

在 PC 1 中进行测试。

```
ping 192.168.201.1
ping 192.168.221.1
ping 192.168.221.2
```

在 PC 2 中进行测试。

```
ping 192.168.201.2
ping 192.168.211.1
ping 192.168.211.2
```

6．在 RouterA 上增加子网及验证测试

在 RouterA 上再配置增加一个子网。

```
RouterA (config)# interface f1/0
RouterA (config-if)# ip address 192.168.231.1 255.255.255.0
RouterA (config-if)# no shutdown
```

将 PC 1 的 IP 地址换为 192.168.231.2，将网线插入 RouterA 的 interface F1/0 端口，再用 ping 命令互相测试连通性（此时应该为不通）。

7. 在 RouterB 配置默认路由

```
RouterB (config)# ip route 0.0.0.0 0.0.0.0 192.168.201.1
```

通过这条默认路由，连接在 RouterB 上的子网可以访问到 RouterA 上的所有子网。此时再次通过 PC 进行测试，结果应该为互通。

4.2.6 实验思考题

1）为什么在 4.2.5 节第 6 点中测试连通性，计算机换了 IP 地址后，互相就不通了？为什么在 RouterB 上加了默认路由后就连通了？

2）静态路由是否支持 VLSM？可否设计一种具体的实验方案来验证相应的结论？

3）显示路由表时，每条路由信息的第一列字符（如 R、C）代表什么意思？

4）为什么路由器出口的链路为点到点的链路，则采用下一跳或出口的方式配置静态路由，而当路由器出口的链路为广播式链路，如以太网环境中，则需采用下一跳的方式配置静态路由？采用这两种配置方式在路由表查找上是否具有相同的效率？

4.3 RIP 动态路由的配置与管理

当网络互连规模较大或网络中的不稳定因素较多时，通常要借助动态路由的方式生成和维护路由表。RIP 是动态路由协议之一，目前包括 v1 和 v2 两个版本。

4.3.1 实验目的

理解动态路由与静态路由的区别；理解 RIP 的工作原理与特点；掌握在路由器上如何配置 RIP 路由协议；进一步掌握路由测试的方法与常用命令的使用。

4.3.2 项目背景

作为网络管理人员，随着所管理网络的互连规模逐步增大，会感觉到静态路由所带来的问题越来越棘手。使用静态路由配置路由复杂，需要非常仔细地规划，配置工作量相当大，还容易出现配置错误或路由表项的遗漏。而当网络状态发生变化时，如增加网段、删除网段或出现路由器接口故障、网络链路故障等问题时，还必须重新规划并手工配置静态路由，以适应网络拓扑的变化。能否找一种解决方案来克服使用静态路由带来的困惑？如何才能让路由能够自动适应网络拓扑与状态的变化呢？这就要用到动态路由。

4.3.3 实验原理

静态路由虽然配置与实现简单，但是当网络互连规模增大时，依靠静态路由以手工方式生成和维护一个路由表会变得非常复杂，而且静态路由不能及时适应网络状态的变化。所以当网络互连规模较大或网络中的不稳定因素较多时，通常要借助动态路由的方式生成和维护路由表。路由器通过主动路由协议来实现动态路由。路由协议按适用范围的不同可分为外部网关协议（EGP）和内部网关协议（IGP）。按路由算法的不同，路由协议分为距离矢量路由协议和链路状态路由协议，路由协议的典型例子包括RIP、OSPF和BGP等。

在路由器上启用动态路由需要对路由协议进行配置。对内部网关协议来说，路由协议配置的一般任务包括全局配置、路由配置两方面。全局配置包括IP路由功能的启用和路由协议的选择，如果需要，还要指定自治系统标识；路由配置则是对参与路由信息更新的网络进行选择，路由器只在这些指定的网络范围内进行路由信息的更新，但在进行路由协议配置之前，首先完成路由器相关接口的配置，包括为其指定合适的IP地址和子网掩码，接口配置时路由器实现路由的基本前提。

路由信息协议（Routing Information Protocols，RIP）是应用较早、使用较普遍的内部网关协议（Interior Gateway Protocol，IGP），适用于小型同类网络，是典型的距离矢量协议。

RIP以跳数（Hop Count）作为路径选择的基本评价因子，路由器到与它直接相连的网络的跳数为0，通过一个路由器可达的网络跳数为1，以此类推，路由器收集到所有可到达目的地址的不同路径，并且保存到达每个目的地的最少跳数的路径信息，除到达目的地的最佳路径外，任何其他信息均予以丢弃。RIP规定最大跳数为15，任何超过15个站点的目的地均被标记为不可达。RIP虽然实现及配置都非常简单，但该协议所使用的距离矢量算法可能会在网络中形成路由环路。

目前，RIP包括RIP v1和RIP v2两个版本。RIP v1的协议标准是在VLSM和CIDR之前提出的，所以不支持VLSM与CIDR，在其路由更新信息中，不包括子网掩码，在VLSM与CIDR网络互连环境中无法启动RIP v1。RIP v2是RIP v1的改进版本，它保留了RIP的大部分性能特点，增加了支持VLSM与CIDR的功能，在其路由更新信息中会发送子网掩码信息。

VLSM是可变长度子网掩码（Variable Length Subnet Masking）的英文缩写。VLSM意味着同一网络自治系统内存在由同一个主类（即A类、B类或C类）而来的多个子网，且这些子网具有不同长度的子网掩码。VLSM使得在单一自治系统内使用不同长度的子网掩码成为可能，从而进一步提高了IP子网划分的灵活性与地址利用率。

引入子网划分和VLSM技术后，使得关于IP地址标准分类的概念变得不再有意义，IP地址从有类别地址变成了无类别地址。CIDR则进一步扩展了无类别地址的含义。CIDR（Classless Inter-Domain Routing）的中文名字是无分类域间路由选择。CIDR使用各种长度的“网络前缀”（Network-Prefix）来代替分类地址中的网络号和子网号。CIDR还使用“斜线记法”，它又称为CIDR记法，即在IP地址后面加上一个斜线“/”，然后写上网络前缀所占的比特数（这个数值对应于子网掩码中比特1的个数）。例如，128.14.46.34/20，表示在这个32 bit的IP地址中，前20 bit表示网络前缀，而后面的12 bit为主机号。

CIDR技术被用来解决路由缩放问题。所谓路由缩放问题包含两层含义：一是对大多数中等规模的组织如果没有适合的地址空间（如B类），可以为其分配多个规模较小的（如C类）地址空间。二是进行路由汇总，以减少路由表大小。图4-5给出了一个CIDR的例子。

由于一个CIDR地址块可以表示很多地址，所以在路由表中就利用CIDR地址块来查找目的网络。这种地址的聚合常称为路由聚合（Route Aggregation），它使得路由表中的一个项目可以表示很多个（例如上千个）原来传统分类地址的路由。路由聚合也称为构成超网（Supernetting）。路由聚合有利于减少路由器之间的路由选择信息的交换，从而提高了整个因特网的性能。

从图4-5可以清楚地看出地址聚合的概念。这个ISP共拥有64个C类网络。如果不采用

CIDR 技术，则在与该 ISP 的路由器交换路由信息的每一个路由器的路由表中，就需要有 64 个项目。但采用地址聚合后，就只需用路由聚合后的一个项目 206.0.64.0/18 就能找到该 ISP。同理，XX 大学共有 4 个系，但在 ISP 内的路由器的路由表中，也是需使用 206.0.68.0/22 这一个项目。在这个大学内部可自由地对本校的各系分配地址块。显然，用 CIDR 分配的地址块中的地址数一定是 2 的整数次幂。

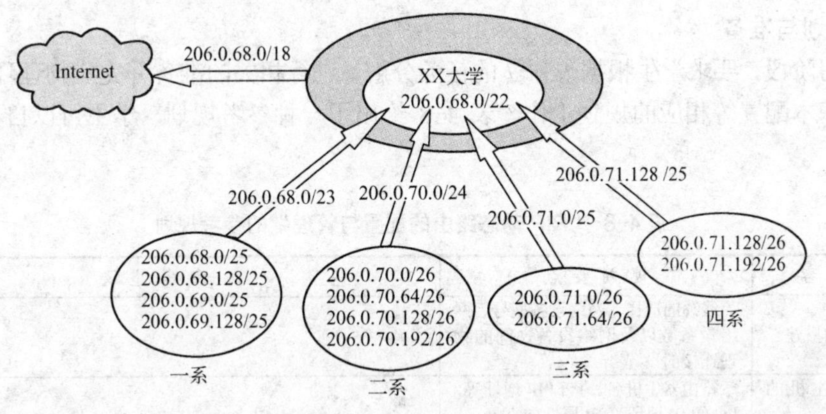

图 4-5　CIDR 的示例

有了 VLSM 和 CIDR 后，消除了有类边界的限制，不再使用类别来识别网络号，而是使用子网掩码或网络前缀来判断网络号。

4.3.4　实验任务与规划

1. 实验任务

如 4.2 节中的图 4-4 所示，要求采用 RIP v1 使得该网络中的所有网段之间能够互相通信；如图 4-6 所示为参考网络拓扑（可以根据实际的需求自行设计拓扑图，规划 IP 地址），要求采用 RIP v2 使得该网络中的所有网段之间能够互相通信。就这两个目标而言，相应的任务分解详见表 4-7。

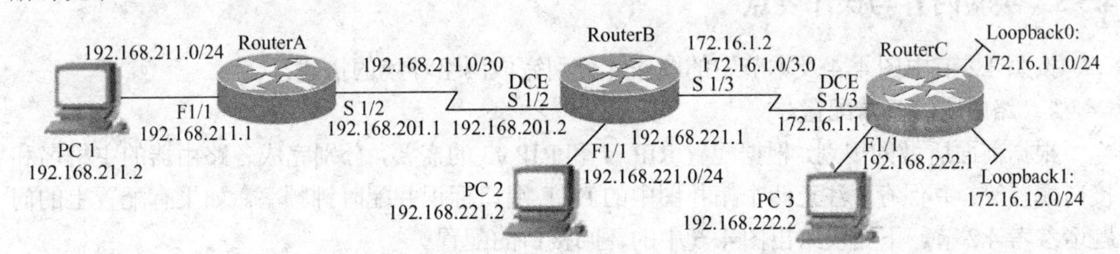

图 4-6　RIP v2 的配置与管理网络拓扑图

表 4-7　“RIP 动态路由的配置与管理”的任务分解

任 务 分 解	任 务 描 述
路由器的基本配置	配置路由器的主机名、接口等
RIP v1 路由的规划与配置	每个路由器上有哪些网络参与 RIP v1 路由更新
RIP v2 路由的规划与配置	在每个路由器上指定参与 RIP v2 路由更新的网络
路由的测试	测试方法、测试源和测试目的地

提示： 网络的个数非常多，在模拟环境中可用环回接口模拟外部的 Internet。环回接口是路由器上的逻辑接口，其标识为“loopback 数字标识”，一个路由器可配置多个环回接口。由于环回接口是逻辑接口，所以当环回接口启用后不会出现由于链路失效而导致接口“DOWN”的情况，在如图 4-6 所示的网络拓扑中，可用多个环回接口来模拟 Internet 上的不同网络。

2. 规划与准备

在预习阶段，要求学生根据表 4-7 的任务分解，进行相关的准备并完成物理环境的搭建、路由器的基本配置等相应的规划工作。表 4-8 给出了一种参考规划，学生可以自己提出合适的规划。

表 4-8 “RIP 动态路由的配置与管理”的参考规划

规划内容	规划要点	参考建议
物理环境的搭建	线缆的选择，网络设备型号、网络设备数以及网络设备之间的物理连接的设置	略
路由器与主机的基本配置	路由器主机名、接口 IP 地址等，PC 的 IP 地址等 IP 属性	略
RIP v1 的配置	指定参与 RIP v1 更新的网络	提示：与每个路由器直接相连的网络均参与 RIP v1 的路由更新 路由器 RouterA 参与更新的网络有：192.168.211.0/24 与 192.168.201.0/30 路由器 RouterB 参与更新的网络有：192.168.221.0/24 与 192.168.201.0/30
RIP v2 的配置	指定参与 RIP v2 更新的网络	提示：与每个路由器直接相连的网络均参与其 RIP v2 的更新 路由器 RouterA 参与更新的网络有：192.168.211.0/24 与 192.168.201.0/30 路由器 RouterB 参与更新的网络有：192.168.221.0/24 与 192.168.201.0/30、172.16.1.0/30 路由器 RouterC 参与更新的网络有：192.168.222.0/24、172.16.11.0/24 与 172.16.12.0/24、172.16.1.0/30
路由的测试	通过主机测试 通过路由器测试	使用 ping、tracert 工具 使用 ping、扩展 ping 和 traceroute 工具

4.3.5 实验内容与操作要点

按照 4.2 节中图 4-4 及本节中的图 4-6 分别完成网络环境的搭建。

1. 路由器的基本配置

根据前面所做的规划，根据配置 RIP v1 和 RIP v2 的需要，分别完成各路由器的主机名和接口配置等，并保存。注意两个拓扑图中的 DCE 端口标识并配时钟频率。如果有配置上的问题请参考 4.2 节。下面仅给出图 4-6 中的环回接口的配置。

```
RouterC (config) # interface loopback0                （进入环回接口 0 的接口模式）
RouterC (config-if) # ip address 172.16.11.1 255.255.255.0（配置环回接口）
//0 的 IP 地址为 172.16.11.1/24
RouterC (config-if) # no shutdown                  （激活环回接口 0）
RouterC (config) # interface loopback1                （进入环回接口 1 的接口模式）
RouterC (config-if) # ip address 172.16.12.1 255.255.255.0（配置环回接口）
//1 的 IP 地址为 172.16.12.1/24
RouterC (config-if) # no shutdown                  （激活环回接口 1）
```

2．清空路由表

同 4.2 节。

3．配置 RIP v1

```
RouterA (config)# router rip          （默认为 RIP v1）
RouterA (config-router)# network 192.168.211.0
RouterA (config-router)# network 192.168.201.0
RouterA (config)# end                   （直接返回特权模式）
RouterA # show ip route
RouterA # write memory  或 Copy running-config startup-config        （保存配置）
RouterB (config)# router rip
RouterB (config-router)# network 192.168.221.0
RouterB (config-router)# network 192.168.201.0
RouterB (config)# end                   （直接返回特权模式）
RouterB # show ip route
RouterB # write memory  或 Copy running-config startup-config        （保存配置）
```

配置后可进行测试，方法同 4.2 节，不再重复。

4．配置 RIP v2

在配置前要先清空路由表。

在路由器 RouterA 上完成 RIP v2 的配置。

```
RouterA (config)# router rip
RouterA (config-router)# network 192.168.211.0
RouterA (config-router)# network 192.168.201.0
RouterA (config-router)# version 2
RouterA (config)# end                                          （直接返回特权模式）
RouterA # show ip route
RouterA # write memory  或 Copy running-config startup-config        （保存配置）
```

在路由器 RouterB 上完成 RIP v2 的配置。

```
RouterB (config)# router rip
RouterB (config-router)# network 192.168.221.0
RouterB (config-router)# network 192.168.201.0
RouterB (config-router)# network 172.16.1.0
RouterB (config-router)# version 2
RouterB (config)# end                                          （直接返回特权模式）
RouterB # show ip route
RouterB # write memory  或 Copy running-config startup-config        （保存配置）
```

在路由器 RouterC 上完成 RIP v2 的配置。

```
RouterC (config)# router rip
RouterC (config-router)# network 192.168.222.0
RouterC (config-router)# network 172.16.11.0
RouterC (config-router)# network 172.16.12.0
```

```
RouterC (config-router)# network 172.16.1.0
RouterC (config-router)# version 2
RouterC (config)# end                                          （直接返回特权模式）
RouterC # show ip route
RouterC # write memory  或 Copy running-config startup-config     （保存配置）
```

配置后可进行测试，方法同 4.2 节，不再重复。

可用 debug 命令观察路由器接收和发送路由更新的情况。

4.3.6 拓展实验

某学校的网络拓扑结构及 IP 地址的分配如图 4-7 所示，校本部有较多的互连网段，本部路由器与分部路由器使用串行接口相连，校本部因主机规模达到近 1000 台，使用了 4 个连续的 C 类地址。关于该校园网络的路由要求说明如下。

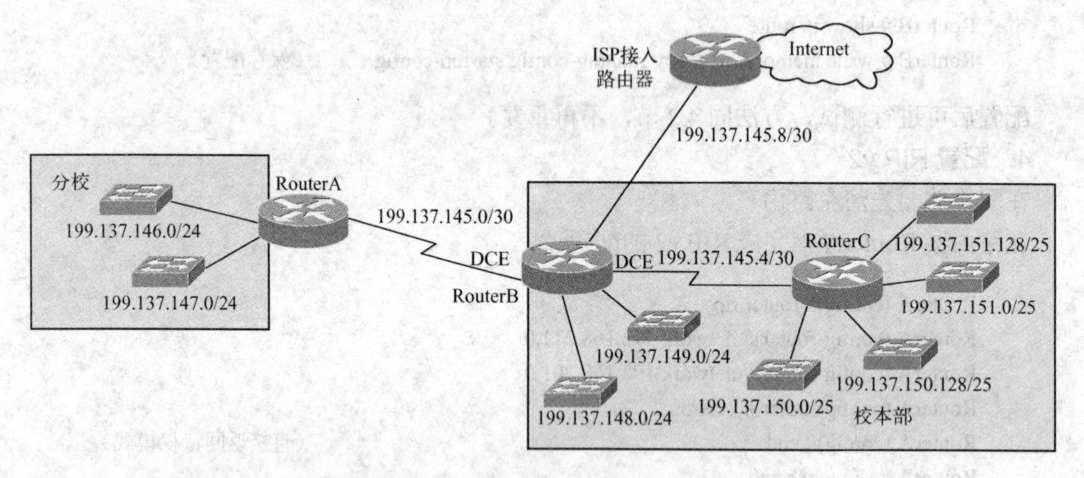

图 4-7 “RIP v2 的配置”拓展实验的网络拓扑

1）在学校内部，使用动态路由协议交换路由信息实现学校内部网段之间的选择，并尽可能将路由汇总，以减少路由表表项的大小。

2）学校内部的主机需要具有到 Internet 的连通性。

设计一个基于 RIP v2 协议的路由配置方案，并分析方案的可行性，包括网络的连通性、路由表中的路由条目能否在数量上达到最小化等，并就所存在的问题提出相应的解决方案。

4.3.7 实验思考题

1）RIP v1 不支持 VLSM，如何设计一种具体的实验方法来验证该结论？

2）如何观察 RIP v2 更新过程是否带子网掩码？

4.4 OSPF 动态路由配置

20 世纪 80 年代，RIP 已不适应大规模异构网络的互连，开放最短路径优先（OSPF）协议随之产生。

4.4.1 实验目的

理解链路状态路由协议与距离矢量路由协议的异同；掌握 OSPF 的基本特点；掌握单域 OSPF 的规划、配置、测试。

4.4.2 项目背景

随着工作经验与项目经历的逐渐积累，作为网络管理人员，会发现 RIP v2 在小规模网络中可以运行得非常好，但随着网络的互连规模逐步增大，会越来越明显地感觉到使用 RIP v2 所带来的一系列问题：RIP v2 所支持的最大跳数为 15 跳，当网络的规模达到一定程度，从源端到目的端超过 15 跳时，RIP 不能为其提供有效的路由信息；作为距离矢量路由协议，RIP 周期性地将路由信息传递给邻居路由设备，当网络规模很大时，容易形成环路，路由收敛较慢，且其带宽浪费尤为严重。基于链路状态的路由协议 OSPF 可供在大规模的网络中使用，克服 RIP v2 所带来的一些问题。

4.4.3 实验原理

内部网关协议按照路由算法的不同分为链路状态路由协议和距离矢量路由协议。距离矢量路由协议的典型例子为 RIP，链路状态路由协议的典型例子为 OSPF。链路状态是指路由器接口、链路和邻居的状态，例如包括接口的地址、网络类型、“Up”状态和“DOWN”状态等。链路状态路由协议和距离矢量路由协议的主要区别见表 4-9。

表 4-9 链路状态路由协议与距离矢量路由协议的比较

协议分类	协议举例	协议特征
距离矢量路由协议	RIP v1 和 RIP v2	周期性地把整个路由表复制到邻居路由器 RIP v1 和 RIP v2 使用跳数作为路径选择的基本评价因子 从网络邻居的角度观察网络拓扑结构 收敛慢 易形成路由环 容易配置和管理 需耗费大量的带宽
链路状态路由协议	OSPF 和 IS-IS	使用最短路径优先算法 采用事件触发来更新 只把链路状态路由选择的更新传送到其他路由器上 有整个网络的拓扑结构图 收敛速度快 不易形成路由环 较难配置 比距离矢量路由协议需要更多的内存和处理能力

OSPF（Open Shortest Path First）是一种基于开放标准的链路状态路由选择协议，采用链路状态路由选择算法，每个 OSPF 路由器使用 HELLO 协议识别邻居路由器并与邻居路由器建立通信关系，并通过泛洪的方式将它们自己的链路状态和接收的链路状态信息告知同一区域中其他的 OSPF 路由器，当位于同一区域的 OSPF 路由器具有了完整的链路状态数据库，即得到一张统一的网络拓扑图后，每个 OSPF 路由器即以本地路由器为根，采用最短路径优先（Shortest Path First，SPF）算法计算到每个目的网络的最短路径，然后根据 SPF 树，使用通向每个网络的最佳路径填充 IP 路由表。

与 RIP 不同，OSPF 将一个自治域再划分为区，相应地即有两种类型的路由选择方式：当源和目的地在同一区时，采用区内路由选择；当源和目的地在不同区时，采用区间路由选择。这就大大减少了网络开销，并增加了网络的稳定性。当一个区内的路由器出了故障时，并不影响自治区域内其他区域路由器的正常工作，这也给网络的管理、维护带来了方便。

就可扩展性而言，一方面 OSPF 对网络中的路由器个数（跳数）在理论上没有任何限制；另一方面，在大型网络中部署 OSPF 路由协议时可采用多区域的网络设计原则，即将自治系统划分为若干个相对独立的区域（Area），其中一个区域为骨干区域（Backbone），一般称为区域 0，其他区域为非骨干区域，非骨干区域与骨干区域相连以交换自治系统内部的路由。每个区域边界路由器则运行多个 OSPF 协议的基本算法，每个算法对应一个相连的区域并得到这个区域的内部路由，并通过骨干区域将路由传入其他区域，最终得到整个自治系统的路由。图 4-8 给出了单域 OSPF 与多域 OSPF 的示意图。多区域的实施使得 OSPF 大大简化了路由表的计算，减少了路由选择的开销，加快了收敛速度。

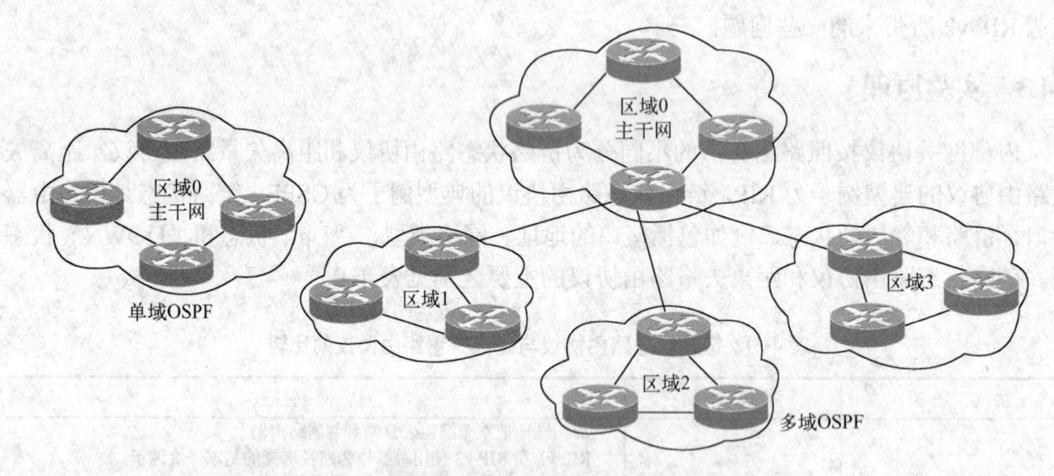

图 4-8　单域 OSPF 与多域 OSPF 的示意图

OSPF 的配置采用的是通配符掩码。通配符掩码是子网掩码的反码，与 IP 地址成对使用，与子网掩码类似，也是 32bit 位长度，用点分十进制表示。但与子网掩码不同的是，通配符掩码用来说明 IP 地址中的相应位是否需要被检查与匹配，通配符掩码中的“1”表示所对应的 IP 地址相应位不需要被匹配，而“0”表示所对应的 IP 地址相应位需要被匹配。例如，通配符掩码“0.255.255.255”表示相应地址中的前 8 位需要匹配，后 24 位不需要。表 4-10 给出更多通配符掩码的示例。

表 4-10　通配符掩码的示例

测 试 条 件	IP 地址	通 配 掩 码
10.0.0.0/8	10.0.0.0	0.255.255.255
172.20.11.0/12	172.16.0.0	0.15.255.255
172.10.0.0/16	172.10.0.0	0.0.255.255
192.168.10.0/24	192.168.10.0	0.0.0.255
192.168.11.0/22	192.168.8.0	0.0.3.255
192.168.11.4/30	192.168.11.4	0.0.0.3

4.4.4 实验任务与规划

1．实验任务

在如 4.3 节的图 4-6 所示的网络拓扑中，采用单域 OSPF 进行配置，使得该网络中的所有网段之间能够互相通信。任务分解见表 4-11。

表 4-11 “OSPF 动态路由配置”的任务分解

任务分解	任务描述
路由器的基本配置	配置路由器的主机名、接口等
IP 地址的分配	为每个网段分配 IP 网络号、主机的 IP 地址和子网掩码等信息
OSPF 路由的规划与配置	指定每个路由器上参与 OSPF 路由更新的接口
路由的测试	测试方法、测试源和测试目的地

2．规划与准备

在预习阶段，要求学生根据表 4-11 的任务分解，进行相关的准备并完成物理环境的搭建、路由器的基本配置等相应的规划工作。表 4-12 给出了一种参考规划，学生可以自己提出合适的规划。

表 4-12 “OSPF 动态路由配置”的相关规划

规划内容	规划要点	参考建议
物理环境的搭建	线缆的选择，网络设备型号、网络设备数以及网络设备之间的物理连接的设置	略
路由器与主机的基本配置	路由器主机名、接口 IP 地址等，PC 的 IP 地址等 IP 属性	略
OSPF 的配置	参与 OSPF 更新的接口	提示：与每个路由器直接相连的网络均参与 OSPF 的路由更新 路由器 RouterA 参与更新的网络有：192.168.211.0/24 与 192.168.201.0/30 路由器 RouterB 参与更新的网络有：192.168.221.0/24 与 192.168.201.0/30、172.16.1.0/30 路由器 RouterC 参与更新的网络有：192.168.222.0/24、172.16.11.0/24 与 172.16.12.0/24、172.16.1.0/30
路由的测试	通过主机测试 通过路由器测试	使用 ping、tracert 工具 使用 ping、扩展 ping 和 traceroute 工具

4.4.5 实验内容与操作要点

按照 4.3 节中图 4-6 完成网络环境的搭建。

1．路由器的基本配置

根据前面所做的规划，完成各路由器的主机名和接口配置等，并保存所做的配置。

2．清空路由表

按照 4.2 节所述的方法清空路由器表。

3．配置 OSPF

在路由器 RouterA 上完成 OSPF 的配置。

```
RouterA (config)# router ospf 1              （启动 OSPF，进程号为 1）
RouterA (config-router)# network 192.168.211.0   0.0.0.255
（网络 192.168.211.0/24 参与 OSPF 路由更新）
RouterA (config-router)# network 192.168.201.0   0.0.0.3
（网络 192.168.201.0/30 参与 OSPF 路由更新）
RouterA (config)# end                        （直接返回特权模式）
RouterA # show ip ospf interface 1/1         （查看接口 F1/1 上 OSPF 的运行情况）
RouterA # show ip interface brief            （查看路由器接口的简要运行情况）
RouterA # show ip route                      （查看路由器的路由表）
RouterA # write memory 或 Copy running-config startup-config    （保存配置）
```

在路由器 RouterB 上完成 OSPF 的配置。

```
RouterB (config)# router ospf 1              （启动 OSPF，进程号为 1）
RouterB (config-router)# network 192.168.221.0   0.0.0.255
（网络 192.168.221.0/24 参与 OSPF 路由更新）
RouterB (config-router)# network 192.168.201.0   0.0.0.3
（网络 192.168.201.0/30 参与 OSPF 路由更新）
RouterB (config-router)# network 172.16.1.0   0.0.0.3
（网络 172.16.1.0/30 参与 OSPF 路由更新）
RouterB (config)# end                        （直接返回特权模式）
RouterB # show ip ospf interface 1/1         （查看接口 F1/1 上 OSPF 的运行情况）
RouterB # show ip interface brief            （查看路由器接口的简要运行情况）
RouterB # show ip route                      （查看路由器的路由表）
RouterB # write memory 或 Copy running-config startup-config    （保存配置）
```

在路由器 RouterC 上完成 OSPF 的配置。

```
RouterC (config)# router ospf 1              （启动 OSPF，进程号为 1）
RouterC (config-router)# network 192.168.222.0   0.0.0.255
（网络 192.168.222.0/24 参与 OSPF 路由更新）
RouterC (config-router)# network 172.16.11.0   0.0.0.255
（网络 172.16.11.0/24 参与 OSPF 路由更新）
RouterC (config-router)# network 172.16.12.0   0.0.0.255
（网络 172.16.12.0/24 参与 OSPF 路由更新）
RouterC (config-router)# network 172.16.1.0   0.0.0.3
（网络 172.16.1.0/30 参与 OSPF 路由更新）
RouterC (config)# end                        （直接返回特权模式）
RouterC # show ip ospf interface 1/1         （查看接口 F1/1 上 OSPF 的运行情况）
RouterC # show ip interface brief            （查看路由器接口的简要运行情况）
RouterC # show ip route                      （查看路由器的路由表）
RouterC # write memory 或 Copy running-config startup-config    （保存配置）
RouterA # show ip ospf neighbor
（显示已知的 OSPF 邻居，包括它们的路由器 ID、接口地址和毗邻状态）
RouterB # show ip ospf neighbor
```

（显示已知的 OSPF 邻居，包括它们的路由器 ID、接口地址和毗邻状态）

RouterC # show ip ospf neighbor

（显示已知的 OSPF 邻居，包括它们的路由器 ID、接口地址和毗邻状态）

配置后可进行测试，PC 的配置、连通性的测试方法同 4.2 节，不再重复。

可用 debug 命令观察路由器接收和发送路由更新的情况。

4.4.6 拓展实验

某学校网络及 IP 规划如 4.3 节中的图 4-7 所示，按以下要求完成路由的规划与配置。

1）在学校总部，采用 OSPF 实现动态路由。

2）在学校总部的边界路由器为分校的网络进行选路时，采用汇总的静态路由。

3）在分校路由器 RouterA 上到所有间接网络采用默认路由。

4）在学校总部的边界路由器将到 Internet 的默认路由重发布到 OSPF 中，实现该默认路由在学校网络中的传递。

4.4.7 实验思考题

1）在配置 OSPF 时，如果想让当前路由器的所有接口均参与 OSPF 的更新，可否通过一条命令来实现？

2）在点到点网络中，是否需要进行 DR 与 BDR 的选举？为什么？

4.5 综合案例设计——园区网的路由设计

本实验为综合设计实验，目的是通过分析项目背景，进行需求分析，运用所学的计算机网络知识、路由器及路由配置的知识和技能，设计园区网的路由方案，进行综合配置和测试，并进行分析和总结。

4.5.1 实验目的

使学生具有综合利用静态路由、默认路由、动态路由进行路由设计的能力，掌握路由设计的方法与流程，理解多重路由环境下路由选择的依据与方法，理解静态路由在动态路由环境中信息的传播。

4.5.2 案例描述

由于企业信息化及电子商务的需求，旭日创新公司现需要将其所属的所有分公司互连成一个企业的内部网，该公司的总部位于 A 城，分公司 1 位于 B 城，分公司 2 位于 C 城，总部与分公司 1、分公司 2 均通过租用电信的光纤直接相连，企业内部网络通过总部的一个 Internet 出口与外部网络相连，其参考网络拓扑如图 4-9 所示。

路由器 Router_S 为总部的边界路由器，路由器 Router_S 是提供 Internet 接入服务的服务提供商的接入路由器；企业内部的 IP 规划及 ISP 所提供的 IP 资源均已标注在图中。请设计一个恰当的路由方案，并付诸实施。

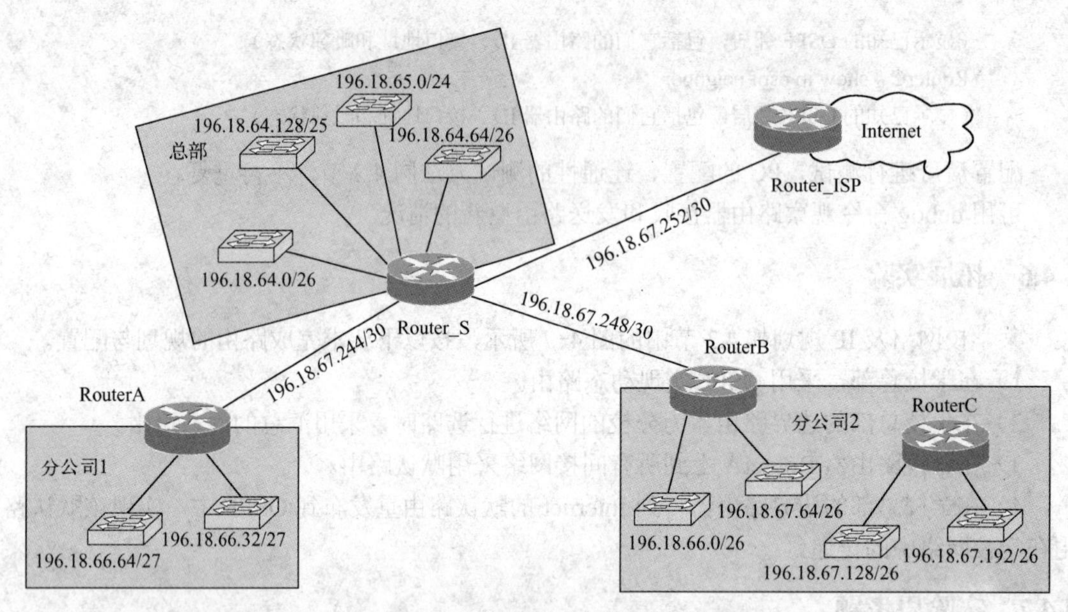

图 4-9　园区网络路由设计拓扑结构

4.5.3　实验原理

1．多重路由环境

当路由器上有多于一个的路由协议在运行或者静态路由与动态路由同时运行时，该路由器上相应的路由环境就成了多重路由环境，也就是说，不同的路由协议给出的到达同一目标的最佳路径信息可能会不一致。那么路由器如何进行选择呢？在这种情况下，关于到达目标网络的最佳路径将依据路由协议的管理距离进行选择，具有较低管理距离值的路由协议具有较高的优先级。

在实际的网络应用中，通常面临的是多重路由环境。

2．路由协议的管理距离

路由协议的管理距离（Administrative Distance）是用于衡量路由可信度的一个量，其取值范围为 0～255 的正整数。管理距离值越小，表示路由信息的可信度越高。表 4-13 列出了锐捷路由器上关于常见路由协议的默认管理距离值。其他品牌的路由器可能略有些差别，请查阅使用说明书。

表 4-13　常见路由协议的默认管理距离值

路 由 来 源	管 理 距 离	路 由 来 源	管 理 距 离
直接相连的端口	0	OSPF	110
指向端口的静态路由	0	IS-IS	115
指向下一跳的静态路由	1	RIP v1、v2	120
External BGP	20	Internal BGP	200

4.5.4　设计目标与要求

根据本章前面介绍的路由与路由配置知识来为该网络设计路由解决方案。在满足园区网内部所有的网络彼此能相互通信，并且园区网内部所有的主机都可以访问外面的 Internet 的前提下，所设计的路由方案要充分考虑到尽量减小路由表的表项大小。

为保证所设计方案的有效性与可行性，在方案设计出来之后，要求先在仿真环境中配置实施，进行修改完善后到实验室环境中进行路由模拟测试，在进行模拟测试时，同一IP逻辑子网可只采用两台主机。

4.5.5 设计与规划内容

1．路由需求分析

根据参考网络拓扑图进行路由需求分析，必要时先进行调查。

2．路由方案的设计

根据路由需求分析结果，确定路由设计的路线与框架，并做出如下决定。

1）采用单路由环境还是多重路由环境？

2）如果使用单路由环境，是使用静态路由还是某一动态路由协议？

3）如果采用多重路由环境，应该如何选择，是否需要用到静态路由或默认路由，选择哪种动态路由协议？

4）在多重路由环境下，如果联合使用静态路由、默认路由和动态路由协议，要面对静态路由、默认路由在动态路由中信息传播的问题，如何规划路由重定向？

3．详细路由配置方案的生成

根据上面所确定的路由设计路线，结合网络拓扑结构及IP地址的分配给出详细的路由配置方案，包括每个路由器上的接口配置、路由配置，主机上的默认网关设置等内容。

4．路由测试方案的生成

详见3.7.5节所述。

4.5.6 设计的有效性与可行性验证

在路由设计方案完成后，必须到实验室进行模拟测试。在进入实验室之前，学生应提供详细的技术设计文档，该文档包括网络拓扑图、路由设计与配置方案、路由测试方案和路由模拟实施方案。在路由模拟实施方案中，必须明示实验室需要提供的支撑条件，如设备与材料、使用时间等。

根据方案的有效性与可行性论证结果，对原有的设计方案进行必要的修改，并编写相应的可行性论证报告。

4.5.7 设计思考与探讨

作为一个具有良好专业素质的网络工程师，在对上述诸项工作完成之后，工作还没有真正完成，还必须对该项目的设计与实施分析得失，并以书面总结报告的形式或工作日志方式记录下在该工作过程中的经验、心得与体会，包括技术设计、实施管理、团队合作以及和相关人员沟通与协调方面的相关内容；还可以记录下项目设计或实施中尚未解决或有待进一步探讨的问题或困难。这样的书面总结对于提高专业水平与专业素养是非常有帮助的。

第5章　网络服务综合实践

计算机网络的巨大成功与其提供的丰富多彩的网络服务密不可分。用户通过各种网络设备和链路，访问网络服务器，获取信息。网络中的许多功能，如域名解析、自动分配IP地址、Web服务、电子邮件及网络管理等，都是由网络服务器提供的。网络运营商和内容提供商则通过网络服务器向用户提供资源。

本章将探讨计算机网络中典型服务器的设计与配置及测试，以高校校园网应用为项目背景，以Windows Server 2003操作系统为平台，系统地介绍这些服务器的设计、配置需求、安装、配置和应用方法等。通过探讨和实验，读者可以深入理解网络协议运行原理，达到网络服务综合实践的目的。

5.1　DNS服务器的规划与配置

DNS（Domain Name System）是现代计算机网络中应用最为广泛的一种名称解析服务，无论是Internet还是Intranet都在广泛使用。DNS一般需要建立在相应的操作系统平台上，为基于TCP/IP的客户端提供名称解析服务。DNS服务器是DNS域名系统的重要组成部分，DNS服务器的配置和维护是网络管理员的主要任务之一。

5.1.1　实验目的

能够根据实际的网络项目需求规划DNS域名空间，掌握在Windows Server 2003下DNS的安装和配置方法，掌握资源记录的规则和创建方法，了解虚拟主机技术，加深对DNS工作原理和过程的理解。

5.1.2　项目背景

以高校校园网的应用作为项目背景，高校的校园网需要提供丰富的网络应用，需要架设自身的DNS服务器（一台主DNS服务器，一台辅助DNS服务器），为校内的各种Web服务、FTP服务和电子邮件服务等提供域名解析。同时，对校园网外的非本地域名提供DNS转发器服务。

作为网络管理员，应该如何全面规划与部署高校的DNS服务？

5.1.3　实验原理

DNS是一种协议和服务，它允许用户在查找网络资源时使用层次化的、对用户友好的、符合人们记忆习惯的名称，并且需要把该名称转化为网络能够识别的IP地址。当DNS客户端向DNS服务器发出IP地址的查询请求时，DNS服务器可以从其数据库内寻找所需要的IP地址给DNS客户端。这种由DNS服务器在其数据库找出客户端IP地址的过程叫做“主机名称解析”。该系统已广泛地应用到Internet和Intranet中，如果在Internet或Intranet中使用

Web 浏览器、FTP 或 Telnet 等基于 TCP/IP 的应用程序时，就需要使用 DNS 的功能。简单地讲，DNS 协议的最基本的功能是在主机域名与对应的 IP 地址之间建立映射关系。例如，中央电视台网站（.cn）的 IP 地址是 202.108.8.82，但是几乎所有浏览该网站的用户都是使用 www.cctv.cn，而不是直接使用 IP 地址来访问，事实是绝大部分用户都不知道该网站的 IP 地址。

DNS 的工作任务是在计算机主机名与 IP 地址之间进行映射。DNS 工作于 OSI 参考模型的应用层，使用 TCP 和 UDP 作为传输协议。在实际过程中，每个 DNS 服务器往往又是另一个 DNS 客户端，它对于自己不能解析的名称也要向上级 DNS 服务器发出查询请求。所以，要解析一个主机名称，经常要经过多个 DNS 服务器的查询和反馈过程。

整个 DNS 的结构是一个类似如图 5-1 所示的分层次树状结构，该结构称为“DNS 域名空间”。其中，位于树状结构最上层的是 DNS 域名空间的根（Root），Root 一般用点号“.”来表示。目前 Root 由一些国际大公司来管理（如 Internet Network Information Center，InterNIC），由多台计算机组成的 DNS 群来负责全球范围内的 DNS 解析。

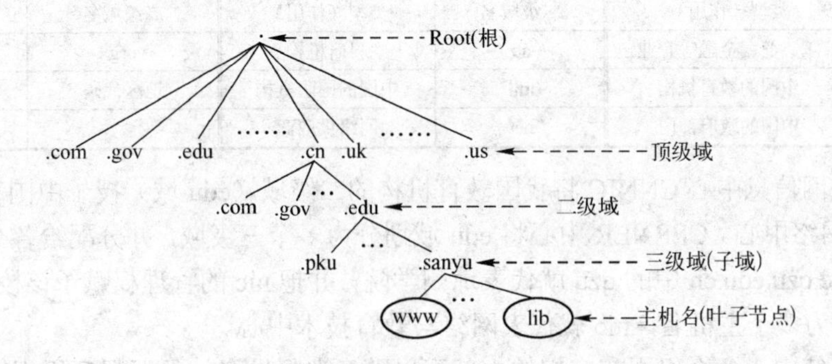

图 5-1　DNS 层次型域名空间树状结构示意图

为保证主机名的通用性，只要保证同层的名字不冲突就行了，不同层的对象取相同的名字是完全可以的。这样，上层不必越级关心下层的命名情况，下层名字的变化也不会反过来影响上层的正常状态。

域的划分通常采用两种模式：组织模式与地理模式，由此划分出了 200 多个顶级域，分别归属于通用域和国家域。顶级域名如表 5-1 所示。

表 5-1 顶级域名分配

顶 级 域 名	类型（作用）	顶 级 域 名	类型（作用）	顶 级 域 名	类型（作用）
com	商业组织	int	国际组织	org	非赢利组织
edu	教育组织	mil	军事部门	aero	航空业
gov	政府部门	net	网络供应商	国家代码	各个国家

美国是 Internet 的发源地，所以美国的顶级域名按照组织模式划分，常用的通用域有：com（商业组织）、edu（教育组织）、gov（美国联邦政府）、int（国际性组织）、org（非赢利性组织）和 aero（航空业）等。其他国家或者地区，它们的顶级域名是以地理模式划分的，每个国家均有一个国家域，如 cn 代表中国，jp 代表日本，uk 代表英国，us 代表美国等。

中国互联网信息中心（CNNIC）负责管理我国的顶级域，设置“类别域名”和“行政区域名”两类英文二级域名，域名与类型如表 5-2 所示。设置“行政区域名”34 个，适用于我国的各省、自治区、直辖市、特别行政区的组织。例如，BJ—北京市；SH—上海市；TJ—天津市；HI—海南省；HK—香港特别行政区；MO—澳门特别行政区等。

只要一个组织拥有一个域的管理权，它就可以根据需要进一步划分层次，尤其是规模较大的公司和校园。例如琼州学院，就必须选择多层结构才能满足本域的网络规模。Internet的树状层次结构的命名方法，使得任何一个连接到Internet的主机都有一个唯一的网络名称。主机域名的排列原则是主机名（即叶子节点）在左边，最高域在右边。主机域名的格式一般如：主机名.三级域名.二级域名.顶级域名，例如www.qzu.edu.cn。三级及以下域名都被称为子域，通常由已登记注册的二级域名的单位来创建和指派。该单位可以在申请到的域名下面添加子域（Subdomain），子域下面还可以划分任意多个低层子域。这些子域的名称被称为"本地名"。例如qzu.edu.cn是由edu.cn指派的。

表5-2 二级级域名分配

二级域名	类型（作用）	二级域名	类型（作用）	二级域名	类型（作用）
com	工、商、金融等企业	ac	科研机构	org	非赢利组织
edu	中国的教育机构	mil	中国的国防机构	地区代码	各个地区
gov	中国的政府部门	net	网络供应商		

中国互联网信息中心CNNIC将我国教育机构的二级域（edu域）授予中国教育科研网，即CERNET网络中心。CERNER中心将edu域划分为多个三级域，并分配给各个高校和科研机构。域名nic.qzu.edu.cn中的qzu就代表琼州学院，并把nic的管理权赋予该校的网络中心，即将qzu域划为多个主机名，nic就代表网络与教育技术中心。

在域名系统中，各个组织在它们的内部可以随意选择域名，只要保证组织内部的唯一性即可，不必担心域名冲突。例如有个企业想命名为qzu，但由于其归属于com组织，所以其域名为qzu.com.cn，与qzu.edu.cn是完全独立的。

DNS 树中的叶子节点（叶子节点是指不能再创建其他节点的节点），它用来表示特定主机或资源的名称，在DNS服务器中它用于定位主机的IP地址。

"区域"就是一台 DNS 服务器实际提供的服务范围，是域名空间树状结构的一部分，将域名空间分为较小的区段，以方便管理。在该区域内的主机信息，存放在DNS服务器内的"区域文件"或活动目录数据库中。一台DNS服务器内可以存储一个或多个区域的信息，同时一个区域的信息也可以被存储到多台DNS服务器内。区域文件内的每一项信息被称为是一项"资源记录"。将一个DNS域划分为区域，并在每个区域中放置至少一台DNS服务器，这样有助于减轻DNS服务器的负荷。

虚拟主机是使用特殊的软硬件技术，把一台真实的物理计算机主机分割成多个逻辑存储单元，每个单元都没有物理实体，但是每一个物理单元都能像真实的物理主机一样在网络上工作，具有单独的域名、IP地址（或共享的IP地址）以及完整的Internet服务器功能。

虚拟主机的关键技术在于，即使在同一台硬件、同一个操作系统上，运行着为多个用户打开不同的服务器进程，但却互不干扰。而各个用户拥有自己的一部分系统资源（IP地址、文档存储空间、内存和CPU时间等）。虚拟主机之间完全独立，在外界看来，每一台虚拟主机和一台单独的主机的表现完全相同。所以这种被虚拟化的逻辑主机被形象地称为"虚拟主机"。

虚拟主机技术的出现，对Internet的发展做出重大贡献，是广大Internet用户的福音。由于多台虚拟主机共享一台真实主机的资源，每个用户承受的硬件费用、网络维护费用和通信线路的费用均大幅度降低，Internet 真正成为人人用得起的网络。现在，几乎所有的美国公司（包括一些家庭）均在网络上设立了自己的 Web 服务器，其中有相当一部分采用的是虚拟主机技术。

一台服务器上的不同虚拟主机是各自独立的，并由用户自行管理。但一台服务器主机只能够支持一定数量的虚拟主机，当超过这个数量时，用户将会感到性能急剧下降。

虚拟主机技术是互联网服务器采用的节省服务器硬件成本的技术，虚拟主机技术主要应用于 HTTP 服务，将一台服务器的某项或者全部服务内容逻辑划分为多个服务单位，对外表现为多个服务器，从而充分利用服务器硬件资源。如果划分是系统级别的，则称为虚拟服务器。

5.1.4 DNS 服务器的规划

根据各高校的实际情况进行需求分析，按需进行规划。一般的高校，架设两台 DNS 服务器（均设置 DNS 转发器服务），一台主 DNS 服务器，一台辅助 DNS 服务器；一台 Web 服务器，一台作为各二级部门的公用 Web 服务器，为需要的二级部门配置 Web 域名，图书馆单独架设 Web 服务器，一台 EMAIL 服务器，一台 FTP 服务器等其他相关的服务器。向 edu.cn 申请子域 sanyu（三级域名），规划自身的主机域名，其网络拓扑规划图如图 5-2 所示。

服务器群组单独设置一个 VLAN，单独的一段子网 IP 地址（根据服务器的数量确定 IP 地址的数量，实验中仅用私有 IP 地址表示，实际的网络组建时需从 ISP 处申请公网 IP 地址），其他的服务器均连接在图 5-2 中的子网中，在图中省略不画。IP 地址的规划如表 5-3 所示，子网掩码为 255.255.255.0。校内各种服务器主机域名规划如表 5-4 所示。

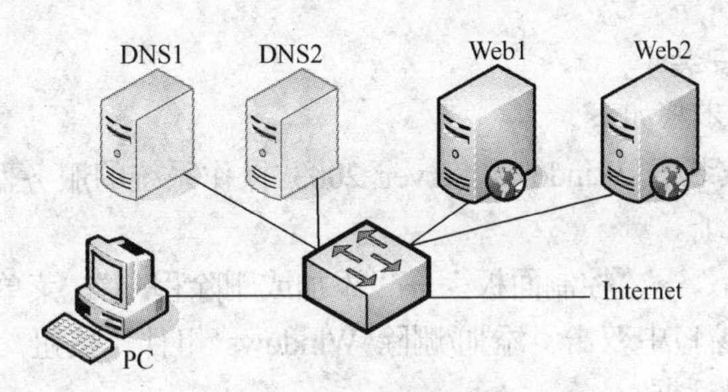

图 5-2 DNS 服务器规划拓扑图

表 5-3 服务器 IP 地址规划表

服务器名称	主 要 功 能	IP 地址
DNS1	主 DNS 服务器	192.168.6.81
DNS2	辅助 DNS 服务器	192.168.6.82
Web1	学校的 Web 服务器	192.168.6.83
Web2	各二级部门公用的 Web 服务器	192.168.6.84
LIB	图书馆的 Web 服务器	192.168.6.85
FTP1	资源共享 FTP 服务器	192.168.6.86
	……	

表 5-4 主机域名规划表

主 机 域 名	主 要 功 能	IP 地址
www.sanyu.edu.cn	学校的 Web 主页	192.168.6.83
dxg.sanyu.edu.cn	电子信息工程学院主页	192.168.6.84
lg.sanyu.edu.cn	理工学院主页	192.168.6.84
nic.sanyu.edu.cn	网络中心主页	192.168.6.84
lib.sanyu.edu.cn	图书馆的 Web 网站	192.168.6.85
ftp.sanyu.edu.cn	资源下载中心 FTP 服务器	192.168.6.86
jcc. sanyu.edu.cn	计划财务处	192.168.6.84
	……	

5.1.5 DNS 服务器配置需求和实验环境

配置 DNS 服务器，必须有正常的网络连接，还至少需要有两台安装 Windows Server 操作系统或 UNIX/Linux 系统的主机，VMware-Workstation-6.5.3 和 Windows Server 或 UNIX/Linux 安装软件。

进行实验时，每 3 名同学为 1 小组，在各自计算机中的 VMware-Workstation-6.5.3 下均安装两台虚拟机，在虚拟机中都安装 Windows Server 2003 企业版，这样相当于共有 6 台服务器和 2 台测试 PC，1 台配置为主 DNS 服务器，1 台配置为辅助 DNS 服务器，1 台为 Web 服务器 1，1 台为 Web 服务器 2，1 台图书馆服务器，1 台资源下载 FTP 服务器，这些服务器为后面进行 5.2 节、5.3 节中的实验做准备。每个小组的 PC 独立组成子网，互不干扰。

5.1.6 实验内容与操作要点

1. DNS 服务器的安装

DNS 服务器的安装步骤如下。

1）选择一台已经安装好 Windows Server 2003 操作系统的服务器，确认其已经安装了 TCP/IP，并设置了 IP 地址。

2）依次单击“开始”→“控制面板”→“添加或删除程序” 菜单项，便可打开“添加/删除程序”窗口，在该窗口中双击“添加/删除 Windows 组件”按钮，打开如图 5-3 所示的“Windows 组件向导”对话框。

3）在图 5-3 所示的“Windows 组件向导”对话框中，选择“网络服务”选项，单击“详细信息”按钮，打开如图 5-4 所示的对话框。

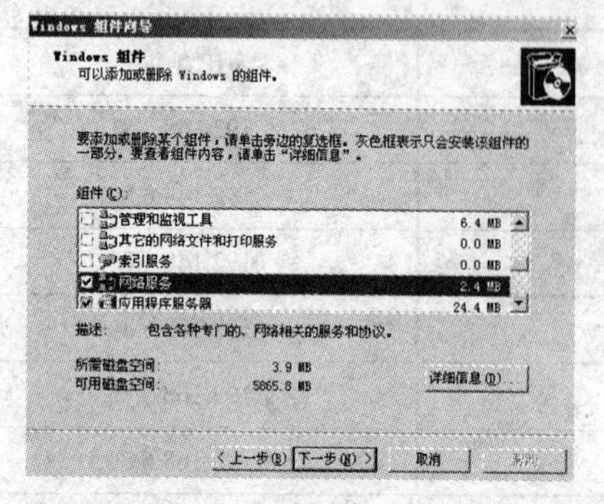

图 5-3 “Windows 组件向导”对话框

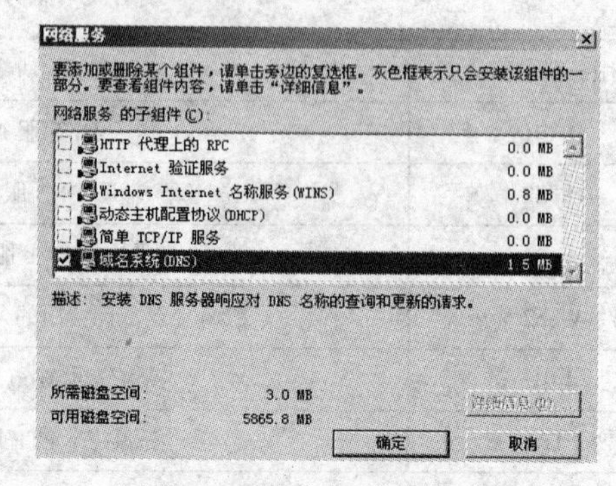

图 5-4 “网络服务”对话框

4）在图 5-4 所示的“网络服务”对话框中，选择“域名系统（DNS）”选项，单击“确定”按钮及“下一步”按钮，插入 Windows Server 2003 安装光盘，开始安装 DNS 系统文件，安装完成后，关闭“添加/删除程序”窗口。安装完成后，就会在“管理工具”下增加了“DNS”菜单项。

2．DNS 服务器的配置

DNS 服务器的配置步骤如下。

（1）启动 DNS 控制台

依次单击“开始”→“管理工具”→“DNS” 菜单项，启动如图 5-5 所示的“DNS 控制台” 窗口。通过控制台可实现对多个 DNS 服务器的管理，每个 DNS 服务器都可以管理多个区域，每个区域都可以管理若干个子域，子域可再管理其下面的子域或主机。

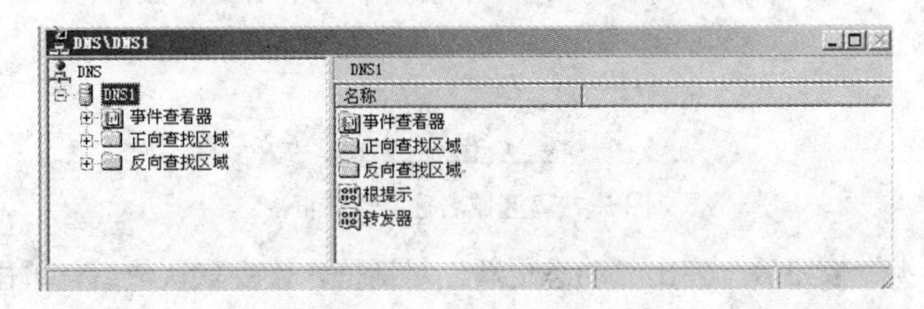

图 5-5　DNS 控制台窗口

（2）创建正向区域

在 DNS 控制台窗口中右击“正向查找区域”选项，在弹出的快捷菜单中，单击“新建区域…”菜单项，出现“新建区域向导”对话框，单击“下一步”按钮，打开如图 5-6 所示的“区域类型”对话框。

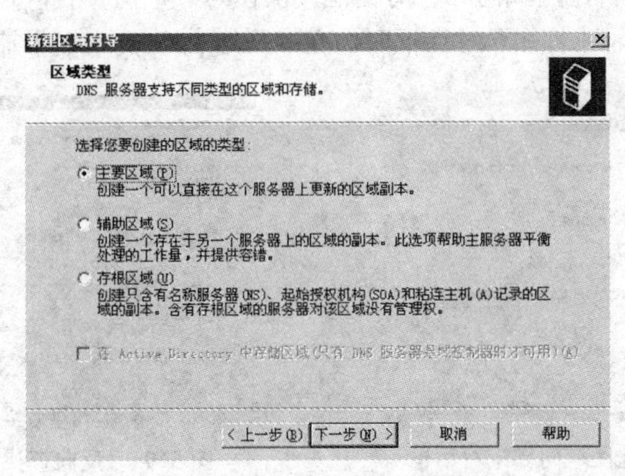

图 5-6 “区域类型”对话框

Windows Server 2003 的 DNS 服务器支持三种区域类型。

1）主要区域：该区域存放此区域内所有主机数据的正本，其区域文件采用标准 DNS 规格的一般文本文件。当 DNS 服务器内创建一个主要区域与区域文件后，这个 DNS 服务器就是该区域的主要名称服务器。

2）辅助区域：该区域存放区域内所有主机数据的副本，这份数据从其“主要区域”利用区域传递的方式复制过来，区域文件采用 DNS 规格的一般文本文件，只读不可修改。创建辅助区域的 DNS 服务器为辅助名称服务器。

3）存根区域：创建只含有名称服务器、起始授权机构和粘连主机记录的区域的副本。

本域名作为主域名服务器，选择“主要区域”，单击“下一步”按钮，打开如图 5-7 所示的“区域名称”对话框，输入区域名称“sanyu.edu.cn”后，单击“下一步”按钮，打开“区域文件”对话框，接受默认值。

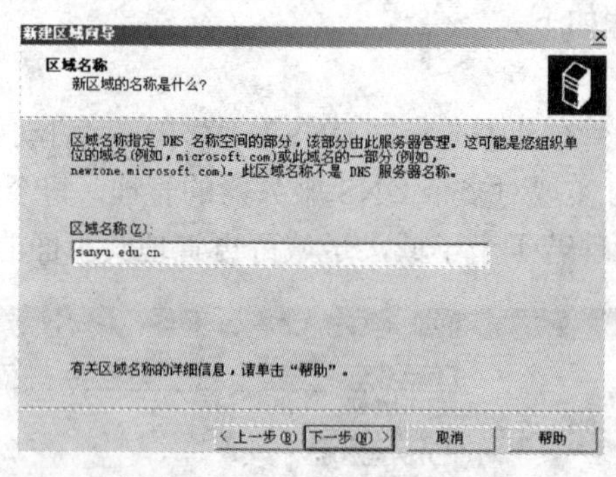

图 5-7 “区域名称”对话框

单击“下一步”按钮后，弹出“动态更新”对话框，接受默认值后，单击“下一步”按钮，弹出“正在完成新建区域向导”对话框，如图 5-8 所示。请核对对话框中的提示，如果不接受提示值，则单击“上一步”按钮，返回前面的对话框进行修改；否则单击“完成”按钮，完成“正向区域”的创建。

（3）创建反向区域

在 DNS 控制台窗口中右击“反向查找区域”选项，在弹出的快捷菜单中，单击“新建区域…”菜单项，出现“新建区域向导”对话框，操作与“正向查找区域”一样，当出现如图 5-9 所示的“反向查找区域名称”对话框时，在“网络 ID”文本框中输入对应的网络 ID。

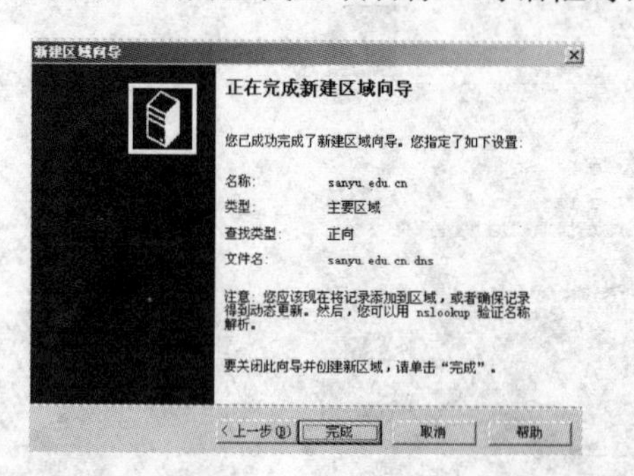

图 5-8 “正在完成新建区域向导”对话框

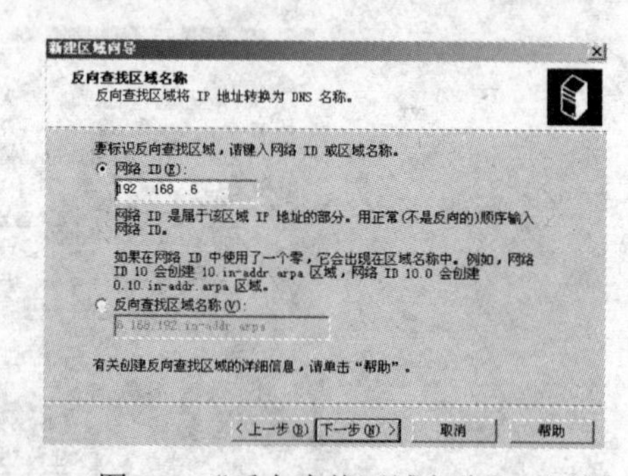

图 5-9 “反向查找区域名称”对话框

单击“下一步”按钮，打开如图 5-10 所示的“区域文件”对话框，接受默认值。接着按照向导单击“下一步”按钮，最后单击“完成”按钮，完成反向区域的创建。

说明：创建“正向查找区域”后，先建立“反向查找区域”，再建立正向查找区域中的“主机（A）”记录。这样，在反向查找区域中，与主机记录对应的指针记录就可以不用建立而自动生成。

经过上述一系列的操作后，完成了主 DNS 服务器的配置。可以在该 DNS 服务器创建所需的子域和主机域名。

（4）设置区域复制

DNS 提供了将域名空间分割成一个或多个区域的选项，可以将这些区域存储、分配和复制到其他 DNS 服务器中。标准的主区域在第一次创建时以文本形式存储，包含在单个 DNS 服务器中的所有资源记录信息。该服务器充当该区域的主服务器。区域信息可复制到其他 DNS 服务器中，以提高容错性能和服务器性能。

在 DNS 控制台窗口中右击区域名称“sanya.edu.cn”，在弹出的快捷菜单中，单击“属性”，打开 sanya.edu.cn 属性设置对话框，单击“区域复制”选项卡，设置有关选项，如图 5-11 所示，这里选择“只允许到下列服务器”选项，在 IP 地址文本框中输入辅助 DNS 服务器的 IP 地址，单击“添加”按钮。

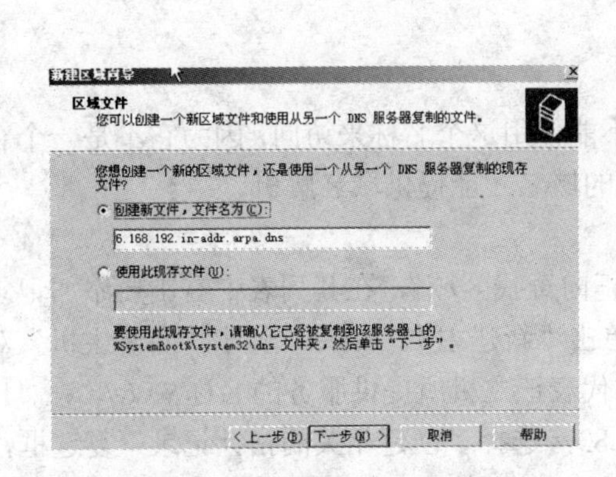

图 5-10 “区域文件”对话框

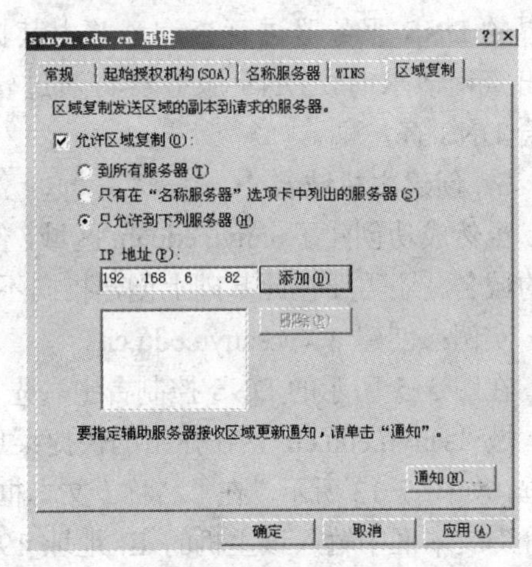

图 5-11 设置区域复制

3. 辅助 DNS 服务器的安装与配置

辅助 DNS 服务器的创建与主 DNS 服务器的创建类似，不同的是在图 5-6 所示的对话框中选择“辅助区域”，在如图 5-7 所示的区域名称对话框输入区域名称后，单击“下一步”按钮时，出现如图 5-12 所示的“主 DNS 服务器”对话框，在 IP 地址文本框中输入主 DNS 服务器的 IP 地址，输入后单击“添加”按钮，接着单击“下一步”按钮，弹出如图 5-8 所示的完成新建区域对话框，单击“完成”按钮即完成辅助 DNS 正向查找区域的创建。

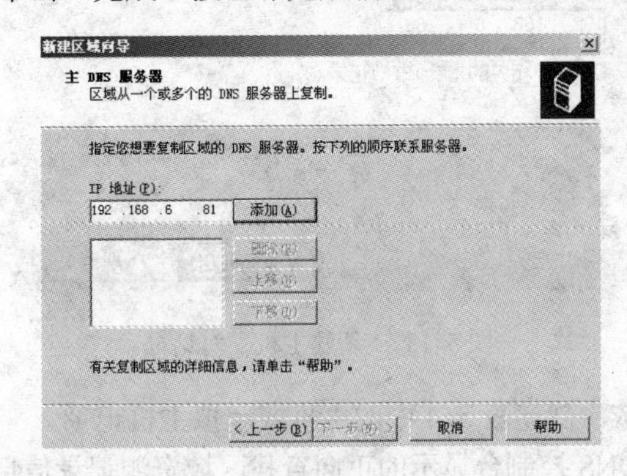

图 5-12 “主 DNS 服务器”对话框

按照同样的步骤创建辅助 DNS 服务器的反向查找区域。

4. 设置 DNS 转发器

局域网络中的DNS 服务器只能解析那些在本地域中添加的主机，而无法解析那些未知的域名。因此，如果要实现对 Internet 中所有域名的解析，就必须将本地无法解析的域名转发给其他域名服务器。被转发的域名服务器通常应当是 ISP 的域名服务器。

一般情况下，当 DNS 服务器在收到 DNS 客户端的查询请求后，它将在所管辖区域的数据库中寻找是否有该客户端的数据。如果该 DNS 服务器的区域数据库中没有该客户端的数据（即在 DNS 服务器所管辖的区域数据库中并没有该 DNS 客户端所查询的主机名）时，该 DNS 服务器需转向其他的 DNS 服务器进行查询。在实际应用中，以上这种现象经常发生。例如，当网络中的某台主机要与位于本网络外的主机通信时，就需要向外界的 DNS 服务器进行查询，并由其提供相应的数据。有了转发器后，当 DNS 客户端提出查询请求时，DNS 服务器将通过转发器从外界 DNS 服务器中获得数据，并将其提供给 DNS 客户端。

5. 创建主机域名

虽然成功创建了 sanyu.edu.cn 区域，但用户不能使用这个名称来访问，因为它不是一个合格的域名。还需要在此基础上创建指向不同主机的域名才能提供域名解析。

实例：创建 www.sanyu.edu.cn。

在图 5-5 所示的 DNS 控制台中，先展开“正向查找区域”，在其列表中右击要添加记录的区域“sanyu.edu.cn”，在弹出的快捷菜单中，单击“新建主机”命令，弹出“新建主机”对话框，如图 5-13 所示。在“名称”文本框中输入代表该主机所提供服务的名称 www，在“IP 地址”文本框中输入该主机的 IP 地址 192.168.6.83，选择“创建相关的指针记录”复选框，这样，反向查找区域中会自动生成一条相应的指针记录。单击“添加主机”按钮，则会提示已经成功创建了主机记录。单击“完成”按钮结束创建。

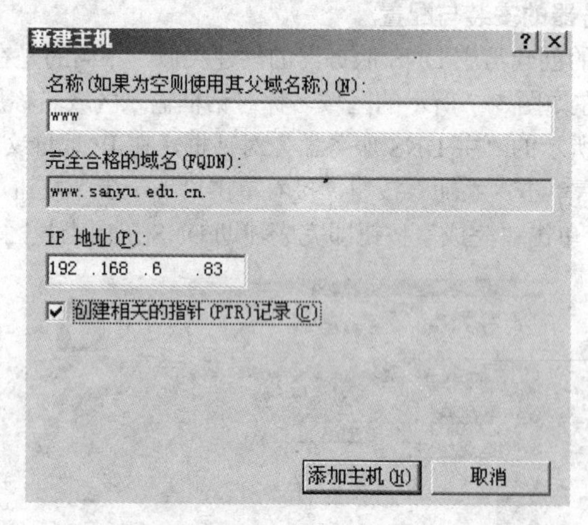

图 5-13 “新建主机”对话框

按照上述方法可以依次创建表 5-4 中的主机或虚拟主机记录。

经过上述配置后，DNS 控制台显示的正向查找区域资源记录信息如图 5-14 所示。

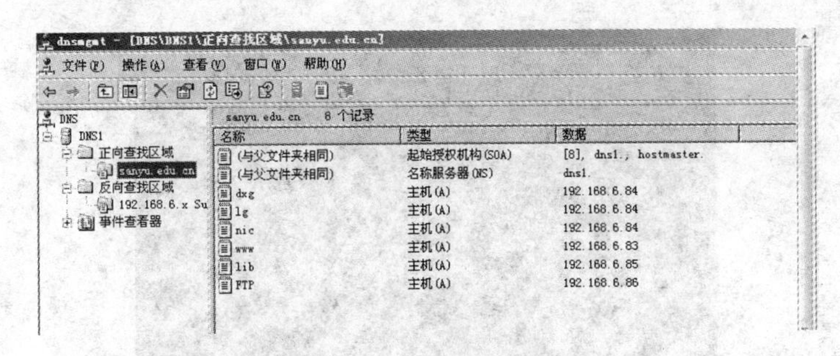

图 5-14 配置后的正向查找区域资源记录信息

DNS 控制台显示的反向查找区域资源记录信息如图 5-15 所示，主机记录对应的指针记录自动生成。

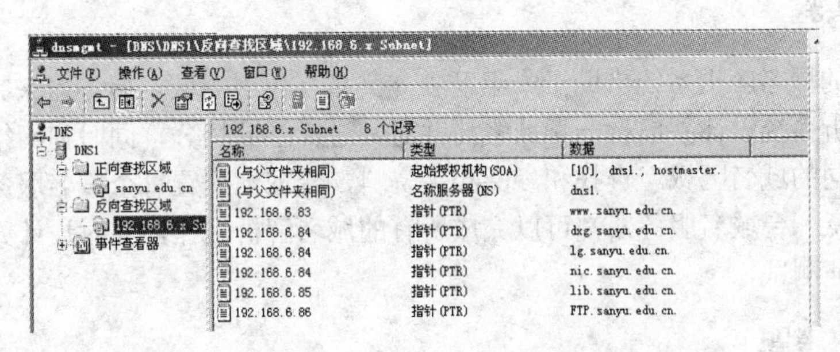

图 5-15 配置后的反向查找区域资源记录信息

6. 测试配置的 DNS 服务器

测试配置的 DNS 服务器可通过两种方式进行。一种是利用 ping 命令；另一种是利用 nslookup 命令。

利用 ping 命令测试配置的 DNS 服务器，将用于测试的 PC 的 TCP/IP 属性中的 DNS 服务器设置为本实验中配置的主 DNS 服务器和辅助 DNS 服务器。通过 ping 命令测试该 DNS 服务器管理的域名（如 www.sanyu.edu.cn）返回的显示结果，判断 DNS 服务器是否能够将该域名解析为正确的（如 192.168.6.83）。如果 DNS 服务器配置正确，同时主机 192.168.6.83 可正确地收发报文，则其结果将如图 5-16 所示。

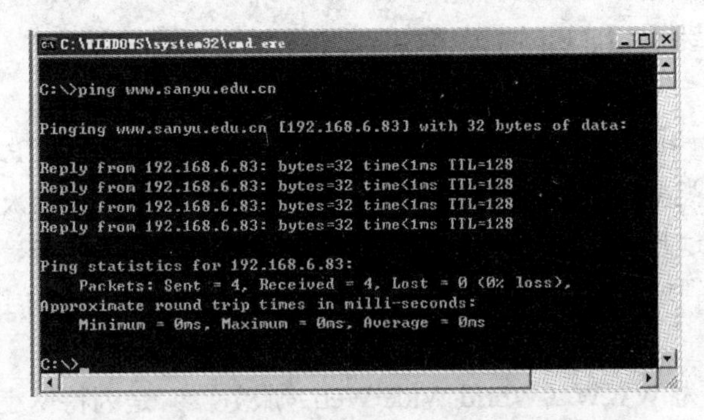

图 5-16 使用 ping 命令测试配置的 DNS 服务器

另一种测试 DNS 服务器有效性的方法是用 nslookup 命令，还是以测试 www.sanyu.edu.cn 为例，配置正确的话，其显示结果如图 5-17 所示。

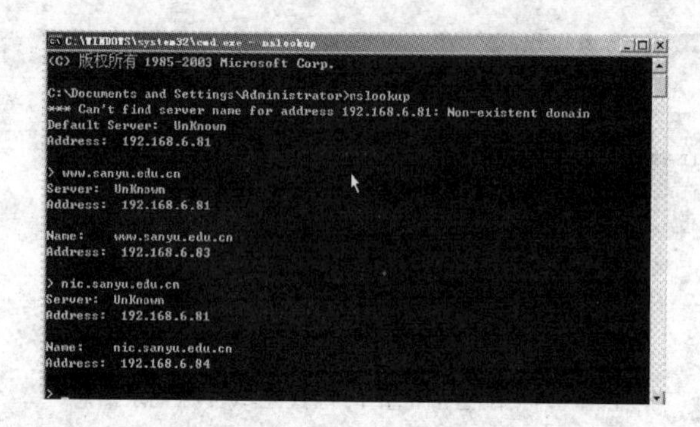

图 5-17　使用 nslookup 命令测试配置的 DNS 服务器

5.1.7　拓展实验

互联网上的域名解析系统借助于一组既独立又相互作用的域名服务器来完成。模拟互联网上的域名解析系统设计并虚构一颗域名树并对其进行区域划分，同时使网络中不同的域名服务器管理不同的域名区域。查找和参阅相关资料，合理地配置每个域名服务器，使网络中的主机指向任意一台域名服务器都可以完成所有的域名解析工作，并对设计方案的可行性和有效性进行验证测试。

5.1.8　实验思考题

1）如何测试 DNS 服务器设置是否正确？

2）简述 DNS 服务器中的主要记录类型。

3）什么是虚拟主机技术？基于主机名的虚拟主机技术是通过什么实现的？

4）什么是 DNS 系统中的转发器？它有什么作用？

5）Windows 2003 Server DNS 服务器将域名与 IP 地址的映射表存储在一个文本文件中（文件名在建立新区域时指定）。实际上，通过直接修改这个文件可以快速地建立、删除和修改其维护的资源记录。打开该文件，看是否能够明白其中的内容。同时，试着修改这个文件并在保存之后重新启动计算机，验证修改的内容是否已经生效。

5.2　Web 服务器的规划与配置

Web 是 TCP/IP 互联网上一个完全分布的信息系统，目前也是 TCP/IP 互联网上最方便和最受欢迎的信息服务类型，在互联网中占据着绝对的地位，也是目前发展最快和应用最广泛的服务。其影响力远远超出了专业技术的范畴，并且已经进入了广告、新闻、销售、电子商务与信息服务等诸多领域。配置和维护 Web 服务器是网络管理人员的主要任务之一，也是一项比较复杂的工作。

Web 服务器也称为 WWW（World Wide Web）服务器，是因特网上使用最多的服务，主要功能是实现信息发布、资料查询、信息（包括文本、图形、声音和视频等在内的多媒体信息）浏览服务和交互功能。访问 Web 站点既可以通过 IP 地址，也可以通过域名，但在实际应用中多使用后者。

目前，提供服务器端 Web 服务的软件主要有微软的 IIS（Internet Information Server）和 Apache 组织的 Apache。另外还有一些动态脚本程序服务器，如支持 JSP 的 Tomcat 和支持 php 的 PHP 等。下面以 Windows Server 2003 平台的 IIS 为例，进行 Web 服务器的架设。IIS 是 Windows 操作系统中提供的一个网络服务组件，这个组件可以为计算机系统提供信息服务，可以用于建立 Web 服务器、FTP 服务器、NNTP 服务器和 SMTP 服务器，这些服务器可分别用于网页浏览、文件传输、网络新闻传输和收发邮件等，其中的一个重要特性是支持 ASP。Windows Server 2003 集成了 IIS6.0 服务组件。

5.2.1 实验目的

能够根据实际的网络项目需求规划 Web 服务器，在熟悉 Web 工作原理的基础上，掌握在 Windows 环境下架设和配置 Web 服务器的方法，理解虚拟主机的概念和配置方法，掌握 Web 站点的管理方法。

5.2.2 项目背景

以高校校园网的应用作为项目背景，高校的校园网提供丰富的网络应用，其中 Web 服务是最基本、最重要的服务之一。一般的高校架设一台主 Web 服务器，图书馆单独架设一台 Web 服务器，至少另一台服务器作为院系或部门公用的 Web 服务器。事实上，政府部门、企事业单位或学校都需要建立自己的 Web 网站。

作为网络管理员，应该如何全面规划与部署该高校的 Web 服务？

5.2.3 实验原理

Web 是一个大规模的在线式信息储藏所，采用客户/服务器（C/S）工作模式，其中将信息提供者称为 Web 服务器，信息的需要者或获取者称为 Web 客户端。在 Web 客户端，用户通过一个被称为 Web 浏览器（Browser）的交互式程序来查找信息，可通过网络从 Web 服务器中浏览或获取所需的信息。在 Web 服务器端，则是一个支持交互式访问的分布式超媒体系统。

Web 以超文本标记语言（Hypertext Markup Language，HTML）与超文本传输协议（Hypertext Transfer Protocol，HTTP）为基础，为用户提供界面一致的信息浏览系统。作为 Web 服务器的计算机中安装有 Web 服务程序，并保存了大量的公用信息，随时等待用户的访问。在 Web 服务系统中，信息资源以页面（也称网页或 Web 页面），即 HTML 文件的形式存储在服务器（通常称为 Web 站点）中，这些页面采用超文本方式对信息进行组织，除了基本信息外，文档还含有指向集合中其他文档的“超链接”。通过超链接将一页信息链接到另一页信息，这些相互链接的页面信息既可放置在同一主机上，也可放置在不同的主机上。页面到页面的链接信息由同一资源定位符（Uniform Resource Locators，URL）维护，用户通过浏览器向 Web 服务器发出请求，服务器根据客户端的请求内容将保存在服务器中的某个页面返回给客户端，浏览器接收到页面后对其进行解释，最终将图、文并茂的画面呈现给用户。

超链接是 Web 页上的一个对象，其可以是字、短语或图标，单击该对象可以引导用户打开一个新的 Web 页，所以超链接相当于提供了浏览 Web 页的导航，使得 Web 页的浏览更加方便。

Web 服务器响应 Web 客户端，Web 页面处理大致可分为三个步骤，如图 5-18 所示。

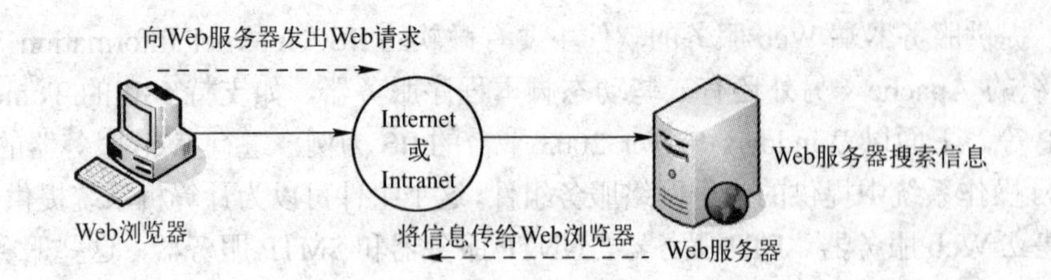

图 5-18　Web 功能的实现过程

第一步，Web 浏览器向一个特定的服务器发出 Web 页面请求。

第二步，Web 服务器在收到 Web 页面请求后，寻找所请求的 Web 页面，并将所请求的 Web 页面传送给 Web 浏览器。

第三步，Web 浏览器接收到所请求的 Web 页面，并将其显示出来。

另外，在 Web 应用中还需要掌握 HTTP 协议和 HTML 语言。

HTTP 协议是用于从 WWW 服务器传输超文本到本地浏览器的传输协议。它可以使浏览器的工作更加高效，从而减轻网络的负担。它不仅保证计算机正确、快速地传输超文本文档，而且可确定传输文档中的哪一部分，以及哪一部分内容首先显示等。

HTTP 协议是基于"请求/响应"模式的，一个 Web 客户端与一个 Web 服务器建立连接后，Web 客户端将向 Web 服务器发送一个请求。Web 服务器在收到请求后，将给予相应的响应。

在 Internet 中，HTTP 建立在 TCP/IP 连接上，所以 HTTP 是一个可靠的传输方式。在默认情况下 HTTP 使用 TCP 80 端口号，如果需要，也可以使用其他端口号。但当改变了 TCP 的端口号后，Web 客户端必须知道此端口号。例如在输入 http://www.qzu.edu.cn 时，HTTP 会自动将其指向 TCP 80 端口号，如果在 Web 服务器端将 www.qzu.edu.cn 设置为 TCP 8060 端口号，则需在 Web 浏览器的地址栏中指出该端口号，即 http://www.qzu.edu.cn:8060。

HTML 是用于创建 Web 文档或页面的标准语言，由一系列的标记符号或嵌入希望显示的文件代码组成，这些标记告诉浏览器应该如何显示文字和图形等内容。

使用 IIS6.0 可以方便地架设网站。如果需要，可以在一台计算机上建立多个 Web 网站，也就是通常所说的虚拟主机技术。企业、高校等单位建立 Internet 网站，多数选择经济实用的虚拟主机方式。虚拟主机是使用特殊的软件技术，将一台运行在 Internet 或 Intranet 上的服务器主机划分成若干台虚拟的主机，每一台虚拟主机都具有独立的域名（有的还具有独立的 IP 地址），具有完整的 Web 服务器功能。虚拟主机之间完全独立，并可由用户自行管理。在外界看来，每一台虚拟主机和一台独立的主机完全一样。

IIS6.0 通过分配 TCP 端口、IP 地址和主机头名来运行多个网站。每个 Web 网站都具有唯一的，由 TCP 端口号、IP 地址和主机头名等三部分组成的网站标识，用来接收和响应来自客户端的请求，通过更改其中的任何一个标识，就可在一台计算机上维护多个网站。即虚拟主机的关键是为不同的 Web 网站分配不同的标识信息。

（1）基于 IP 地址的虚拟主机

比较正规的虚拟主机一般使用多 IP 地址来实现，以确保每个域名对应于独立的 IP 地址，这种方式也被称为 IP 虚拟主机技术，是比较传统的虚拟主机解决方案。但使用这种方案，必须能够为服务器申请并设置多个 IP 地址，并把相关的 IP 地址及其对应的域名加入到 DNS 服务器中。

（2）基于主机头的虚拟主机

为了节约 IP 地址资源，通常利用同一 IP 地址来建立多个具有不同域名的 Web 网站，这种方式也称为非 IP 虚拟主机技术。首先需要在 DNS 服务器中建立多个不同的主机记录，即主机头名（实际上是一个用 DNS 主机别名表示的域名），然后在 IIS 管理器中为每个 Web 网站设置对应的主机头名。这样，多个网站就可以使用单个静态 IP 地址、同一个默认的端口号 80，却使用了不同的主机头名。

（3）基于端口的虚拟主机

在 IIS6.0 中，可通过为不同的 Web 网站设置不同的端口号的方式来实现虚拟主机。Web 服务器默认的端口号是 TCP 80，访问默认端口号的 Web 网站时，不需要输入其端口号。而访问不是默认端口号的 Web 网站时，需要输入其端口号，即“http://IP 地址：端口号”或“http://域名：端口号”，例如，http:// 210.37.144.5:8088。

5.2.4 Web 服务器的规划

根据各高校的实际情况进行需求分析，按需进行规划。一般的高校，架设一台学校的 Web 服务器，架设另一台服务器作为各二级部门的公用 Web 服务器，也可以根据实际需求在各二级部门单独架设一台 Web 服务器，由于图书馆电子图书信息建设的需要，至少单独架设一台 Web 服务器。各个 Web 服务建立相应的域名，详见表 5-4，实验拓扑如图 5-2 所示，其中要求计划财务处的 Web 网站仅供校园网内的主机浏览；在此基础上，创建网站 gljg.sanyu.edu.cn（要在 DNS 服务器上先创建该主机域名），通过设置虚拟目录的方式创建相关的管理部门的主页，例如宣传部（xcb）、学工部（xgb）及国资处（gzc）等。另外，要规划好各 Web 网站中的文件存放的目录。该实验在 5.1 节实验的基础上完成。

5.2.5 Web 服务器配置需求和实验环境

本实验所需的配置需求和实验环境与 5.1 节实验一样。

进行实验时，每 3 名同学为 1 小组，每个小组的 PC 独立组网，互不干扰。在 5.1 节实验的基础上，配置和测试 Web 服务器。

5.2.6 实验内容与操作要点

1．安装和启动 IIS 管理器

在默认情况下，Windows Server 操作系统在安装过程中没有安装 IIS。在 Windows Server 2003 上安装 IIS6.0 的方法很多，常用的安装方法是：依次单击“开始”→“控制面板”→“添加或删除程序” 菜单项，便可打开“添加/删除程序” 窗口，在该窗口中双击“添加/删除 Windows 组件”按钮，打开“Windows 组件向导”对话框。在该对话框中选择“应用程序服务器”选项，单击“详细信息”按钮，弹出如图 5-19 所示的对话框，在其中选择“Internet 信息服务（IIS）”选项，单击“详细信息”按钮，弹出如图 5-20 所示的对话框，其中默认已经选择了“万维网服务”选项，单击选择“文件传输协议（FTP）服务”选项。一直单击“确定”按钮，直到返回“Windows 组件向导”对话框，单击“下一步”按钮，开始配置组件，安装的过程中可能提示插入系统盘。

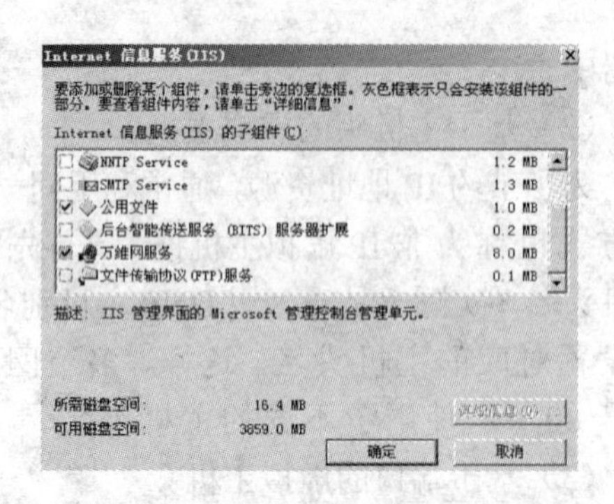

图 5-19 选择“Internet 信息服务（IIS）”选项　　图 5-20 选择“万维网服务”选项

安装完成后，在管理工具下增加了“Internet 信息服务（IIS）管理器”节点。IIS6.0 的管理是通过 IIS 管理器来完成的。单击“开始”→“程序”→“管理工具”→“Internet 信息服务（IIS）管理器”来启动，单击“本地计算机”前的“+”，打开如图 5-21 所示的 IIS 管理器窗口，可通过该窗口对 IIS 服务器、Web 服务器或 FTP 站点等以及其中的目录和文件进行管理。

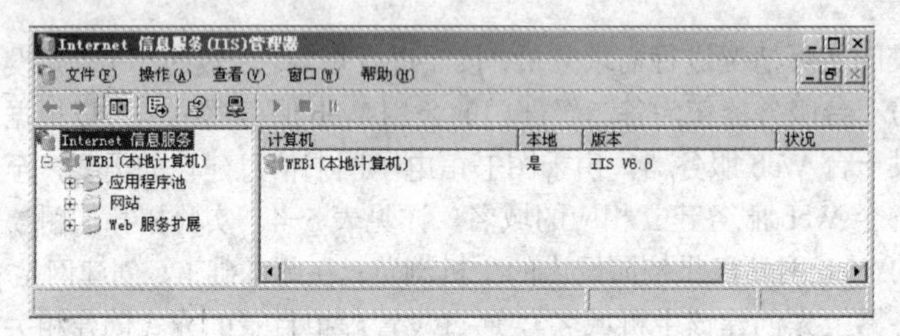

图 5-21 IIS 管理器窗口

注意：IIS 管理器可以管理若干个 IIS 服务器，每个 IIS 服务器又可包括 WWW、FTP 或 SMTP 等服务，每种服务又可包括若干个网站或虚拟服务器，每个网站或虚拟服务器又可包括若干个目录和文件。因此，按照自上而下的顺序，IIS 服务器可以分为服务器、网站、目录和文件等多个层次，下级层次的属性设置继承上级层次，如果上下级层次的设置出现冲突，就以下级层次为准。

当 IIS 应用程序或内存出现问题时，可以重新启动 IIS 服务。展开 IIS 管理器，右击相应的服务器，选择“所有任务”→“重新启动 IIS”命令即可。如果重新启动 IIS 服务，将关闭并重新开始所有的 IIS 服务，在服务关闭期间，网站将不能被访问，会话状态和应用程序等全局变量将丢失。

基于 Windows Server 2003 的 IIS6.0 是以高度安全和锁定模式安装的。默认情况下，IIS 仅服务于静态 HTML 页内容，这意味着 Active Server Pages（ASP）、ASP.NET、索引服务、在服务器端的包含文件（SSI）、Web 分布式创作和版本控制（WebDAV）、Frontpage Server Extensions 等功能将不会工作，如果需要这些功能，必须通过手工方式进行启用。如果在未启用这些功能前使用 IIS 的相关应用，IIS 将返回 404 错误。所以，应该在安装 IIS6.0 后启用所需的服务。具体方法是在如图 5-21 所示的窗口中，单击“Web 服务扩展”项，打开如图 5-22 所示的窗口，窗口右侧列表中显示 IIS6.0 提供的服务功能，其中大量应用在默认情况下是未启用的。若要启用某一功能，可单击该名称，单击“允许”按钮即可。

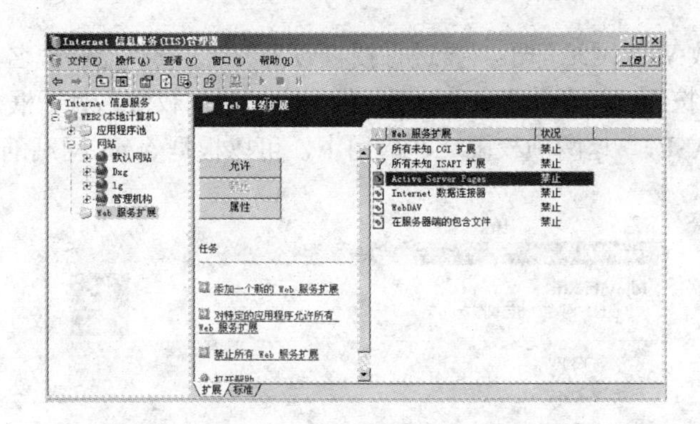

图 5-22　启用 IIS6.0 中所需的服务

2．主 Web 服务器的配置

在 5.1 节实验创建了主机域名的基础上配置 Web 服务器。

（1）创建 Web 主站点

以 www.sanyu.edu.cn 为例，说明如何创建 Web 主站点。除了 IIS 安装时默认创建的 Web 网站外，用户可以在 IIS 管理器中自行创建多个 Web 网站。为了安全，建议停止默认的 Web 网站，自行创建 Web 网站。

具体的方法是：在如图 5-21 所示的 IIS 管理器窗口中，确保已经停止了默认网站的情况下，右击“网站”，选择“新建”→“网站”命令，打开“网站创建向导”对话框，然后根据向导设置新建 Web 网站的各选项，要注意以下三个对话框的设置。

当出现如图 5-23 所示的“IP 地址和端口设置”对话框时，不需要修改 IP 地址和 TCP 端口号，在“此网站的主机头”文本框中输入主机头 www.sanyu.edu.cn（需要先在 DNS 服务器中配置）。

注意：在实际应用中，多数情况下采用基于主机头的虚拟主机技术。

单击“下一步”按钮，打开如图 5-24 所示的“网站主目录”对话框。

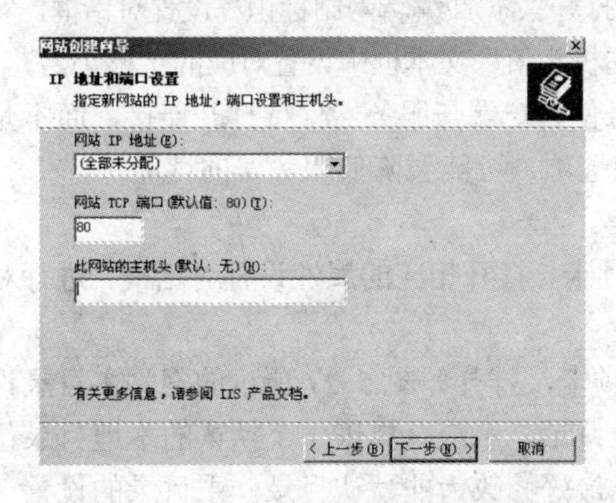

图 5-23　“IP 地址和端口设置”对话框

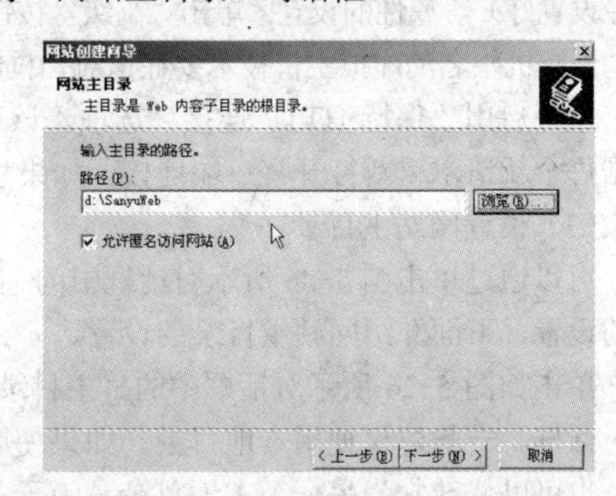

图 5-24　选择网站路径对话框

网站主目录是指客户端通过 HTTP 连接到服务器上访问页面文件时的根目录，即 Web 服务器端网页文件存放的位置。它可以是服务器上的本地目录，也可是其他计算机的共享目录，一般使用本地目录。通过“浏览”按钮选择 Web 主站点文件的存放路径（本例为 D:\SanyuWeb），建议不要存放在系统盘。如果该网站允许以匿名方式访问（即对该网站不进行授权设置，多数 Web 网站都不需要进行授权设置)，选取“允许匿名访问网站”选项。

单击“下一步”按钮，打开如图 5-25 所示的“网站访问权限”对话框，默认选取“读取”和“允许脚本（如 ASP)”这两项权限。在应用中，可以根据 Web 网站的实际需求来选取所允许的权限选项。

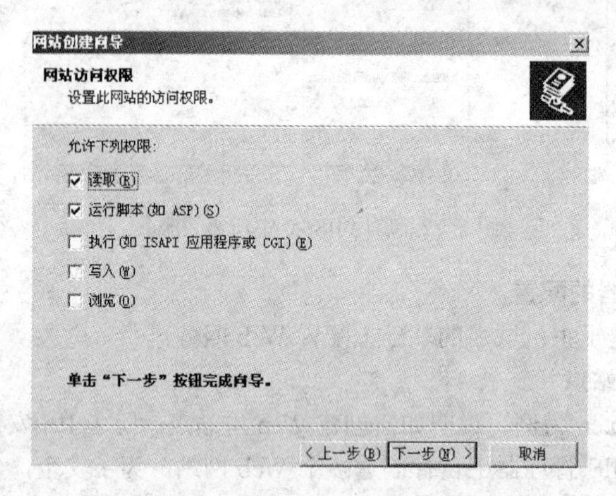

图 5-25 “网站访问权限”对话框

单击“下一步”按钮，在接着出现的对话框中单击“完成”按钮，完成了 Web 站点的创建。

（2）设置网站的基本属性

网站的基本属性可以在创建网站的过程中设置，也可以在网站创建后设置，但有些属性必须是在创建后才能设置，例如网站所启用的默认内容文档。

在如图 5-21 所示的 IIS 管理器窗口中，单击“网站”前的“+”，在所显示的网站列表中，右击要设置属性的网站名称，在弹出的快捷菜单中单击“属性”命令，即可打开如图 5-26 所示的 Web 网站属性设置对话框。在该对话框中，可完成网站标识（这部分在创建网站的过程中基本已经设置好）等属性的设置。单击“高级”按钮后，打开“添加/编辑网站标识”设置对话框，实现基于主机头名的虚拟主机技术要在该对话框的“主机头值”文本框中设置对应的主机头名。

最好启用“保持 HTTP 连接”选项，该选项可使客户端与服务器保持打开连接，而不是根据每个新请求重新打开客户端连接。如果禁用该选项，可能会降低服务器的性能。

（3）设置网站主目录

可以通过单击图 5-26 所示对话框中的某个选项卡，打开相应的属性设置对话框，进行对应的设置。下面介绍网站主目录的设置。

单击如图 5-26 所示对话框中的“主目录”选项卡，打开如图 5-27 所示的网站主目录设置对话框。一般建议使用本地目录。如果使用本地目录，系统会提供一个默认的本地目录位置，也可以修改它为另一个本地目录，为了安全，最好修改为非默认目录。主目录的设置一般在通过网站创建向导创建网站的过程中完成。

在“主目录”选项卡中还可以进行关于 Web 页浏览权限的设置及“执行权限”的设置。Web 页浏览权限默认设置为“读取”、“记录访问”和“索引资源”。如果选中“写入”复选框，允许客户以 HTTP 方式向服务器上写入内容，建议禁止。如果选中“目录浏览”复选框，则当客户请求的文件不存在时，将在客户端的浏览器中显示服务器上的文件列表，建议不要选中此项。

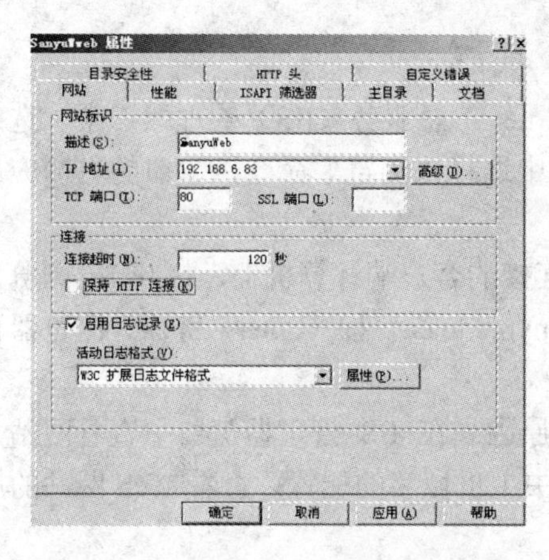

图 5-26　Web 网站属性设置对话框

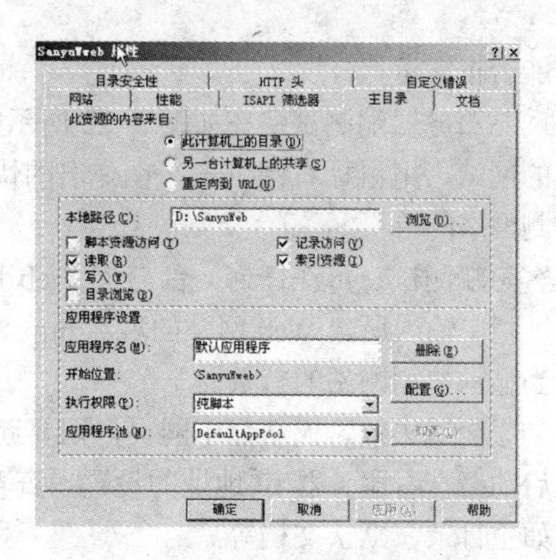

图 5-27　主目录设置对话框

在“执行权限”下拉列表框中有 3 个选项：“无”、“纯脚本”和“脚本和可执行程序”。此处的“脚本”是指运行 ASP 脚本程序，当网页文件是 ASP 文件时，执行许可中必须包含“脚本”；“可执行程序”是指 CGI 之类的程序文件，它们必须有在服务器端运行的权限，所有当服务器上有这些功能时，必须选择“脚本和可执行程序”选项。

（4）设置网站默认文档

通常，用户访问网站时，只在浏览器地址栏中输入网站域名或 IP 地址，并不输入具体网页文件名。这种情况下，WWW 服务器能够将默认文档回应给浏览器，这个默认文档通常被称为网站首页。要设置网站默认文档，单击如图 5-26 所示对话框中的“文档”选项卡，打开如图 5-28 所示的网站默认文档设置对话框。

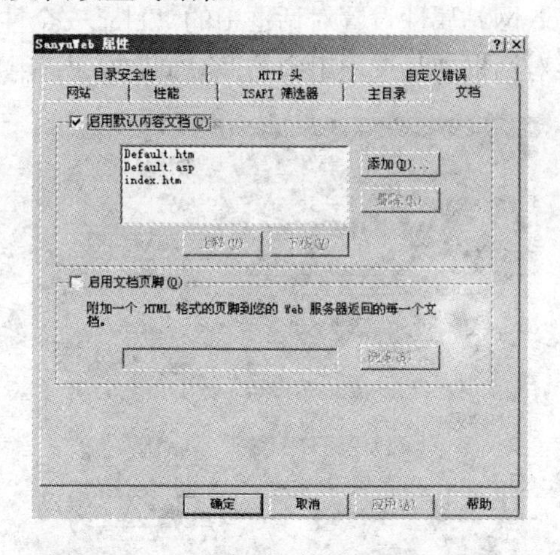

图 5-28　网站默认文档属性设置对话框

在该对话框中，用户可以通过单击“添加”按钮为 Web 网站添加默认文档。一个 Web 网站可以设置多个默认文档，并可通过单击默认文档列表下方的“上移”、“下移”按钮调整默认文档的优先顺序。WWW 服务器运行时，会根据默认文档列表中的优先级次序，在网站主目录中寻找默认文档。建议在此默认文档中只保留网站首页实际使用的文件名。

（5）测试

创建和配置好 Web 网站后，要进行测试，分别在本机服务器端和客户端上进行测试所建网站能否正常运行。

网站服务器端测试：在如图 5-22 所示的“Internet 信息服务（IIS）管理器”中，选中被测试的网站，用鼠标右键单击，在弹出的快捷菜单中选择“浏览”命令，窗口的右侧应当显示被测网站的首页。

客户端测试：可在任何一台与该 Web 服务器连接的客户端计算机上，打开 IE 浏览器，在地址栏中输入所建 Web 网站的域名 http://www.sanyu.edu.cn，按〈Enter〉键后，浏览器窗口中应当显示被测网站的首页。

如果测试失败，无法显示网页，则要逐项查找原因。在 IIS 管理器窗口中查看网站是否已经启动；查看服务器 IP 地址的设置；查看 DNS 中主机域名的配置；查看 Web 网站的属性设置如主目录、默认文档等。

3．计财处网站的配置

（1）创建计财处网站

根据表 5-4 的规划创建计财处的网站 jcc.sanyu.edu.cn，并设置该网站的基本属性和默认文档，方法参见前述的主 Web 服务器的配置。

（2）安全性设置

由于该 Web 网站仅仅提供校园网内的主机浏览，因此要通过 IP 地址限制来设置该网站的目录安全性。

IIS6.0 本身提供的是一种应用级的安全机制，它以 Windows Server 2003 操作系统和 NTFS 文件系统的安全性为基础，提供了强大的安全管理和控制功能。除了直接利用 Windows 安全特性外，还可使用 IIS 管理器设置 Web 服务器权限。

单击如图 5-26 所示 Web 网站属性设置对话框中的“目录安全性”选项卡，打开如图 5-29 所示的对话框。通过单击该对话框中某选项组中的“编辑”按钮，用户可设置相应的安全机制。

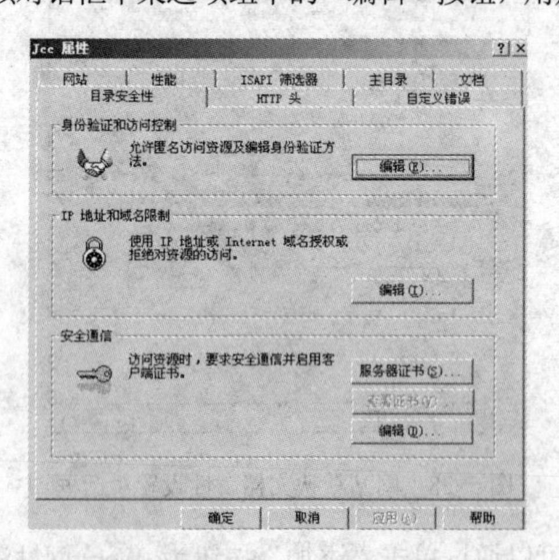

图 5-29　Web 网站目录安全性设置对话框

身份验证和访问控制是 IIS 安全机制中最为主要的内容，它从用户和资源（网站、目录和文件）两个方面来限制访问。单击该区域中的“编辑”按钮，可以打开“身份验证方法”对话框，如图 5-30 所示。其中，“启用匿名访问”复选框默认是选中的，表示允许匿名用户访问该 Web 站点。如果不选中该复选框，则所有访问该站点的用户都需要输入服务器中设置的用户名和密码。在“用户访问需经过身份验证”区域设置当站点禁止匿名用户访问或网页所在的目录受 NTFS 权限限制时所采用的验证方式。如果选择“基本身份验证”选项，表示用户名和密码在网络上是以明文的方式传输的，这可能会产生安全方面的漏洞，所以该选项应当谨慎使用；如果选择“集成 Windows 身份验证”选项，表示使用加密方式进行用户验证信息的传输。

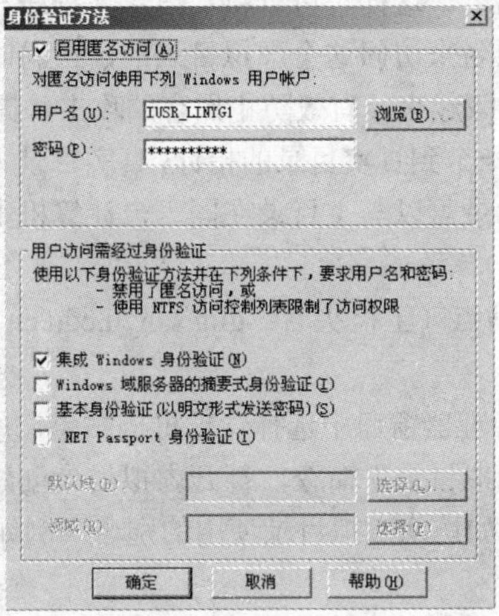

图 5-30 “身份验证方法”对话框

单击“IP 地址和域名限制”选项组中的“编辑”按钮，打开如图 5-31 所示的对话框，用户可以为网站添加和编辑允许访问的 IP 地址和域名列表，拒绝访问的 IP 地址和域名列表。

默认选项是“授权访问”，即允许所有的计算机访问该 Web 站点。如果要限制某些计算机访问该 Web 站点，通过单击“添加”按钮，在“下列除外”列表中加入所限制访问的计算机或计算机组。如果选择“拒绝访问”，则限制所有的计算机访问该 Web 站点。如果要允许某些计算机访问该 Web 站点，通过单击“添加”按钮，在“下列除外”列表中加入所允许访问的计算机或计算机组。

本实验所建立的网站应该选择“拒绝访问”，然后单击“添加”按钮，打开如图 5-32 所示的对话框。选择“一组计算机”，分别输入网络标识和子网掩码，然后单击“确定”按钮，将校园网内的主机 IP 地址组添加到“下列除外”列表中。可以重复以上操作，添加多组计算机到列表中。这样，仅有列表中的主机能够访问该站点。

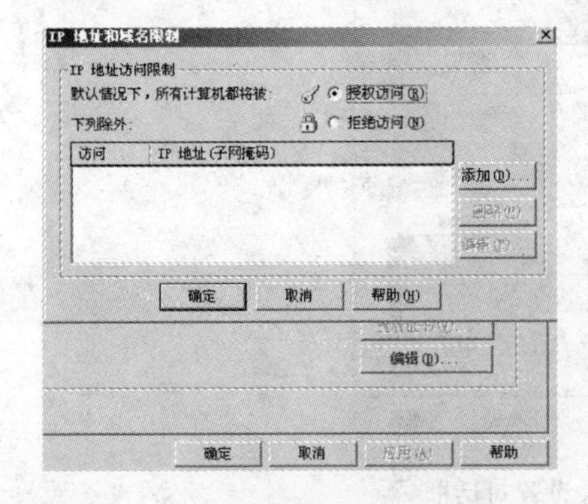

图 5-31 “IP 地址和域名限制”对话框

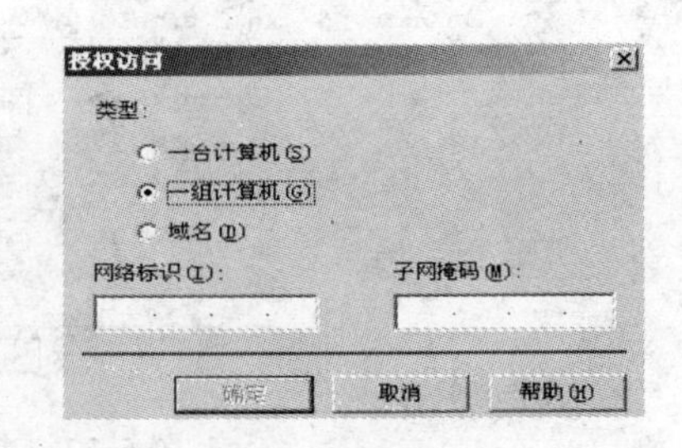

图 5-32 “授权访问”对话框

网站创建和配置后，分别在本机服务器端和客户端上进行测试。

4．通过虚拟目录创建相关管理部门的主页

用户可在 Web 站点中创建虚拟目录，通过虚拟目录创建网站，这样不需要创建单独的域名。所谓虚拟目录是指在物理上并非包含在 Web 站点主目录中的真实物理目录，而是站点管理员为物理目录创建的一个别名。这样，可以将其信息、程序和文件等保存到真实的物理目录中，而访问用户是通过其别名来访问这个虚拟目录的，访问时感觉与站点无异。通过这样的方法，可以将真实的目录隐藏起来，有效防止黑客的攻击，提高 Web 服务器的安全性。实际上，创建虚拟目录就是建立一个到真实目录的指针，真实目录下的内容并不需要迁移到 Web 站点的主目录下。这些真实目录可以与主目录在同一台计算机上，也可以在网络上的任意一台计算机中。

（1）创建管理机构 Web 站点（主机头名：gljg.sanyu.edu.cn）

（2）创建虚拟目录

在如图 5-22 所示的 IIS 管理器窗口中选择管理机构站点，用鼠标右键单击，在弹出的快捷菜单中选择“新建”→“虚拟目录”命令，打开虚拟目录创建向导对话框，然后根据向导设置新建虚拟目录的各选项，如访问虚拟目录使用的别名（例如 xcb）、网站内容目录的实际路径及虚拟目录访问权限。

重复以上操作可以在管理机构站点下创建多个虚拟目录，不同的虚拟目录用于发布不同的管理部门的 Web 站点。

基于虚拟目录的站点创建后，访问时应该输入的完整域名为主机域名+虚拟目录别名，例如，gljg.sanyu.edu.cn/xcb。

（3）虚拟目录的管理

网站虚拟目录的管理与网站的管理类似，也包括创建、设置、管理、删除和使用虚拟目录等内容。在 IIS 管理器窗口中，选中网站下虚拟目录的名称后，用鼠标右键单击，在快捷菜单中选择“属性”选项，即可打开如图 5-33 所示的虚拟目录属性对话框，该对话框可管理的选项卡共有 5 个，选中某个选项卡，打开相应的属性设置对话框，即可进行对应的设置。

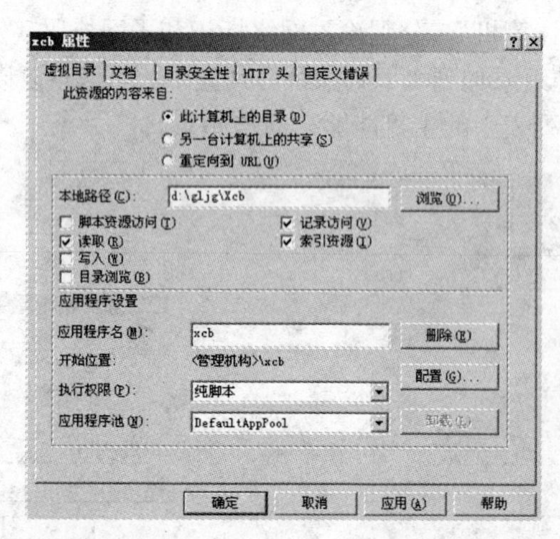

图 5-33　虚拟目录属性设置对话框

网站虚拟目录创建和配置后，分别在本机服务器端和客户端上进行测试。

5.2.7 拓展实验

一台主机可以拥有多个 IP 地址，而一个 IP 地址又可以与多个域名相对应。在 IIS6.0 中建立的 Web 站点可以和这些 IP（或域名）进行绑定，以便用户在 URL 中通过指定不同的 IP（或域名）访问不同的 Web 站点。实地调查你所在的学校并通过互联网了解其他学校的 Web 应用和 Web 服务器的配置和管理的情况，以你所在学校的应用为项目背景，查找和参阅相关资料，规划和设计学校的 Web 服务器并实现 Web 应用（标注所使用的主要技术，例如单主机多 IP 技术、虚拟主机技术等），不同的 Web 站点设置不同的权限。要求给出详细的设计方案（包括网络拓扑图），根据设计方案进行实验，描述主要的实现过程，进行测试，然后给出测试结果并进行分析。

5.2.8 实验思考题

1）什么是默认网站、自定义网站和网站的虚拟目录？它们有什么作用，又有哪些区别？

2）创建和管理 Web 网站的主要步骤有哪些？

3）如果网络管理员在进行基于主机名的虚拟主机配置时，Web 服务器上已经开通了一个以硬件主机方式配置的 Web 站点，站点采用的是“默认的 Web 站点”，对应的主机名为“www.sanyatest.cn”。如果要在该站点的基础上配置多 Web 站点服务，是否需要对现有的 Web 站点进行一些配置的变更？如果需要变更，请说明如何进行设置。

5.3 FTP 服务器的规划与配置

FTP 是除 Web 之外最为广泛的一种应用，大量的软件及音、视频等大容量文件的上传和下载多使用 FTP 方式，FTP 与 Web 服务几乎占据整个 Internet 应用的 80%以上。与 Web 的工作原理一样，FTP 也使用专用的通信协议，以保证数据传输。目前，基于 Windows 平台提供服务器端 FTP 服务的软件除了微软的 IIS 外，还有 Serv-U 等大量的第三方软件。这节主要讨论 FTP 服务器的规划和基于 Serv-U 的 FTP 系统的组建与配置。

5.3.1 实验目的

能够根据实际的网络项目需求规划 FTP 服务器，以 Windows Server 2003 操作系统为平台，掌握在 Serv-U 中创建和管理 FTP 服务器的方法。通过本实验的操作，理解 FTP 服务器的体系结构与工作原理，熟悉 FTP 客户端的使用方法。

5.3.2 项目背景

以高校校园网的应用作为项目背景，高校的校园网提供丰富的网络应用，其中 FTP 服务是主要服务之一。一般的高校校园网中均建立专业 FTP 服务器，提供共享资源的下载，通常情况下是匿名访问。另外，一般也是通过 FTP 上传和下载相关的文件，每个 Web 站点对应一个单独的目录，各站点管理者通过各自的 FTP 上传和下载文件，通常采取授权用户和密码访问。

5.3.3 实验原理

文件传输协议（File Transfer Protocol，FTP）是 Internet 上最早应用于主机之间进行文件传输的标准之一，在 RFC959 中定义，位于 TCP/IP 协议栈的应用层。FTP 定义了一个远程计算机系统和本地计算机系统之间传输文件的标准，FTP 利用传输控制协议〈TCP〉在不同的主机之间提供可靠的数据传输。

FTP 系统和其他的 TCP/IP 应用一样，也与具体平台无关。这一特性对于在不同类型的计算机（如 PC 和 Macintosh）之间，以及安装不同操作系统的计算机之间实现数据传输具有非常重要的意义。虽然 Windows 系列计算机之间可以通过资源共享的方式（如共享文件夹）实现数据的交换，但不同类型的计算机之间却无法通过类似的机制实现数据共享。所以，从工作原理和应用等方面综合分析，在计算机之间进行文件传输时，FTP 是最佳的选择。

要使 FTP 在两台计算机之间传输文件，两台计算机必须各自扮演不同的角色，其中一台为 FTP 客户端，而另一台为 FTP 服务器。客户端与服务器之间的区别只在于不同的计算机上所运行的软件不同，安装 FTP 服务器软件的计算机称为 FTP 服务器，安装 FTP 客户端软件（如 FlashFXP、CuteFTP）的计算机称为 FTP 客户端。FTP 客户端向服务器发出下载和上传文件以及创建和更改服务器文件的命令。FTP 用户可以采用匿名（Anonymous）登录和授权用户名加密码登录两种方式登录 FTP 服务器。

与 Web 服务一样，FTP 采用的是 C/S 模式，即客户/服务器模式。用户通过支持 FTP 的客户端程序，连接到远程主机上的 FTP 服务器程序，并发出操作命令，服务器程序执行客户端所发出的操作命令，并把结果返回给客户端，其工作原理如图 5-34 所示。

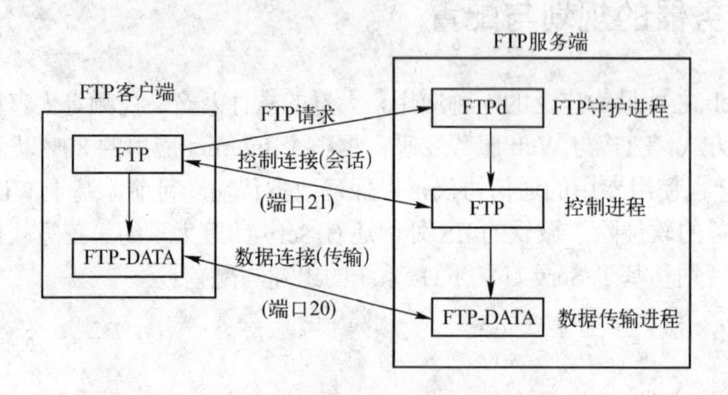

图 5-34　FTP 的工作原理示意图

在 FTP 的服务器上，只要启动了 FTP 服务，则总会有一个 FTP 守护进程在后台运行以随时准备对客户机的请求做出响应。当客户机需要文件传输服务时，其首先设法建立与 FTP 服务器之间的控制连接，在连接建立过程中服务器要求客户机提供合法的登录名和密码。在许多情况下，用户使用匿名登录，即用“Anonymous”作为用户名。一旦控制连接被允许建立，相当于在客户机与 FTP 服务器之间打开一个命令传输的通信连接，所有与文件管理有关的命令将通过该连接被发送至服务器端执行。

FTP 是一个交互式会话系统，在客户端和服务器之间利用 TCP 来建立连接，并使用 TCP 提供可靠准确的传输服务。FTP 跟其他 TCP 应用协议不一样，工作时，客户端和服务器端需建立两个连接，分别是控制连接和数据连接。控制连接主要由 CPI（客户端协议解释器）和 SPI（服务器端协议解释器）使用，数据连接主要由 CDTP（客户端数据传输协议）和 SDTP（服务端数据传输协议）使用。建立连接时，由客户机向服务器发出建立连接请求，服务器使用 21 号端口，同时客户进程还要告诉服务器另一个用于建立数据连接的随意端口。而建立数据连接时，由 FTP 服务器的数据传输进程发出数据连接请求，客户机成为连接请求的接收者。FTP 服务器使用 20 号端口与客户机所提供的端口建立数据连接。由于使用了两个不同端口，所以控制连接和数据连接不会有冲突，造成混乱。

用户通过 FTP 客户机使用 FTP 服务，在客户机上使用 FTP 服务通常有两种方式，即命令交互方式和客户工具软件方式。

（1）命令交互方式

在命令交互方式下，FTP 客户机与 FTP 服务器端通过命令的交互来使用 FTP 服务，即在命令字符界面下，由 FTP 用户输入一条命令，FTP 执行该命令，给出执行结果或发出下一条操作提示。以 Windows 客户机为例，进入 MS-DOS 命令窗口，输入“FTP”，即可进入交互方式，并出现“>”提示符，在该提示符下输入相应的 FTP 命令就可进行有关的文件传输操作。

（2）客户工具软件方式

FTP 工具软件用于实现 FTP 的客户机功能，以方便用户使用 FTP 服务，如常见的 FlashFXP、CuteFTP 等。FTP 工具软件一般采用直观的图形化界面，比 FTP 命令方式直观和方便。大部分 FTP 工具软件还提供了文件传输过程中的断点续传和多路传输功能，以增强软件的性能。另外，几乎所有的浏览器软件都提供了 FTP 客户软件的功能。

5.3.4 FTP 服务器的规划

根据各高校的实际应用情况进行需求分析，按需进行规划。一般的高校，至少架设一台学校的 FTP 服务器，提供共享资源，匿名访问。为所建立的 Web 站点架设 FTP 站点，上传和下载站点文件，为 5.2 节实验中所创建的 Web 站点创建 FTP 站点，根据授权用户和密码访问。

5.3.5 FTP 服务器配置需求和实验环境

本实验所需的配置需求和实验环境与 5.1 节实验一样，在此基础上，需要 Serv-U 和 FlashFXP 这两个软件。

进行实验时，每 3 名同学为 1 小组，每个小组的 PC 独立组网，互不干扰。在 5.1 节、5.2 节实验的基础上，配置和测试 FTP 服务器以及 FTP 客户端。要通过域名访问 FTP，必须先在 DNS 中添加主机记录。如果仅用 IP 地址访问，则无需在 DNS 中进行配置。

5.3.6 实验内容与操作要点

1．安装 Serv-U

Serv-U 文件服务器是一款多协议文件服务器，是 Rob Beckers 开发的一款功能强大的、简单易用的且成熟的 FTP 服务器，它能通过多种方法从其他联网计算机收发文件。管理员为用户创建账户，以便访问服务器硬盘上或任何其他可用网络资源上的特定文件和文件夹。这些访问权限定义用户在哪里可以访问可用资源和访问方式。Serv-U 的多协议支持意味着用户可以使用任何可用的访问方法连接到服务器。

FTP 服务器用户通过 Internet 的 FTP 共享文件。Serv-U 不仅仅能 100%适用于标准的 FTP，同样也包括许多功能，是一个完美的文件共享解决方案。正是这样，Serv-U 一直保持着足够领先的地位，并有大量的用户，目前 Windows 平台 90%的用户的 FTP 服务器都是用 Serv-U 来架设的。Serv-U 7.x 版本开始界面变化很大，自带中英文界面。Serv-U 可以设定多个 FTP 服务器，限定登录用户的权限、登录主目录及空间大小等，功能非常完备。它具有非常完备的安全特性，支持 SSLFTP 传输，支持在多个 Serv-U 和 FTP 客户端通过 SSL 加密连接保证数据安全等。本实验所用的是 Serv-U 9.x 版本。

首次安装 Serv-U，只需遵照安装屏上的指令选择安装目录并配置桌面快捷方式，以便快速访问服务器。一旦完成安装，将启动 Serv-U 管理控制台。在安装 Serv-U 时，就应该注意尽量不要将其安装在默认的 C:\Program Files\Serv-U 目录下，应该更换一个不易被猜测到的目录，并且不安装在系统盘上。一旦完成安装，将启动 Serv-U 管理控制台。

安装完毕后 Serv-U 会询问几个问题，包括新建域的 IP、域名描述、服务端口、该域下的匿名用户、匿名用户的目录及建立其他用户等。

2．建立FTP服务器

（1）创建首个域

启动 Serv-U 9.x 后，会显示如图 5-35 所示的界面，同时界面会询问是否定义域，单击“是”按钮，启动域创建向导，按照向导可完成域的创建。任何时候要运行该向导，可以单击管理控制台顶部或更改域对话框内的“新建域”按钮，从管理控制台内的任何页面都可打开更改域对话框。

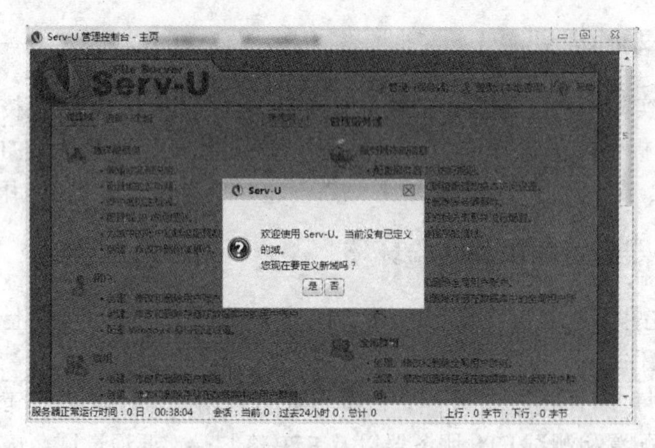

图 5-35　启动 Serv-U 9.x 的界面

第一步是提供唯一的域名（在这输入 ftp.sanyu.edu.cn），如图 5-36 所示。域名对其用户是不可见的，并且不影响其他人访问域。它只是域的标识符，使其管理员更方便地识别和管理域。同时域名必须是唯一的，从而使 Serv-U 可以将其与服务器上的其他域区分开。默认情况下，启用域并供用户访问。如果希望在配置过程中暂时拒绝用户访问该域，取消选中启用域选择框。单击“下一步”按钮继续创建域。

第二步是指定用户访问该域所用的协议，如图 5-37 所示。标准文件共享协议是 FTP（文件传输协议），它运行于默认端口 21。然而，任何这些端口号都可更改为您所选择的数值。如果在非默认端口上运行服务器，推荐使用 1024 以上的端口。单击“下一步”按钮继续创建域。

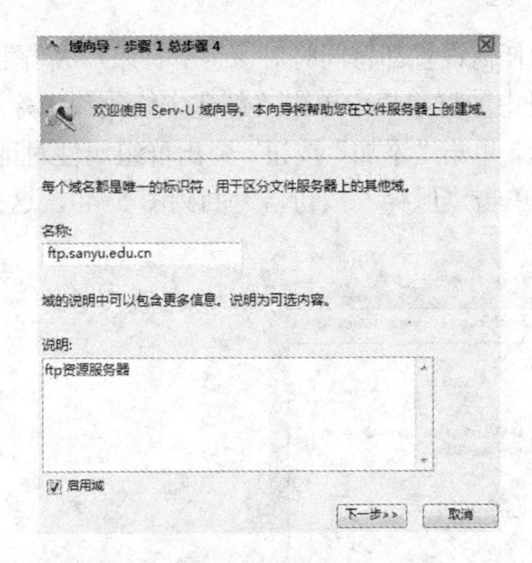

图 5-36　输入域名对话框

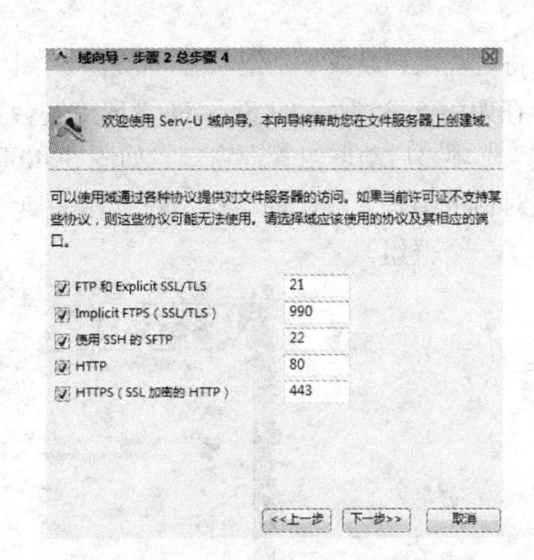

图 5-37　设置端口对话框

第三步是指定用于连接该域的物理地址。通常，这是用户指定的 IP 地址，用于在 Internet 上查找您的服务器。

第四步是决定在该域存储密码时将使用的加密模式。默认情况下，使用单向加密安全地存储所有密码，一旦保存密码就会将其锁定。不过，用户希望利用 Web 客户端上的“密码恢复”工具时，可以选择使用双向密码，这样在要求密码恢复时，Serv-U 就无需重置其密码。若希望将密码存储为明文，Serv-U 也可以实现。不推荐这一方式，不过要与过去的系统集成（特别是在使用数据库支持时），这可能是必须的。

单击“完成”按钮，弹出如图 5-38 所示的对话框，询问是否为域创建用户。单击“是”按钮，弹出询问是否使用向导创建用户对话框，如图 5-39 所示。单击“是”按钮，可以按照向导提示创建用户。

图 5-38　创建用户询问对话框

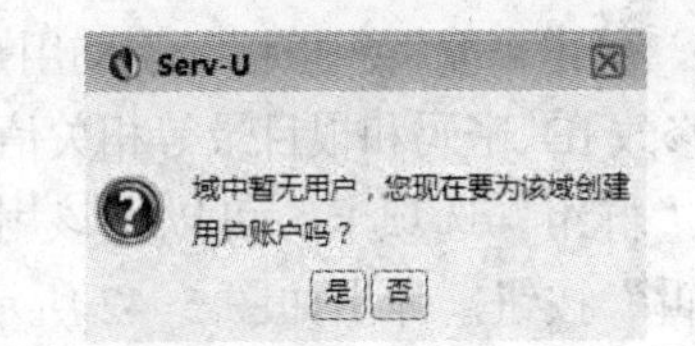

图 5-39　使用向导创建用户询问对话框

（2）创建用户

在选择了使用向导创建用户后，按照向导可完成用户账户的创建，包括设置用户登录 ID、密码、主目录和访问权限。连接域时使用该登录 ID 开始验证过程。登录 ID 对于该域必须是唯一的，但服务器上的其他域可能有账户拥有同样的登录 ID。要创建匿名账户，请指定登录 ID 为“anonymous”或“ftp”。

这样，FTP 服务器 Serv-U 建立成功，在客户端用浏览器登录，就可看到 FTP 文件夹。

（3）群组管理

Serv-U 对账户的管理相当方便，不仅可以对单个账户进行管理，还可以将具有相同权限的多个账户设置成组，进行统一管理。

如果有一批账户，如 user01、user02 和 user03，拥有相同的访问主目录及 IP 访问规则，就可以将这些账户设成一个组，统一管理，对组做的任何设置都将同时对该组所有账户成员生效。

在如图 5-35 所示的 Serv-U 管理控制台窗口中的群组栏中单击“创建、修改和删除用户群组”选项，启动群组管理窗口，如图 5-40 所示。单击“添加”按钮，弹出群组属性对话框，在该对话框中输入群组的名称，设置相关属性后单击“保存”按钮，返回到图 5-40，这样就创建了一个群组。

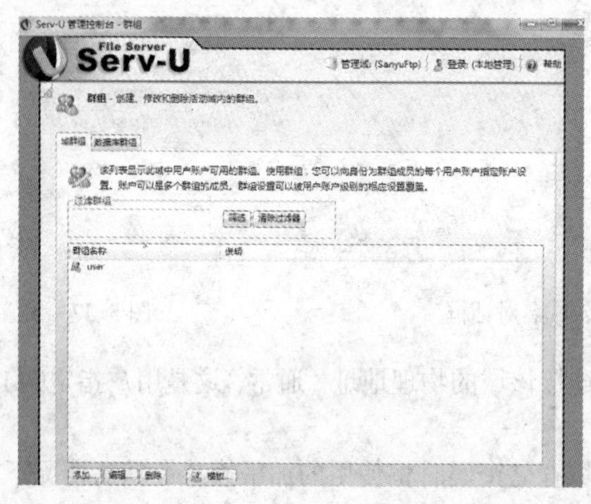

图 5-40　群组管理窗口

如果要对已经存在的群组进行编辑，在图 5-40 所示的群组列表中选择某一个群组的名称，单击“编辑”按钮，在弹出的群组属性对话框中进行设置。

（4）设置用户属性

Serv-U 基于账户来设置不同的访问目录。每个账户在创建时都要选择好登录后所处的目录位置，不同的账户可以不同。可以在创建用户账户后，对其属性进行设置。在如图 5-35 所示的 Serv-U 管理控制台窗口中单击“用户”选项，启动用户管理的窗口，在登录 ID 列表中选择某一登录 ID，单击“编辑”按钮，启动用户属性设置对话框，如图 5-41 所示。在用户信息选项卡中可以修改 ID、密码和根目录等相关信息。根目录是通过 FTP 方式连接到服务器上的根目录。

单击“群组”选项卡，可以将该用户添加到某群组中。单击“目录访问”选项卡，再单击“编辑”按钮，弹出如图 5-42 所示的“目录访问规则”对话框，每个选项的功能说明如表 5-5 所示，管理员可根据不同的用户需要进行分配。

表 5-5　Serv-U 中目录权限的功能说明

权限类别	权限名称	选取效果	未选效果
文件	读	允许用户读取（即下载）文件和目录	访问任意文件时，均会提示“该页无法显示”
	写	允许用户写入（即上传）文件，但不允许修改、删除和重命名	上传文件时提示权限不够
	追加	允许用户向现有文件中追加数据。该权限通常用于使用户能够对部分上传的文件进行续传	
	重命名	允许用户重命名现有的文件	无法重命名现有的文件
	删除	允许用户删除文件	删除文件时提示权限不够
	执行	允许用户远程执行文件。执行访问用于远程启动程序并通常应用于特定文件。这是非常强大的权限，在将该权限授予用户时需格外谨慎。具有写和执行权限的用户实际上能够选择在系统上安装任何程序	

（续）

权限类别	权限名称	选取效果	未选效果
目录	列表	允许用户列出目录中包含的文件	文件名和目录名均不会显示出来
	创建	允许用户在目录中新建子目录和上传目录	建立和上传目录时提示权限不够
	重命名	允许用户在目录中重命名现有子目录	无法重命名现有的子目录
	删除	允许用户在目录中删除现有子目录。注意：如果目录包含文件，用户要删除目录还需要具有删除文件权限	删除子目录时提示权限不够
子目录	继承	允许所有子目录继承其父目录，具有的相同权限	所设置的权限仅对当前目录有效，其下的子目录均具有

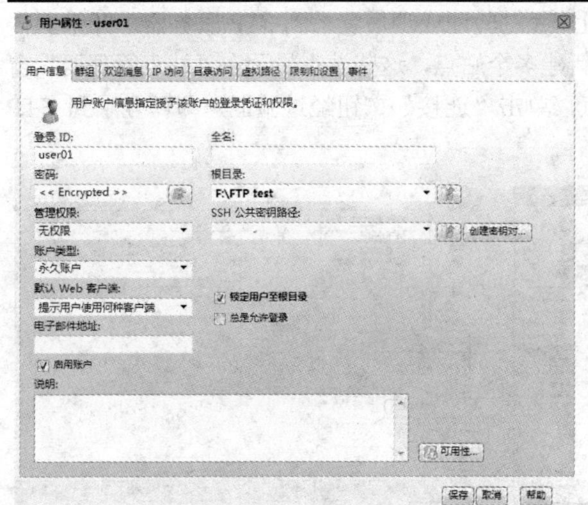

图 5-41　用户属性设置对话框

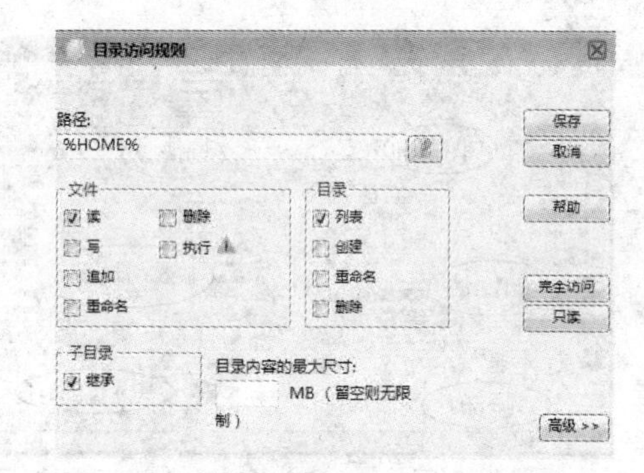

图 5-42　“目录访问规则”对话框

通过如图 5-41 所示的用户属性设置对话框，还可以设置欢迎信息、IP 访问和虚拟路径等。

3. FTP 服务器的测试

FTP 服务器配置完成后，可以进行测试或访问。访问 FTP 服务器的方式多种，最简单的方式是通过浏览器访问。只要在浏览器的地址栏中输入 ftp://IP 地址或 ftp://域名即可访问，如果服务器允许匿名连接，则可以直接进入目录显示界面。通过访问的结果测试 FTP 服务器。

如果服务器不允许匿名连接，则单击“文件”菜单，选择“登录”选项，打开登录身份对话框。在此对话框中输入服务器上 Windows 系统中已经存在的用户名和密码，单击“登录”按钮以相应的用户身份登录。

4. FlashFXP的使用

访问 FTP 服务器的方式多种。可以通过命令行或浏览器访问，通过浏览器访问是很直观和简便的一种方式，也是一般用户常用的方式。但是这种访问方式速度慢，不支持断点续传。网络管理员通过 FTP 上传文件不便。所以，在实际应用中，网络管理员通常使用专业的 FTP 客户端软件来访问和管理 FTP 服务。

通过专业的 FTP 客户端软件，可操作性较好，且有预设自已经常要连接的 FTP 站点的功能，可成批定义下载、上传文件，自动识别文件类型等。

FlashFXP 是最常用的专业 FTP 客户端软件，好用且功能强大，融合了一些其他优秀 FTP 软件的优点。其主要功能是将本地文件上传到远端的 FTP 服务器上，或从 FTP 服务器上下载文件。在使用前，需要在该软件中设置对 FTP 服务器进行访问的用户信息，只有设置正确，才能登录到 FTP 服务器上。

安装并启动 FlashFXP 后，启动类似如图 5-43 所示的窗口（该窗口是成功登录到 FTP 服务器后的窗口界面）。

在该窗口中单击“站点”→“站点管理器”菜单命令项，启动“站点管理器”窗口，接着单击该窗口中的“新建站点”按钮，弹出“新建站点”对话框，如图 5-44 所示，输入站点名称后单击“确定”按钮，关闭该对话框。这时，“站点管理器”窗口右侧的列表项变成可编辑状态，逐项填写 FTP 服务器的 IP 地址、登录账号和密码等相关信息，单击“应用”，这样就完成了新站点的建立。单击“连接”按钮，经过验证成功后登录到 FTP 服务器，开始上传和下载。可以根据实际情况在 FlashFXP 中新建多个站点，这些站点显示在“站点管理器”窗口的 FlashFXP 站点列表中，选择某个站点，单击“连接”按钮经过验证，即可登录到 FTP 服务器。

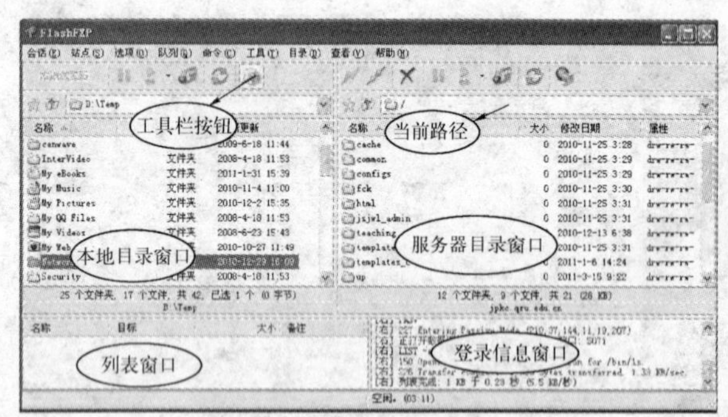

图 5-43　FlashFXP 主界面窗口

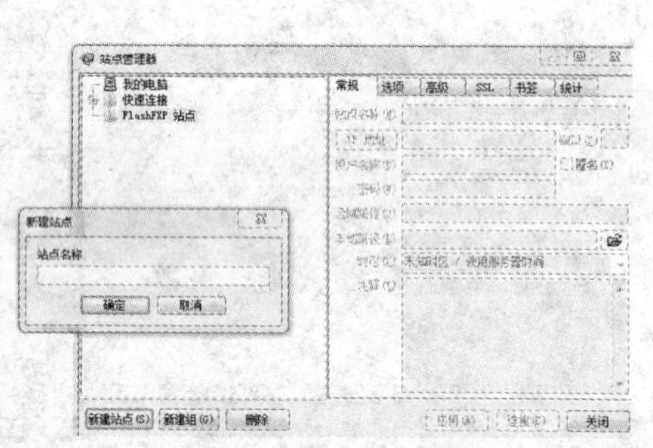

图 5-44　“站点管理器”窗口及“新建站点”对话框

5.3.7　拓展实验

1）除了充当 Web 服务器以外，IIS 还可以充当 FTP 服务器。默认情况下，IIS 不安装 FTP 服务组件。因此，若要将 IIS 用作 FTP 服务器，必须安装 FTP 服务组件。规划一个小型企业网络中的 FTP 应用，在 IIS 中安装 FTP 服务，配置 FTP 服务器并进行权限的设置，最后对所配置的服务器进行设置。

2）根据项目背景中的高校校园网应用，进行 FTP 服务器的规划和设计，撰写详细的设计文档，在 Serv-U 中完成配置，最后进行测试。并比较在 IIS 和 Serv-U 配置 FTP 的不同之处。

5.3.8　实验思考题

1）一台硬件服务器上是否只能提供一个 FTP 站点？如果可以提供多个 FTP 站点，有哪些方法可以实现，这些方法各有什么优缺点？

2）FTP 服务的默认端口是 21，除此以外能否使用其他端口？如果使用非默认端口，则在客户端需要进行怎样的调整？

3）主流操作系统 Windows、UNIX、Linux 等都基于各自的文件系统提供了文件共享功能，那为什么还要提供基于 TCP/IP 的文件传输服务，这两类服务有什么本质上的区别，各适合于怎样的应用环境或需求？

5.4 DHCP 服务器的规划与配置

在 TCP/IP 网络中，节点之间通过 IP 地址进行通信，所以必须为每一个设备分配一个唯一的 IP 地址。IP 地址的分配一般有两种方式：静态分配和动态分配。其中，当采用动态分配 IP 地址方案时，在网络中至少需要一台 DHCP 服务器。DHCP 是一种网络服务，可由交换机和运行 Windows Server 或其他操作系统的计算机来提供。

DHCP（Dynamic Host Configuration Protocol）是动态主机配置协议，它位于 TCP/IP 中的应用层，主要是自动为同一网络内的主机配置网络参数（IP 地址、子网掩码、网关及 DNS），简化网络管理员的工作，并能充分利用有限的 IP 地址资源。这些被分配的 IP 地址都是 DHCP 服务器预先保留的一个由多个地址组成的地址集，并且它们一般是一段连续的地址。

5.4.1 实验目的

了解 TCP/IP 网络中 IP 地址的分配和管理方式，熟悉 DHCP 的工作原理和 DHCP 中 IP 地址的租用方式，能够根据实际的网络应用需求规划 DHCP 服务器，掌握在 Windows Server 2003 下 DHCP 服务器的安装和基本配置方法，同时掌握在路由器或三层交换机上 DHCP 的配置方法。

5.4.2 项目背景

以高校校园网的应用作为项目背景，高校的校园网网络应用丰富，用户群体比较大，如何对这么大量的用户计算机进行 IP 地址的分配是一个非常重要的问题。大部分的校园网均采用自动分配给客户端 IP 地址的方式。本实验模拟大中型网络中通过 DHCP 服务器实现 IP 地址的自动分配和管理。

5.4.3 实验原理

网络中每一台主机的 IP 地址及相关参数的配置一般可以使用两种方式：自动获取和静态分配。其中，自动获取是指用户不需要手工分配 IP 地址等相关参数，而是由网络中的 DHCP 服务器来动态分配给客户端。这种方式可减少手工输入所产生的错误，并减轻网络管理员的工作量；静态分配是一种手工输入方式，它要求网络管理人员根据本网络的 IP 地址规划，为每一个接入网的客户端分配一个固定的 IP 地址，并手工配置网关、DNS 服务器等相关的参数，静态分配虽然便于对用户的管理，但却增加了网络管理人员的工作量，并容易产生 IP 地址冲突。

DHCP 与 Web、FTP 等 TCP/IP 服务一样使用 C/S 模式进行工作。DHCP 以 C/S 模式提供动态主机 IP 配置。使用 DHCP 时在网络上至少要有一台 DHCP 服务器，而其他主机充当 DHCP 客户端。当 DHCP 客户端程序发出一个信息，申请一个动态的 IP 地址时，DHCP 服务器会根据目前已经配置的地址，提供一个可供使用的 IP 地址和子网掩码给客户端。

1. 使用 DHCP 的优点

DHCP 服务器能够动态地为网络中的其他主机提供 IP 地址，通过使用 DHCP，就可以不给 Intranet 中除 DHCP、DNS 和 WINS 服务器外的任何主机设置和维护静态 IP 地址。如果有大规模的网络重建，要求更改大量的 IP 地址和子网掩码，尤其是当某些 TCP/IP 参数改变时，使用 DHCP 则可以大大简化配置客户机 TCP/IP 参数的工作。

DHCP 服务器是服务提供方，DHCP 客户机是服务请求方。网络管理员可以创建一个或多个维护 TCP/IP 配置信息的 DHCP 服务器，并且将其提供给客户机。

DHCP 服务器上的 IP 地址数据库包含如下项目。

1）对互联网上所有客户机的有效配置参数。

2）在缓冲池中指定给客户机的有效 IP 地址，以及手工指定的保留地址。

3）服务器提供租约时间，租约时间即指定 IP 地址可以使用的时间。

在网络中配置 DHCP 服务器有如下优点。

1）管理员可以集中为整个互联网指定通用和特定子网的 TCP/IP 参数，并且可以定义使用保留地址的客户机的参数。

2）提供安全可信的配置。DHCP 避免了在每台计算机上手工输入数值引起的配置错误，还能防止网络上计算机配置地址的冲突。

3）使用 DHCP 服务器能大大减少配置花费的开销和重新配置网络上计算机的时间，服务器可以在指派地址租约时配置所有的附加配置值。

4）客户机不需手工配置 TCP/IP。

5）客户机在子网间移动时，旧的 IP 地址自动释放以便再次使用。再次启动客户机时，DHCP 服务器会自动为客户机重新配置 TCP/IP。

6）大部分路由器可以转发 DHCP 配置请求，因此互联网的每个子网并不都需要 DHCP 服务器。

2．DHCP 分配地址的方式

DHCP 服务器中保存了可以提供给客户机的 TCP/IP 配置信息。这些信息包括网络客户的有效配置参数、分配给客户的有效 IP 地址池（其中包括为手工配置而保留的地址）和服务器提供的租约持续时间。

如果将 TCP/IP 网络上的计算机设定为从 DHCP 服务器获得 IP 地址，这些计算机则成为 DHCP 客户机。启动 DHCP 客户机时，它与 DHCP 服务器通信以接收必要的 TCP/IP 配置信息。该配置信息至少包含一个 IP 地址和子网掩码以及与配置有关的租约。

DHCP 服务器为 DHCP 客户机分配 IP 地址主要有以下 3 种方式。

1）手工分配。在手工分配中，网络管理员在 DHCP 服务器上，通过手工方法配置 DHCP 客户机的 IP 地址。当 DHCP 客户机要求网络服务时，DHCP 服务器把手工配置的 IP 地址传递给 DHCP 客户机。

2）自动分配。在自动分配中，不需要进行任何的 IP 地址手工分配。当 DHCP 客户机第一次向 DHCP 服务器租用到 IP 地址后，这个地址就永久地分配给了该 DHCP 客户机，而不会再分配给其他客户机。

3）动态分配。当 DHCP 客户机向 DHCP 服务器租用 IP 地址时，DHCP 服务器只是暂时分配给客户机一个 IP 地址。只要租约到期，这个地址就会还给 DHCP 服务器，以供其他客户机使用。如果 DHCP 客户机仍需要一个 IP 地址来完成工作，则可以再续约这个 IP 地址或申请其他 IP 地址。

动态分配方法是唯一能够自动重复使用 IP 地址的方法，它对于暂时连接到网上的 DHCP 客户机来说尤其方便，对于永久性与网络连接的新主机来说也是分配 IP 地址的好方法。DHCP

客户机不再需要时才放弃 IP 地址，如 DHCP 客户机要正常关闭时，它可以把 IP 地址释放给 DHCP 服务器，然后 DHCP 服务器就可以把该 IP 地址分配给申请 IP 地址的 DHCP 客户机。

使用动态分配方法可以解决 IP 地址不够用的问题。例如，一个 C 类网络地址只能支持 254 台主机，如果网络上的主机总数有 300 多台，如果使用手工方法静态分配将不能为每个主机分配一个 IP 地址。经过观察发现，任一时刻同时登录网络的主机最多不超过 200 台，如果采用动态分配 IP 地址的方式，254 个 IP 地址足够使用。只要有空闲的 IP 地址，DHCP 服务器就可以将它分配给要求 IP 地址的客户机。当客户机不再需要 IP 地址时，就由 DHCP 服务器重新收回。

DHCP 服务的实现过程如下。

1）当 DHCP 客户机首次启动时，客户机向 DHCP 服务器发送一个 DHCP 发现消息，该数据包中包含了客户机的 IP 租用请求信息。

2）当 DHCP 服务器接收到客户机发送的 DHCP 发现消息后，从其事先定义的地址池数据库中选择一个当前未用的 IP 地址，并将其与子网掩码、默认网关等信息一起以 DHCP 回应包的信息返回给客户机。

3）当客户机所在的网络中包含不止一个 DHCP 服务器时，客户机可能收到好几个 DHCP 服务器的响应，在大多数情况下，客户机将优先接收所收到的第一个 DHCP 回应包，并在接收的同时向 DHCP 服务器发送一个关于 IP 参数使用的 DHCP 请求包，DHCP 服务器在收到该包后，则向客户机发送一个 DHCP 确认包。

如果一个客户机获得分配给它的 IP 地址，则称这个 IP 地址在一个给定的时间内被租用给了这个客户机。Windows 网络平台的 DHCP 服务器默认租用时间是 8 天，但网络管理员可以在 DHCP 服务器端对租用时间进行管理与限制。

DHCP 服务器在为客户机提供 IP 地址与子网掩码的同时，还可以提供以下一些可选的高级设置。

（1）默认网关选项

一旦在 DHCP 服务器上设置了该选项，则 DHCP 服务器在为客户机分配 IP 地址的同时，还为客户机指定默认网关。默认网关使得客户机能够连接其他的 IP 网络，如 Internet。

（2）指定域名服务器

一旦在 DHCP 服务器上设置了域名服务器选项，则 DHCP 服务器就可以在为客户机分配 IP 地址的同时，为客户机指定域名服务器，从而客户机能够借此实现域名解析，通过域名访问网络资源。

5.4.4 DHCP 服务器的规划

校园网中 DHCP 服务器的规划和设计是根据校园网的网络拓扑结构来进行的。一般的校园网是基于三层（接入层、汇聚层和核心层）设计模型架构的，校内的各个子网汇聚到汇聚层（分布层）交换机后连接到核心层交换机。在汇聚层交换机（三层交换机）上进行配置，使该汇集交换机具有 DHCP 服务的功能，为所有汇集到该交换机的子网提供 DHCP 服务。校内实验中心的计算机机房一般采用在基于 Windows Server 的环境中配置 DHCP 服务器，每台服务器为所在机房的计算机提供 DHCP 服务。

5.4.5 DHCP 服务器配置需求和实验环境

本实验包含在 Windows Server 2003 上安装 DHCP 服务器和在三层交换机上配置 DHCP 服务器两种环境。

1. 在 Windows Server 2003 上安装 DHCP 服务器的环境及需求

运行 Windows Server 2003 的服务器 1 台，测试用 PC（至少 2 台），可利用 VMware-Workstation 虚拟机模拟多台 PC 做实验；交换机 1 台，一些网线（直连双绞线），保证 PC 与 DHCP 服务器具有 IP 连通性。实验参考拓扑如图 5-45 所示，DHCP 服务器名称为 DHCP，IP 地址为 192.168.6.94，为客户端提供 192.168.6.11~192.168.6.240 地址段中的 IP 地址，子网掩码为 255.255.255.0，网关为 192.168.6.1。

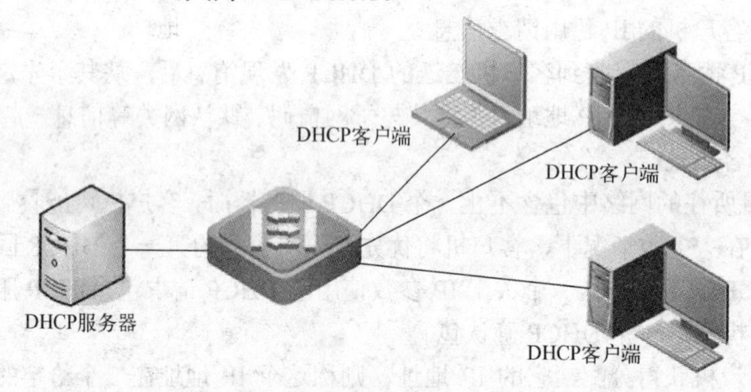

图 5-45 DHCP 网络实验参考拓扑

2. 在路由器或三层交换机上配置 DHCP 服务器的环境及需求

一台路由器或三层交换机，测试用 PC（至少 2 台），一些网线（直连双绞线），保证 PC 与路由器或三层交换机连接。实验参考网络拓扑如图 5-46 所示，本实验要求三层交换机为客户端提供 192.168.16.0/24 范围的 IP 地址租用服务，子网掩码为 255.255.255.0，网关为 192.168.16.254，地址 192.168.16.1～192.168.16.10 不分配。

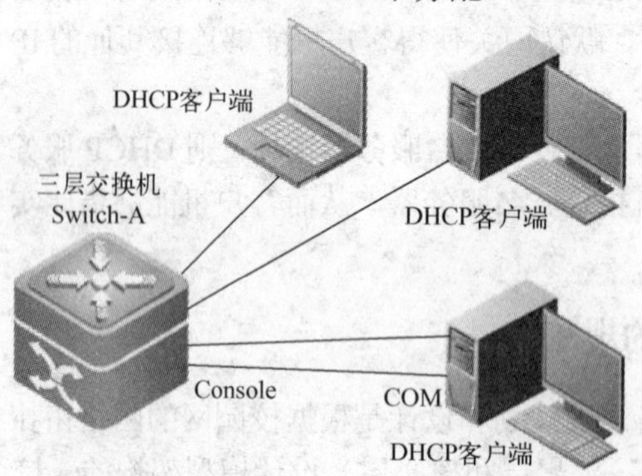

图 5-46 通过三层交换机提供 DHCP 服务

5.4.6 实验内容与操作要点

1. 在 Windows Server 2003 环境中安装和配置 DHCP 服务器

在 Windows Server 2003 上安装 DHCP 服务器之前需要注意两点：一是 DHCP 服务器本

身的 IP 地址必须是静态的，即 IP 地址、子网掩码、默认网关以及 DNS 服务器的 IP 地址等信息必须是静态分配；二是需要事先规划好提供给 DHCP 客户端的 IP 地址范围，即 IP 地址池或 IP 作用域，这是因为 DHCP 服务器只能将 IP 地址池中的 IP 地址分配给 DHCP 客户端使用。在具备了这两个条件后，就可以安装 DHCP 服务器。

（1）安装 DHCP 组件

DHCP 服务器组件的安装与 5.1 节中 DNS 服务器的安装步骤一样，不同的是在如图 5-4 所示的“网络服务”对话框中，选择“动态主机配置协议（DHCP）”选项，单击“确定”按钮及“下一步”按钮，插入 Windows Server 2003 安装光盘，将有关 DHCP 所需要的系统文件复制到硬盘中，直至安装完成。当然，还有其他的方法可以安装 DHCP 服务器。

（2）新建作用域

DHCP 服务器是以作用域为基本管理单位向客户端提供 IP 地址分配服务的。作用域是对使用 DHCP 服务的子网进行的计算机管理分组，实际上是一个可分配 IP 地址的范围。

单击控制台树中相应的 DHCP 服务器，如图 5-47 所示，在“操作”菜单上，单击“新建作用域”，启动“新建作用域”向导。

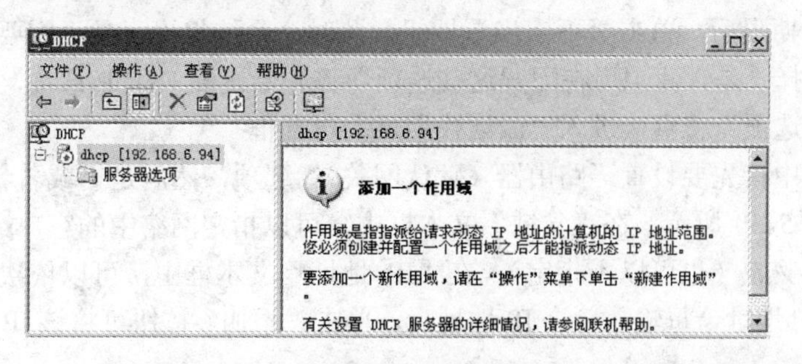

图 5-47　DHCP 服务器控制台

在“作用域名”对话框中，输入“名称”和“描述”信息后，单击“下一步”按钮。出现如图 5-48 所示的“IP 地址范围”对话框，输入用于自动分配的“起始 IP 地址”和“结束 IP 地址”，并设定“子网掩码”。例如，本实验中在“起始 IP 地址”框输入 192.168.6.11，在“结束 IP 地址”框输入 192.168.6.240，在长度框中输入 24（表示 24 位子网“长度”），即子网掩码为：255.255.255.0。然后单击“下一步”按钮，打开图 5-49 所示的“添加排除”对话框。

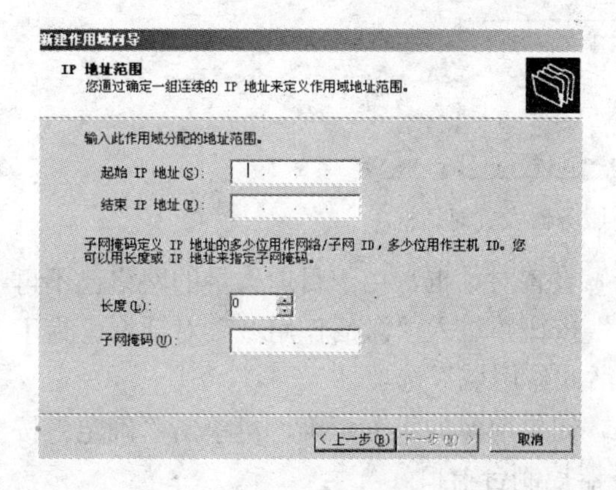

图 5-48　“IP 地址范围”对话框

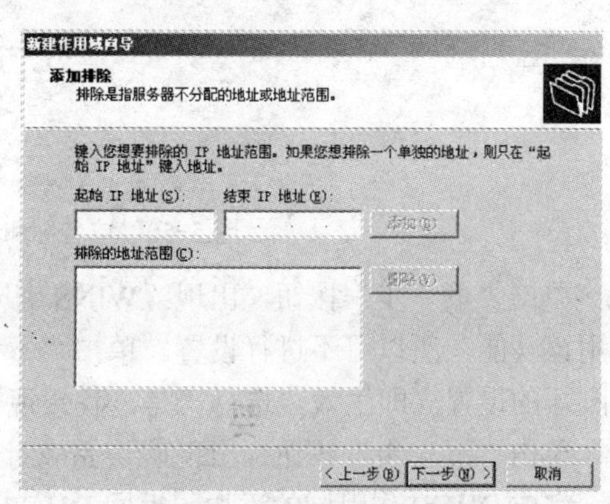

图 5-49　设置要排除的 IP 地址范围

在图 5-49 中，输入不打算租借给客户机使用的 IP 地址范围。例如，在上面输入的地址段中，打算将 192.168.6.30～192.168.6.39 地址段保留，则在“起始 IP 地址”下面输入 192.168.6.30，在“结束 IP 地址”下面输入 192.168.6.39。接着单击“添加”按钮，使其显示在“排除的地址范围”列表中。如果要排除单个 IP 地址（如 192.168.6.68），只需在“起始 IP 地址”和“结束 IP 地址”下面均输入该 IP 地址即可。

DHCP 在提供主机 IP 地址动态分配功能的同时，也提供了类似静态地址分配的保留 IP 地址功能。保留 IP 地址是指将地址池中的特定 IP 地址保留给特定的 DHCP 客户机使用，以便该客户机每次申请 IP 地址时都拥有固定的 IP 地址。当网络中存在某些提供网络服务的计算机时，该功能就显得非常有用。例如，对于网络中提供 Web 服务的主机，就应该为该主机提供一个保留地址，以便在 DNS 服务器上有一条相对固定的名字记录，或是 Web 客户机能够直接使用这个固定的 IP 地址浏览该网站。

单击“下一步”按钮，出现租约期限设置对话框。系统默认为 8 天，用户可根据实际需要来设置。一般的设置原则是：如果 IP 地址紧缺，则租用期设置得短一些，如果 IP 地址充足，则可设置得长一些。

设置好租约期限后，单击“下一步”按钮，此时，系统将提示是否需要为此作用域配置 DHCP 选项。选择“是，我想现在配置这些选项”将开始设置 DHCP 选项，如果选择“否，想稍后配置这些选项”将直接进入“激活作用域”对话框。

DHCP 选项中首先要设置“路由器（默认网关）”选项，然后是“域名名称和 DNS 服务器”选项，如图 5-50 所示，在“父域”文本框中，可以指定网络中的客户端计算机 DNS 名称解析时使用的父域（也可以不指定），在“IP 地址”文本框中，可以依次输入一个或多个 DNS 服务器的 IP 地址，每输入一个 IP 地址后，单击“添加”按钮可将该 IP 地址加入到列表框中。

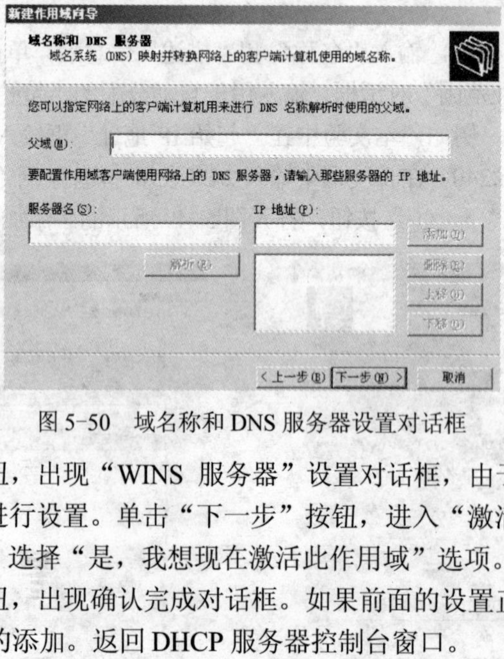

图 5-50　域名称和 DNS 服务器设置对话框

单击“下一步”按钮，出现“WINS 服务器”设置对话框，由于目前大量的网络已不再使用该功能，所以可不进行设置。单击“下一步”按钮，进入“激活作用域”对话框。为了使刚才的设置立即生效，选择“是，我想现在激活此作用域”选项。

单击“下一步”按钮，出现确认完成对话框。如果前面的设置正确，可单击“确定”按钮，完成 DHCP 作用域的添加。返回 DHCP 服务器控制台窗口。

（3）验证

在配置DHCP服务器后，首先设置该局域网中的客户机自动获取IP地址、自动获取DNS服务器地址，然后在客户机上进入命令提示符窗口运行ipconfig/all命令，显示本地IP地址的租用情况（包括IP地址、子网掩码、DNS服务器的IP地址和租用时间等）。用ipconfig/all命令查看IP地址后，可以在任意两台DHCP客户端之间进行通信测试。在其中一台DHCP客户端使用ping命令测试另一台DHCP客户端的IP地址。

2．在三层交换机上配置DHCP服务器

近年来，随着路由器和三层交换机应用的日渐广泛，其网络服务功能也日趋丰富。在路由器或三层交换机上配置了DHCP服务后，这台路由器或三层交换机就成为一台DHCP服务器，省去了在网络中单独配置一台DHCP服务器。

以锐捷公司的网络产品为例，说明如何在路由器或三层交换机上配置DHCP服务器。其产品的DHCP服务器完全根据RFC 2131来实现，主要功能就是为主机分配和管理IP地址。要配置DHCP，以下3个配置任务是必须的。启用DHCP服务器与中继代理；配置DHCP排斥地址；配置DHCP地址池。

说明：DHCP中继代理就是在DHCP服务器和客户端之间转发DHCP数据包。由于DHCP采用广播方式发送DHCP请求报文，使得DHCP协议被局限在单个广播域（VLAN）内使用。而在拥有多个VLAN的局域网中，要为每个VLAN设置一台DHCP服务器显然是不太现实的。为了实现DHCP的跨VLAN，可采用DHCP中继功能。当DHCP客户端与服务器不在同一个子网上，就必须有DHCP中继代理来转发DHCP请求和应答消息。DHCP中继代理的数据转发与通常路由转发是不同的，通常的路由转发相对来说是透明传输的，设备一般不会修改IP包内容；而DHCP中继代理接收到DHCP消息后，重新生成一个DHCP消息，然后转发出去。在DHCP客户端看来，DHCP中继代理就像DHCP服务器；在DHCP服务器看来，DHCP中继代理就像DHCP客户端。

（1）启用DHCP服务器与中继代理

在交换机的全局配置模式下输入Switch-A（config）#service dhcp。

（2）配置DHCP排斥地址

如果没有特别配置，DHCP服务器会试图将在地址池中定义的所有子网地址分配给DHCP客户端。因此，如果想保留一些地址（例如已经分配给服务器或者设备的）不由DHCP服务器进行分配，必须明确定义这些地址是不允许分配给客户端的。

要配置哪些地址不能分配给客户端，在全局配置模式中执行以下命令。

```
Switch-A（config）# ip dhcp excluded-address low-ip-address [high-ip-address]
```

例如，ip dhcp excluded-address 192.168.16.1 192.168.16.10。

配置DHCP服务器，一个好的习惯是将所有已明确分配的地址全部不允许DHCP分配，这样可以带来两个好处。其一是不会发生地址冲突；其二是DHCP分配地址时，减少了检测时间，从而提高了DHCP的分配效率。

（3）配置DHCP地址池

DHCP的地址分配以及给客户端传送的DHCP的各项参数，都需要在DHCP地址池中进行定义。如果没有配置DHCP地址池，即使启用了DHCP服务器，也不能对客户端进行地址分配；但是如果启用了 DHCP 服务器，不管是否配置了 DHCP 地址池，DHCP 中继代理总是起作用的。

可以给 DHCP 地址池起一个有意义、易记忆的名字，地址池的名字由字符和数字组成。锐捷公司的产品可以定义多个地址池，根据 DHCP 请求包中的中继代理 IP 地址来决定分配哪个地址池的地址。

如果 DHCP 请求包中没有中继代理的 IP 地址，就分配与接收 DHCP 请求包接口的 IP 地址同一子网或网络的地址给客户端。如果没有定义这个网段的地址池，地址分配就会失败。

如果 DHCP 请求包中有中继代理的 IP 地址，就分配与该地址同一子网或网络的地址给客户端。如果没有定义这个网段的地址池，地址分配就会失败。

要进行 DHCP 地址池配置，请根据实际的需要执行以下任务，其中前 3 个任务要求执行。

- 配置地址池，并进入其配置模式（要求）。
- 配置地址池的子网及其掩码（要求）。
- 配置客户端默认网关（要求）。
- 配置地址租期（可选）。
- 配置客户端的域名（可选）。
- 配置域名服务器（可选）。
- 配置 NetBIOS WINS 服务器（可选）。
- 配置客户端 NetBIOS 节点类型（可选）。

地址池配置实例。

在以下配置中，定义了一个地址池 net 192，地址池的网段为 192.168.16.1/24，默认网关为 192.168.16.254，域名服务器为 192.168.16.253，地址租期为 30 天。该地址池中除了 192.168.16.1～192.168.16.10 地址外，其余地址均为可分配地址。

```
ip dhcp excluded-address 192.168.16.1 192.168.16.10
ip dhcp pool net192
network 192.168.16.1    255.255.255.0
default-router 192.168.16.254
dns-server 192.168.16.253
lease 30
```

说明：DHCP 服务器给客户端分配的地址，默认情况下租期为 1 天。当租期快到时，客户端需要请求续租，否则过期后就不能使用该地址。

（4）结果验证

在三层交换机上配置了 DHCP 服务器后，可以直接在三层交换机上进行验证，也可以通过客户端进行验证。

在三层交换机上使用 show running-config 命令会显示 DHCP 服务器的配置。另外，也可以输入 show ip dhcp server statistics 命令，查看 DHCP 服务器当前的运行状态。

3．DHCP 服务的测试

在 DHCP 客户端，将其设置为“自动获得 IP 地址”和“自动获得 DNS 服务器地址”。打开其计算机上的 DOS 命令运行窗口，在 DOS 提示符下输入“ipconfig/all”命令，查看该计算机的 TCP/IP 配置信息，运行将显示 DHCP 客户端所获得的 IP 地址及相关信息。这时，用 ping 命令测试网关的地址，应该是连通的。

在 DOS 提示符下输入“ipconfig/renew”命令，表示向 DHCP 服务器重新申请 IP 地址。

然后在 DOS 提示符下再次输入“ipconfig/all”命令，再次查看该计算机所获取的 TCP/IP 配置信息。注意观察是否已成功获得 DHCP 服务器所提供的服务，除 IP 地址外，客户机是否还获得了其他的配置信息。

注意：如果获取的 IP 地址是 169.254.118.69 这类地址，则表示客户机并没有从 DHCP 服务器获得 IP 地址，169.254.X.X 是当系统在网上没有找到 DHCP 服务器时，微软的系统所分配的默认 IP 地址。

5.4.7 拓展实验

以你所在学校的应用为项目背景，进行实地调查，获取网络设计情况。模仿其网络结构设计局域网中的 DHCP 服务器（基于汇聚层交换机）。要求给出详细的设计方案（包括网络拓扑图），根据设计方案进行实验，描述主要的实现过程并进行测试，给出测试结果并进行分析。

5.4.8 实验思考题

1）在使用 DHCP 服务器的网络中，DHCP 断电后，DHCP 客户机是否还能够进行资源共享？此时，它们获得的 IP 地址是什么网段的？

2）DHCP 中继代理的工作原理是怎样的？

3）简述租约的作用。

4）DHCP 服务为何要实现保留 IP 地址功能，其在网络地址管理中有什么好处？

5.5 综合案例设计——TCP/IP 应用环境的设计

在实际的企事业单位、政府部门的网络应用中，通常是综合运用基于 TCP/IP 的各种网络服务。本实验为综合设计实验，目的是通过分析案例描述，能够根据相关的项目背景进行需求分析，运用所学的计算机网络知识和 TCP/IP 的各种网络服务，规划和设计网络服务器并进行综合配置和测试。

5.5.1 实验目的

了解 Internet、Intranet 的基本概念及组成，培养学生根据所给定的网络服务要求进行 TCP/IP 服务设计与配置的能力。

5.5.2 案例描述

旭日创新公司对内需要提供 Web 服务、DNS 服务、FTP 服务和 DHCP 服务，对外提供 DNS 服务和 Web 服务。所有的上述网络服务由 3 台安装了 Windows Server 2003 操作系统的服务器提供，其中对外的 Web 服务与对内的 Web 服务由一台服务器承担，DNS 服务由一台服务器承担，FTP 服务与 DHCP 服务由一台服务器承担。企业申请到的域名为“chuangxin.com”。

请你根据该需求与服务器配置描述，为这个企业规划和设计相应的IP寻址与服务器配置方案，并付诸实施。

5.5.3 设计目标与要求

根据上述案例描述，所规划与设计的方案需要满足以下的具体目标与要求。

1）企业内部员工可访问对内的Web服务。

2）公众用户可以访问企业对外的Web服务，但不能访问对内的Web服务。

3）企业内部一般员工访问FTP时只具有读的权限，企业网络管理员访问FTP时具有读与写的权限，公众用户不能访问FTP服务。

4）企业内部所有员工的主机的IP地址均由DHCP服务器动态分配，服务器IP地址为静态分配。

5）企业内部员工与公众用户均可访问DNS服务。

为保证方案的有效性与可行性，在方案设计出来之后要求在实验室环境中进行模拟测试。

5.5.4 设计与规划内容

1. IP地址的设计

参考表5-6完成服务器的IP地址的设计和分配工作。

表5-6 服务器IP地址的设计和分配

服 务 器 名	需要的IP地址个数	具体的IP地址与子网掩码	网 关 地 址
FTP/DHCP服务器			
对内/对外Web服务器			
DNS服务器			

2. DNS、DHCP、FTP和Web服务器的规划与设计

参考本章5.1～5.4节，完成本案例所涉及的DNS、DHCP、FTP和Web服务器的基本规划，具体内容可用自行设计的表格或配置清单描述。

5.5.5 设计的有效性与可行性验证

在完成全部的设计任务之后，建议在实验室进行方案的有效性与可行性论证。在进行论证之前，必须向实验室指导教师或管理人员提供方案论证的实施方案。该实施方案应包括论证的目的与任务、网络拓扑结构图、所需设备与材料的清单、预期的时间及项目组人员的组成与分工等内容的说明。

根据方案的有效性与可行性论证结果，对原有的设计方案进行必要的修改，并提交相应的论证报告，论证报告需要包括论证前后的设计方案内容。

5.5.6 设计思考与探讨

对于该案例，若企业不能为服务器购买Windows Server软件，那么是否有其他的可选方案？如果企业要求足够高的服务可靠性，且愿意为此增加服务器的硬件投资，那么在方案上可做哪些调整？

第6章　网络管理实验

网络管理是计算机网络的关键技术之一，尤其在大中型计算机网络中更是如此，合理规范的网络管理是必不可少的。网络管理是指监督、组织和控制网络通信服务以及信息处理所必需的各种活动的总称。其主要职能是监测、控制和记录网络资源的性能和使用情况，以使网络有效运行，为用户提供一定质量水平的网络业务，包括对硬件、软件的使用、综合与协调，以便对网络资源进行监视、测试、配置、分析、评价和控制。其目标是确保计算机网络的持续正常运行，并在计算机网络运行出现异常时能及时响应和排除故障，使其可靠运行。

6.1　网络管理软件简介

“工欲善其事，必先利其器”，要想对网络进行管理，必须有好的管理软件。

商业软件（例如 Cisco Works、HP Open View、Sun NetManager 等）一般功能全面但价格不菲，一般小型企业或个人，甚至是学校的实验教学难以有足够预算购买并部署。值得欣慰的是，还有众多优秀的免费网管软件可供网络管理员学习、研究和使用，这些软件的开发多由一些开源项目支持，其中多数软件可免费下载，如进行流量监控的 MRTG（Multi Router Trafic Grapher）、进行协议分析的 Wireshark 等，本章从中精选部分进行介绍。

6.2　SNMP 协议的安装和配置

SNMP（Simple Network Management Protocol）指的是简单网络管理协议，是 TCP/IP 协议族的一部分，是一种应用层协议。它通过网络设备之间的客户机/服务器模式进行通信，使网络设备能方便地交换管理信息。

SNMP 的一个最主要的指导思想是尽可能简单，SNMP 是基于 UDP 的网络管理协议，其原理十分简单，它以轮询和应答的方式进行工作，采用集中或集中分布式的控制方法对整个网络进行控制和管理。其基本功能包括监视网络性能、检测分析网络差错和配置网络设备等。在网络正常工作时，SNMP 可实现统计、配置和测试功能；当网络出现故障时，可实现各种差错检测和恢复功能。虽然 SNMP 是在 TCP/IP 基础上的网络管理协议，但也可扩展到其他类型的网络设备上。

路由器、交换机、打印机和服务器等都可以成为被管理的网络设备节点（也称为 SNMP 系统中的服务器方），每个节点上都运行着一个称为设备代理（Agent）的应用进程，实现对被管设备的各种被管理对象的信息的搜索和对这些被管理对象的访问的支持。而 SNMP 系统中的管理方（也称为 SNMP 系统中的客户机方）往往是一台单独的计算机，它能够轮询各个网络设备节点并记录它们所返回的数据，为管理员提供被管理设备的可视化图形界面。设备所有被管理的信息被视为一个集合，这些被管理对象由 OSI 定义在一个被称为管理信息库（Management Information Base，MIB）的虚拟信息库中。

SNMP 利用的是 UDP 的 161/162 端口。其中 161 端口被设备代理监听，等待接受管理者进程发送的管理信息查询请求消息；162 端口由管理者进程监听，等待设备代理进程发送的异常事件报告陷阱消息，如 Trap。

SNMP 允许使用很少的网络带宽和系统资源收集很多有用的系统、网络数据。它提供了一种统一的、跨平台的设备管理方法，并且能够让网络管理员及时发现和解决网络问题以及对网络功能进行扩充。

许多流行的网络管理软件，如 MRTG，就是依靠 SNMP 协议来捕捉多台网络设备的信息，然后显示详细的系统参数图形。为了让类似 MRTG 这样的工具软件正常工作，并从网络中收集相应的信息，需要在每一台网络设备上启用 SNMP。下面以 Windows Server 2003 为例，讨论 SNMP 的安装和配置。

6.2.1 实验目的

加深对 SNMP 的理解，掌握 Windows 系统中 SNMP 的安装和配置方法。

6.2.2 实验环境

计算机 1 台，计算机中已经安装好 Windows Server 2003 操作系统，Windows Server 2003 安装软件。

6.2.3 实验内容与操作要点

1．安装 SNMP

1）按照在 Windows 中添加/删除软件的方法打开“添加/删除程序”窗口，单击该窗口左侧的“添加/删除 Windows 组件”。

2）在弹出的“Windows 组件向导”对话框中选中“管理和监视工具”，单击右下方的“详细信息”按钮，如图 6-1 所示。

3）在弹出的“管理和监视工具”对话框中选中“简单网络管理协议（SNMP）”，如图 6-2 所示，单击“确定”按钮。这时，系统返回“Windows 组件向导”对话框，相应组件已经被标识选中。

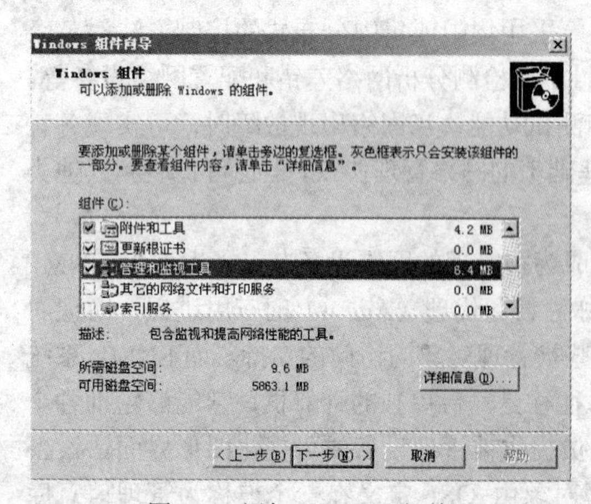

图 6-1　添加 Windows 组件

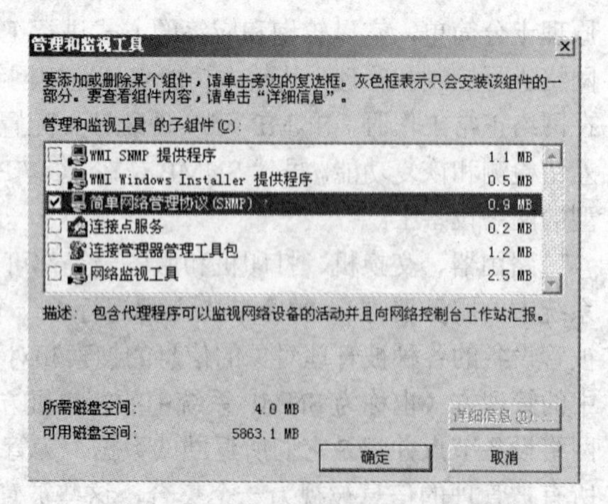

图 6-2　“管理和监视工具”对话框

4）单击“下一步”按钮，如果出现了“插入磁盘”提示，则插入相应的 Windows 系统安装光盘继续，Windows 会进行相应组件的安装。安装完毕后，单击“完成”按钮，结束安装。

2．配置 SNMP 协议

1）依次单击“开始”→“管理工具”→“服务”，弹出“服务”组件管理控制台窗口，如图 6-3 所示。在窗口中双击“SNMP Service”服务。

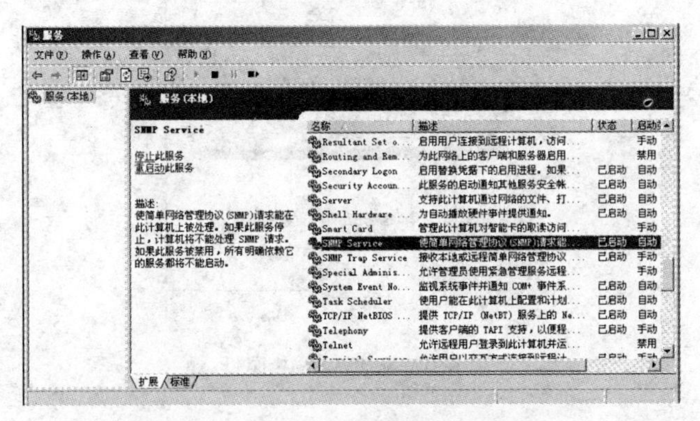

图 6-3 “服务”组件管理控制台窗口

2）系统弹出“SNMP Service 的属性（本地计算机）”对话框，选择“安全”选项卡，如图 6-4 所示。安装 SNMP 后，Windows Server 2003 默认没有启用任何团体名称，需要进一步进行配置。

3）在“接受团体名称”部分单击“添加”按钮，在弹出的“SNMP 服务配置”对话框中输入自己希望的团体名，在此输入“itlab”，如图 6-5 所示。并且在“团体权限”下拉列表框中选择一种权限（权限包括无、通知、只读、读写、读创建），在此选择“只读”，然后单击“确定”按钮，回到上一级对话框。

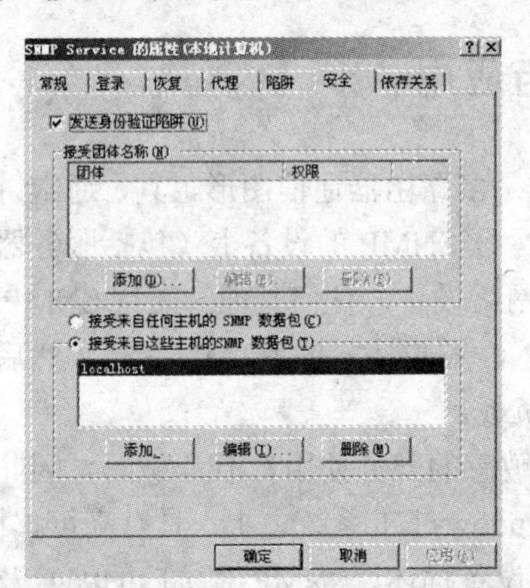

图 6-4 “SNMP Service 的属性”对话框

图 6-5 配置 SNMP 团体名称和权限

4）在“SNMP Service 的属性（本地计算机）”对话框的“安全”选项卡中继续设置，确保上方“发送身份验证陷阱”复选框已经被选中，同时确保下方“接受来自这些主机的 SNMP 数据包”下方已经选中“localhost”，如图 6-6 所示。单击“确定”按钮关闭对话框，保存上述更改。

3．注意事项

（1）SNMP 的安全设置

如果被监控的设备也是运行在 Windows 系统中的服务器，则在该计算机 SNMP 服务的安全属性中也需要进行相应设置。

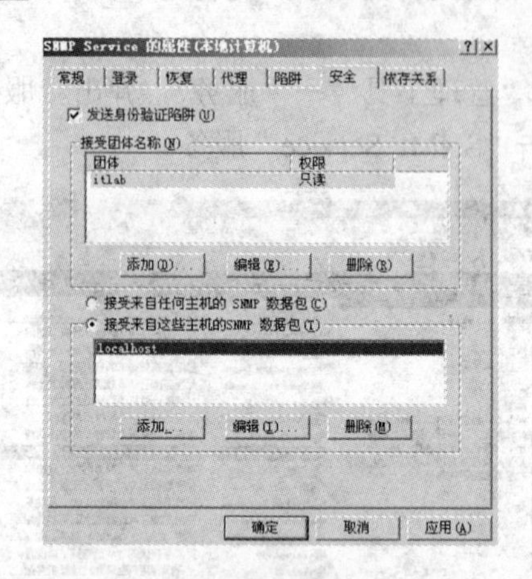

图 6-6　配置 SNMP 属性

为保证网络信息的安全，在实际网络管理中“团体权限”应设为“只读”，并且建议团体名不使用默认的“public”，最好对网络内所有 SNMP 服务的设备的团体进行统一规划。为了进一步限制访问权限，可在“安全”选项卡下半部选择“只接受来自这些主机的 SNMP 数据包”选项，并设置可信任的主机名或 IP 地址。

（2）修改防火墙

如果系统启用了 Windows 防火墙或者安装了第三方防火墙软件，一定要打开相应的端口。其中被管理设备需要开放 UDP 162 监听端口，而管理主机需要开放 UDP 161 监听端口，否则 SNMP 数据包将无法被捕捉和发送。

6.3　流量监控工具软件 MRTG 的安装与应用

MRTG（Multi Router Traffic Grapher）的中文名称是多路由器通信图形工具，通常讲是一个监控网络链路流量负载的开源软件，它可以从所有运行 SNMP 的设备上（包括服务器、路由器和交换机等）抓取信息。事实上它不仅可以监控网络设备，任何其他的支持 SNMP 的设备都可以作为 MRTG 的监控对象，并自动生成包含 PNG 图形格式的 HTML 文档，然后通过 HTTP 方式显示给用户，以非常直观的形式显示流量负载。

MRTG 是用 Perl 编写的，源代码完全开放；时间敏感的部分使用 C 代码编写，因此具有很好的性能；目前可以运行在大多数 UNIX 系统和 Windows NT 系统之上，具有高可移植性。可靠的接口标识（被监控设备的接口可以以 IP 地址、设备描述、SNMP 对接口的编号及 Mac 地址来标识）；常量大小的日志文件（MRTG 的日志不会变大，因为这里使用了独特的数据合并算法）；MRTG 自身有配置工具套件，使得配置过程非常简单。

6.3.1　实验目的

掌握 Windows 系统中 MRTG 软件的安装和配置方法，掌握利用 MRTG 软件进行网络流量监控的方法。

6.3.2 实验环境

计算机 1 台，计算机中已经安装好 Windows Server 2003 操作系统，安装和配置了 SNMP，安装并启用了 IIS。

6.3.3 实验内容与操作要点

在安装之前，除了需要准备好 MRTG 安装程序外，还要下载另外几个辅助软件，这些软件全部可以在网上免费获得。

1．下载 MRTG 及相关软件。

1）下载 MRTG 软件。下载地址：http://oss.oetiker.ch/mrtg/pub/?M=D，本书使用的软件版本是 mrtg-2.17.4。

2）下载 ActivePerl。下载地址：http://www.activestate.com/activeperl/downloads，本书使用的软件版本是 ActivePerl-5.14.2.1402-MSWin32-x86-295342。

3）下载 Windows Server 2003 服务安装工具 rktools.exe（Windows Server 2003 Resource Kit Tools），从中提取 instsrv.exe 和 srvany.exe 这两个文件。下载地址：http://www.microsoft.com/download/en/details.aspx?displaylang=en&id=17657。

2．安装 ActivePerl 软件

ActivePerl 的安装比较简单，目前使用的一般是 Active Perl for Windows，现在最新的版本是 5.14.2，它需要使用者先安装 IIS 或者 Apache 等常用的 Web 服务器平台。在这里，以最常用的 IIS 作为安装的示例，如果大家需要在 Apache 平台里面安装 ActivePerl，结果会稍有些不同。IIS 的安装和启动请参考 5.2.6 节。

1）双击下载的 ActivePerl 安装文件，文件名类似 ActivePerl-5.14.2.1402-MSWin32-x86-295342.msi。

2）在弹出的“ActivePerl 5.14.2 Build 1402 Setup”对话框中，单击“Next”按钮。在弹出的“ActivePerl 5.14.2 Build 1402 License Agreement”对话框中，阅读相应的版权说明，然后选择接受版权（没有选择，只有同意才能下一步），如图 6-7 所示，再单击“Next”按钮。

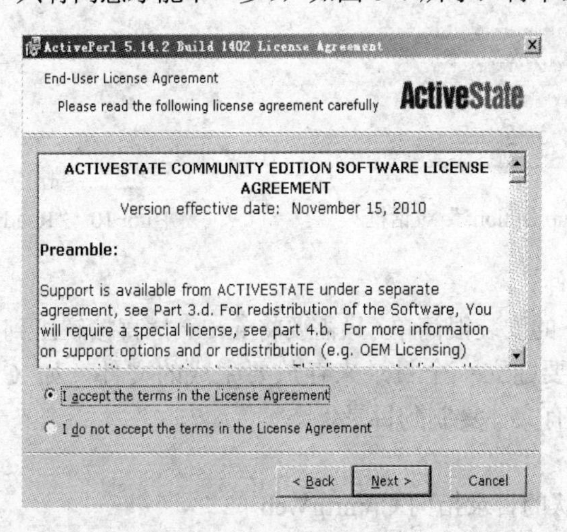

图 6-7 “ActivePerl 5.14.2 Build 1402 License Agreement”对话框

3）在弹出的“Custom Setup”对话框中，单击“Browse”按钮更改安装目录为usr，盘符一般应和Web的根目录所在的盘一致，如图6-8所示，再单击“Next”按钮。注意，系统默认是安装所有组件到C:\Perl文件夹中，但为了以后使用的方便，要修改为usr目录。

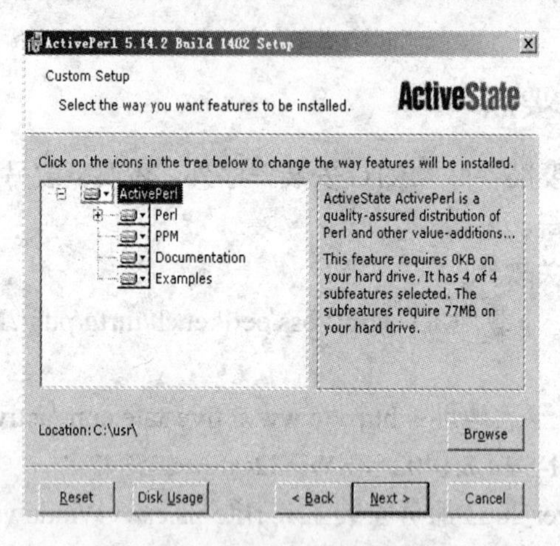

图6-8 “Custom Setup”对话框

4）在弹出的“Choose Setup Options”对话框中，确保所有选项已被选中，再单击“Next”按钮，如图6-9所示。

5）在弹出的“Ready to Install”对话框中，如图6-10所示，单击“Install”按钮开始安装。接着出现显示系统正在安装ActivePerl的相应内容。经过一段时间后，会弹出安装完成界面，单击“Finish”按钮完成其安装。

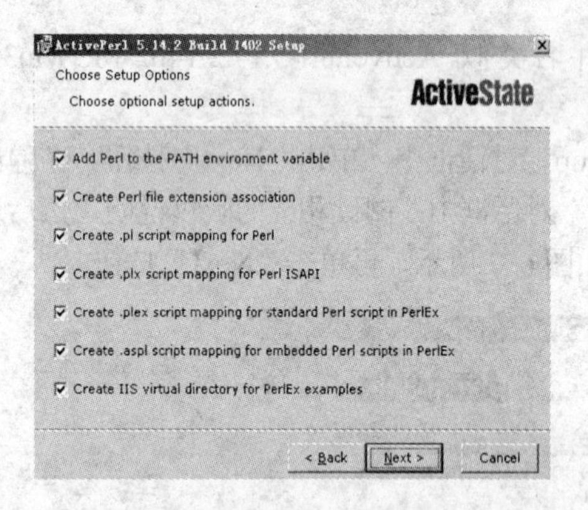

图6-9 “Choose Setup Options”对话框

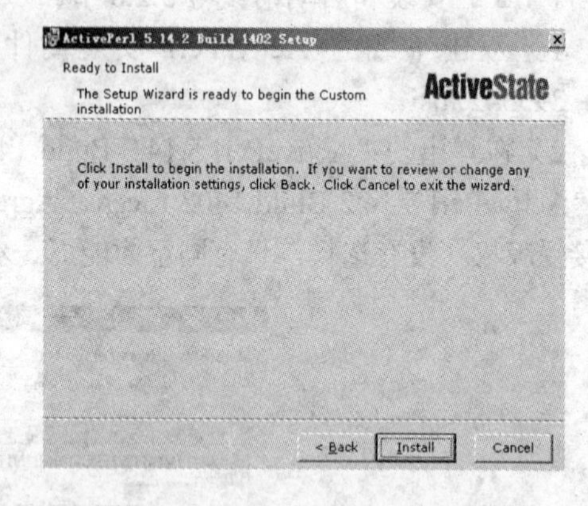

图6-10 “Ready to Install”对话框

3. 安装MRTG软件

mrtg在Windows下的安装很简单，只需要将mrtg.***直接解压到某个目录就好了。例如，解压到 C:\的同时，还要建立一个目录来存放要生成的文件，如 C:\mrtgWeb，同时将 C:\mrtg-2.17.4\images的所有文件复制到目录下。

4. 配置MRTG

（1）在IIS中将默认的目录指向C:\mrtgWeb

如图6-11所示。

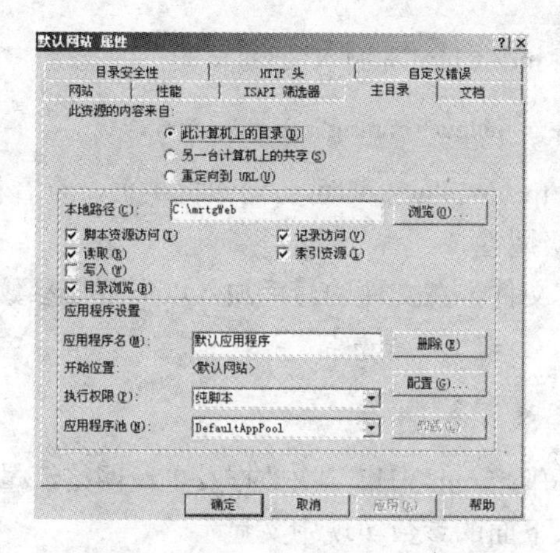

图 6-11 “默认网站属性”对话框

（2）配置文件的生成（由 cfgmaker 生成）

首先进入到目录 C:\mrtg-2.17.4\bin，然后输入以下命令指定输出目录。

```
perl cfgmaker public@xx.xx.xx.xx--global “workdir: c:\mrtgWeb” --output mrtg.cfg
```

注意：此@后面应添写要监控网络设备的 IP 地址，public 是监控网络对象的团体名，需要根据不同的监控对象的配置进行更改。在“workdir”和具体路径“c:\mrtgWeb”之间一定要有空格。如果是对本地计算机进行监控，xx.xx.xx.xx 用 localhost 代替。

例如，对本机进行监控，输入命令，如图 6-12 所示。

图 6-12 建立监控配置文件

```
perl cfgmaker itlab@localhost --global “workdir: c:\mrtgWeb” --output mrtg.cfg
```

接着输入命令，如图 6-13 所示。

```
perl mrtg mrtg.cfg
```

图 6-13 生成流量监控报表

命令成功执行完成后，将会在前一个命令所指定的 Web 目录里面生成以 IP（或是 localhost）+端口命名的网页和一些 png 图片及 log 日志文件（较低的版本没有自动生成日志文件），这些图片就是网络当时的流量图。可以直接打开这个网页检查一下，查看是否正常。刚开始生成后很多都是空白的，需要让它自动运行一段时间后才可以有图形表现出来。

最后生成网站首页文件 index.htm，输入命令。

```
perl indexmaker mrtg.cfg –output= c:\mrtgWeb\index.htm
```

这样，在浏览器输入 http://localhost 即可访问本机主页，查看相应的流量监控内容。

（3）配置 MRTG 的高级属性

用记事本打开 mrtg.cfg 文件，在文件的最后加入以下两行参数。

```
RunAsDaemon:yes
Interval:5
```

上述语句使得 MRTG 每隔 5min 采集一次数据及更新网络流量图形。

在 mrtg.cfg 文件中加入下面的参数实现中文显示。

```
Language:chinese
```

保存文件，退出。

5. 在 IIS 中为 index.htm 添加一个链接

打开 IIS 管理器窗口，设置默认网站的属性，其中主目录的设置如图 6-11 所示。单击该图中的“文档”选项卡，配置默认文档，如图 6-14 所示。

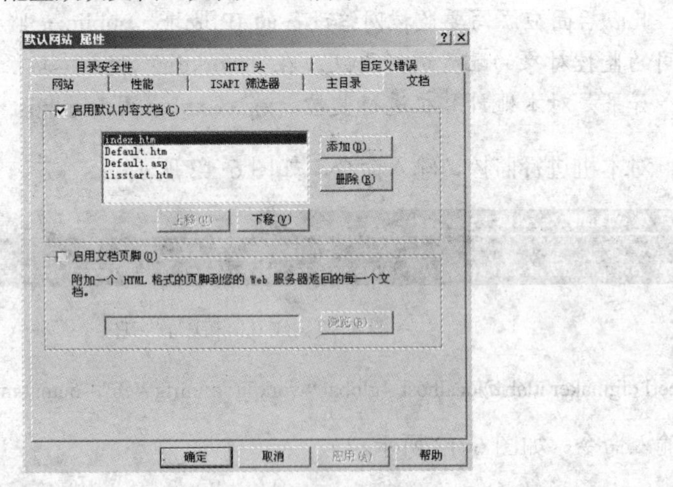

图 6-14 主目录设置

至此，完成了所有的配置。这时，通过 IE 浏览器 http:// localhost 可查看 MRTG 流量图。

6. 配置 MRTG 成为 Windows 的服务

Instsrv.exe 和 srvany.exe 这两个程序是 Windows Server 2003 Resource Kit Tools 中的工具软件，它们可以把任何一个 Windows 应用程序安装为 Windows 的一个服务。

（1）添加 MRTG 服务

把 instsrv.exe 和 srvany.exe 两个文件复制到 MRTG 的安装目录中的 bin 子目录（C:\mrtg -2.17.4\bin）中，键入以下命令。

```
instrrv mrtg c:\mrtg -2.17.4\bin\srvany.exe
```

如果成功运行，则出现“The service was successfully added!”的提示，如图 6-15 所示。

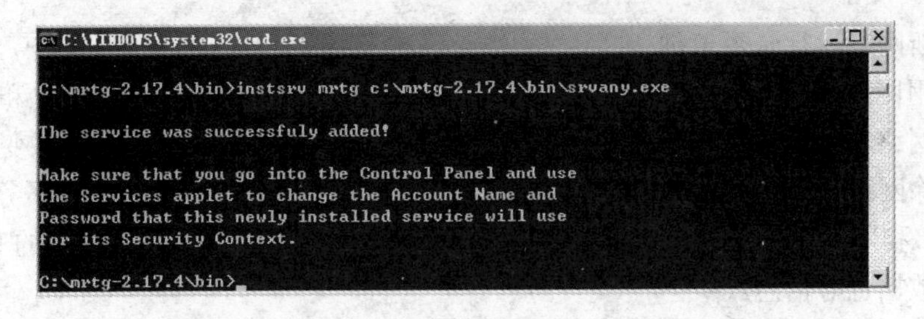

图 6-15　执行 srvany.exe 命令成功

（2）配置 MRTG 服务

在命令窗口输入“regedit”命令，打开注册表，在其中找到“HKEY_LOCAL_MACHINE/SYSTEM/CurrentControlSet/services/MRTG”项，在此注册表项下添加一个 parameters 子键，然后在该子键中添加以下项目。

名为 Application 的字符串值，其数值数据设置为 C:\usr\bin\perl.exe。

名为 AppDirectory 的字符串值，其数值数据设置为 C:\mrtg-2.17.4\bin。

名为 AppParameters 的字符串值，其数值数据设置为 mrtg--logging=mrtg.log mrtg.cfg。

重新启动 Windows。通过上述设置，MRTG 已经成为 Windows 系统的一项服务，开机后可以自动运行。

7．注意事项

（1）安装 SNMP 支持并修改其安全设置

由于 SNMP 在 Windows Server 2003 系统中不是默认安装的，所以要先安装该协议。如果被监控的设备也是运行在 Windows 系统的服务器，需要在该计算机上打开服务窗口，设置 SNMP 的安全属性。在图 6-4 上半部分设置 SNMP 服务接受的 Community 团体名，默认情况下 Windows Server 2003 不对任何团体名反馈。为了安全性，建议一般不要设置为默认的“public”，访问权限为“只读”。在图 6-4 下半部分可设置可信任的主机名或 IP 地址。

（2）修改防火墙

如果系统启用了 Windows 防火墙或者安装了第三方防火墙软件，一定要打开 UDP 161 监听端口。

6.4　使用 Wireshark 软件进行网络协议的检测和分析

与人与人之间的交流类似，计算机通信也依赖于彼此已经取得一致的交流方式，这种方式就是协议。协议定义了通信实体为完成一个指定任务而使用的报文格式、报文内容和报文顺序。计算机之间或计算机与网络（通信）设备之间的通信是在一组网络协议层的基础上完成的，每一层完成其对应的任务的一部分。例如，超文本传输协议（即 HTTP）定义了在传输一个网页时，Web 浏览器和 Web 服务器之间相互交换的报文集合。但对于一个 Web 浏览器和一个 Web 服务器来讲，HTTP 并不是所需的唯一协议。尽管在网络中可能会出现数据丢失的情况，HTTP 还是依赖于传输控制协议（即 TCP）来确保网页的可靠传输。TCP 依靠网际协议（即 IP）来确保在网络上将分组从运行 Web 浏览器的计算机路由到运行 Web 服务器的计算机。

网络管理的重要环节之一是对网络中数据的捕获和检测，并进行分析，以便实时监控网络状态，判断网络运行是否正常。

通过使用网络分析器，网络人员能够实现许多监控功能，包括从带宽优化和应用分析到故障修复和网络安全。一旦网络管理员熟悉了通信协议，该网络协议分析器就变成了网络管理员手中排除网络故障的利器。例如，如果一个 Web 浏览器无法连接到 Web 服务器，原因可能有很多种。利用 Wireshark 软件进行监控可显示未成功的 ARP 请求、未成功的 DNS 查询和未获确认的数据包等信息。

6.4.1 实验目的

掌握利用 Wireshark 软件进行网络协议检测和分析的基本方法，进一步熟悉常见的网络协议，掌握它们的原理和工作过程。

6.4.2 实验环境

在局域网或能接入 Internet 的环境中，只要计算机 1 台，计算机中已经安装好 Wireshark 软件即可。本实验是在通过局域网接入 Internet 的校园网环境中进行，安装 Wireshark 软件的计算机（以下将该计算机简称为计算机 A）通过交换机接入校园网中，通过 DHCP 动态获取 IP 地址，校园网通过光纤专线接入 Internet。校园网中有 DNS 服务器、Web 服务器、Email 服务器以及各类相关的信息服务。企业网或家庭通过 ADSL 接入 Internet 也都可以按类似的方法进行检测和分析。

6.4.3 实验内容与操作要点

1．利用 Wireshark 进行数据包捕获

首先，在计算机 A 中启动 IE 浏览器，该浏览器默认打开的首页是空白页面，输入“http//:www.baidu.com”打开页面后，再输入“http://www.google.com”打开谷歌的主页。这些 URL 都指向比较简单的网页。

接着，在计算机 A 中启动软件，较简单的方法是单击 Wireshark 主界面中主工具栏中的第一个工具按钮 “List the available……”，打开如图 6-16 所示的 Capture Interfaces 窗口，该窗口中会列出本机所有可能使用的网卡（包括虚拟网卡），从中选择想要抓包的网卡，本实验中选择的是图 6-16 中的第一个网卡，单击该行中的“start”按钮即可开始捕捉流经该网卡的数据包。如果要进行相关选项的设置，请单击该网卡所在行中的“Options”按钮，启动如第 1 章中的图 1-37 所示的“Wireshark：Capture Options”窗口，设置方法请参考 1.4.3 节。

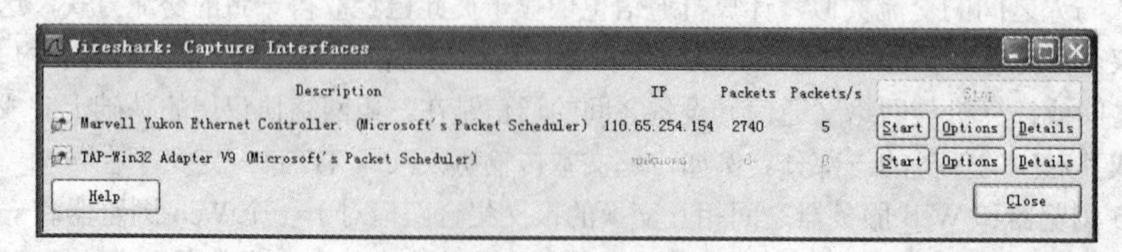

图 6-16　Capture interfaces 窗口

等待一段时间后，选择“Capture”菜单下的“Stop”命令，停止数据捕获，将其结果保存为 baiduWeb.pcap。

2．利用 Wireshark 进行协议分析

在 URL“http:// www.baidu.com”中，“www.baidu.com”是一个具体的 Web 服务器的域名。首先看一下分组 16 和分组 17。分组 16 是一个将域名“www.baidu.com”转换成对应的 IP 地址的请求，分组 17 包含了转换的结果 119.75.217.109。这两个分组使用的应用层协议是 DNS，如图 6-17 所示。

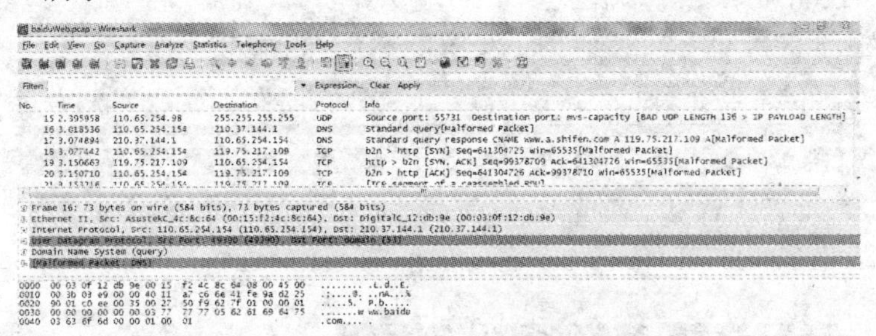

图 6-17　将 DNS 转换为 IP

这个转换是必要的，因为网络层协议即 IP，是通过类似 119.75.217.109 这样的点分十进制的地址来表示网络中的主机的，而不是通过“www.baidu.com”这样的域名。当输入 URL http://www.baidu.com 时，将要求 Web 浏览器从主机“www.baidu.com”上请求数据，但首先 Web 浏览器必须确定这个主机的 IP 地址。

随着转换的完成，Web 浏览器就与 Web 服务器建立了一个 TCP 连接。这个连接的建立过程在分组 18～20 中显示，这三条报文就是 TCP 建立连接的三次握手过程。

最后，Web 浏览器使用已建立好的 TCP 连接来发送请求“GET/HTTP/1.1”，如分组 21 所示。这个分组描述了要求的行为（“GET”）及文件（只写“ / ”是因为没有指定额外的文件名），还有所用到的协议的版本是 HTTP 1.1。

（1）HTTP GET 请求

这个基本请求行后跟随着一系列额外的请求首部。如果在协议框中选择了分组 21 的 HTTP 层，就会看到这些首部。在首部后的“\r\n”表示一个回车和换行，以此将该首部与下一个首部隔开。

“Host”首部在 HTTP 1.1 版本中是必需的，它描述了 URL 中机器的域名，本例中是 www.baidu.com。这就允许了一个 Web 服务器在同一时间支持许多不同的域名。有了这个首部，Web 服务器就可以区别客户试图连接哪一个 Web 服务器，并对每个客户响应不同的内容。这就是 HTTP 1.0 到 1.1 版本的主要变化。

User-Agent 首部描述了提出请求的 Web 浏览器及客户机。

接下来是一系列的 Accept 首部，包括 Accept（接受）、Accept-Language（接受语言）、Accept-Encoding（接受编码）。它们告诉 Web 服务器其客户的 Web 浏览器准备处理的数据类型。Web 服务器可以将数据转变为不同的语言和格式。这些首部表明了客户的能力及偏好。

Keep-Alive 及 Connection 首部描述了有关 TCP 连接的信息，通过此连接发送 HTTP 请求和响应。它表明在发送请求之后，连接是否保持活动状态及保持多久。大多数 HTTP 1.1 连接是持久的（Persistent），意思是在每次请求后不关闭 TCP 连接，而是保持该连接以接受从同一台服务器发来的多个请求。这是另一个不同于 HTTP 1.0 版本的较大改变；当从同一台服务器上获取多个对象时，它能够大大地提高性能。HTTP GET 请求的详细信息如图 6-18 所示。

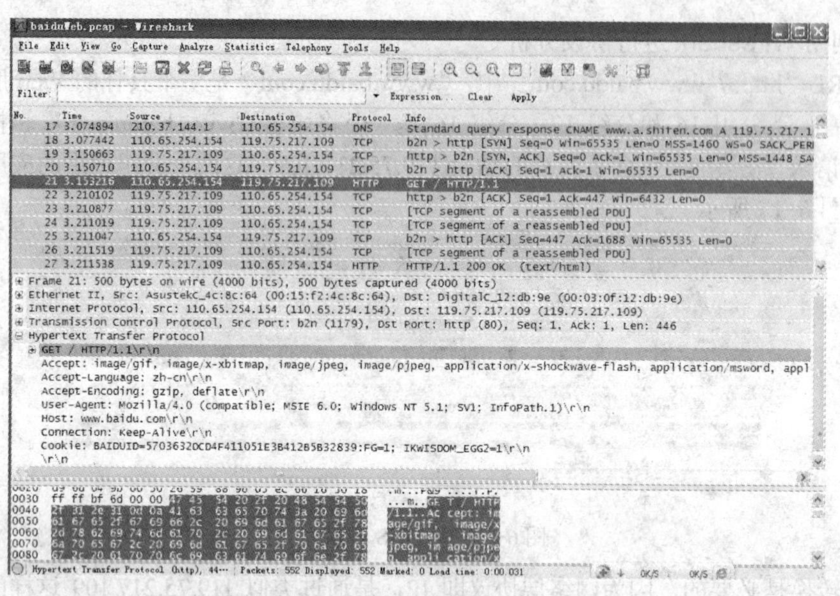

图 6-18　HTTP GET 请求的详细请求

Cookie 是使 HTTP 客户端与服务器模仿有状态协议的方法之一。HTTP 是一种无状态协议，意思是每一个 HTTP 请求都独立于以前任何 HTTP 请求。HTTP 本身不向服务器提供将同一个客户端发出的两个请求关联起来的方式，而且不保存"状态"，也就是有关先前请求的信息。

Cookie 是 Web 服务器让客户端为其存储一些信息的方法。HTTP 没有指定 cookie 的格式或内容，甚至连客户端也无法解释它们存储的内容。

服务器在响应中发送一个 Set-Cookie 首部，客户端可以在本机储存这个值，然后在后来的请求中发送 Cookie 首部到同一台服务器。

服务器能够在 Cookie 中存储它们想要的任何信息。例如，如果客户端发出一个对页面 X 的请求，服务器可在 Cookie 中记录这个事实。如果客户端又对页面 Y 发出请求，服务器将发送一个新的 Cookie，它记录着客户先访问页面 X 然后访问页面 Y 的事实。同样的，任何由客户输入的信息（比如填写一个表单）都将会被记录下来。

服务器想存储每一个客户的所有信息是很困难的，因为数据量非常大。所以服务器经常会让客户存储一个 Cookie，它只包含一个密钥，使客户端可以从自己的数据库中获取正确的状态。

存储一个 Cookie 有点像允许 Web 服务器使用你机器上的空间来存储它想要存储的信息。或许你不喜欢 Web 服务器这样使用你的机器，也不喜欢长此以往，服务器会收集到你使用 Web 浏览器的习惯信息。一些公司通过使用 Cookie 来跟踪你的浏览习惯，从而达到赚钱的目的。因此，大多数 Web 浏览器允许控制 Cookie 是否保存和返回，包括禁用 Cookie。如果禁用 Cookie，很多知名的 Web 站点就不会像你预期的那样正常反应了。

（2）HTTP 响应

前面已经查看了由 Web 浏览器发送的请求，现在，将在分组 27 中观察 Web 服务器的回答。

响应首先发送"HTTP/1.1 200 OK"，指明由它开始使用 HTTP 1.1 版本来发送网页。同样，在响应分组中，它后面也跟随着一些首部。最后，被请求的实际数据被发送。HTTP OK 响应的详细信息如图 6-19 所示。

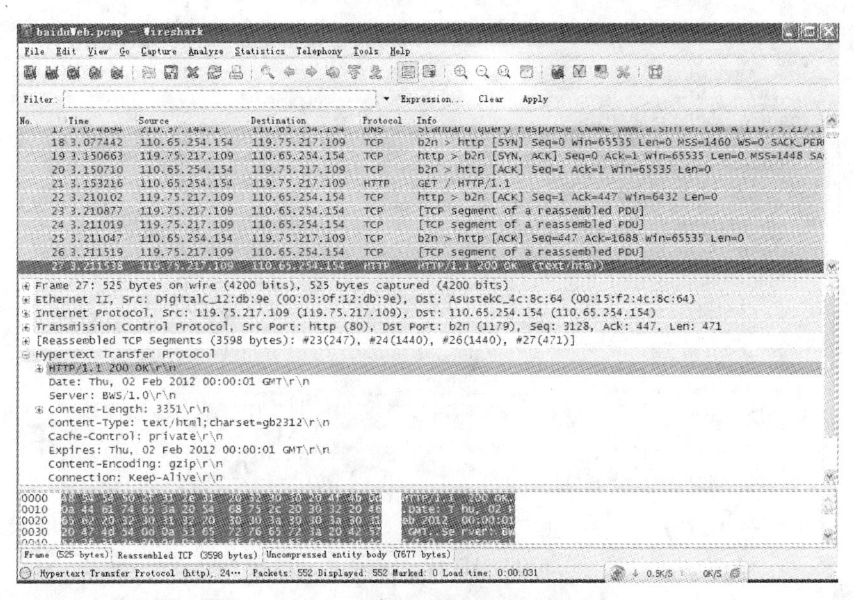

图 6-19　HTTP OK 响应的详细信息

第一个是统计信息（Expert Info）：HTTP 的版本、数据发送的日期和时间等。

接着是发送内容的长度（Content-Length）、类型（Content-Type）及字符集（Charset）。此例中 Web 服务器选择发送内容的类型是 text/html，字符集是 gb2312。

Cache-Control 首部，用于描述是否将数据的副本存储或高速缓存起来，以便将来引用。一般个人的 Web 浏览器会高速缓存一些本机最近访问过的网页，随后对同一页面再次进行访问时，如果该页面仍存储于高速缓存中，则不再向服务器请求数据。类似地，在同一个网络中的计算机可以共享一些存储在高速缓存中的页面，防止多个用户通过到其他网络的低速网络连接从网上获取相同的数据。这样的高速缓存被称为代理高速缓存（Proxy Cache）。

在分组 27 中 Cache-Control 首部的值是“private”。这表明服务器已经对这个用户产生了一个个性化的响应，而且可以被存储在本地的高速缓存中，但不是共享的高速缓存代理中。有些首部允许客户端检查高速缓存中的备份是否与服务器上当前的数据相匹配。这是 HTTP 客户端和服务器可以使用前一次的请求数据的另一种办法，尽管协议是无状态的。

浏览器允许用户限制本地浏览器的高速缓存大小，最常用的网页被保存在高速缓存中，而且如果高速缓存满了，一些长时间没有访问的网页将被移出高速缓存。

客户端也要发送一个 Cache-Control 首部，它将被客户端和服务器共用。客户端使用这个首部来指定它们将接受什么类型的缓存数据。如果 Cache-Control 首部描述客户端希望接收时间间隔不大于 0s 的缓存副本（Cache-Control：private，max-age=0），换句话说，它们不愿意接受来自中间代理服务器高速缓存的数据。在分组 196 中可以看到 Cache-Control 中有这种情况，详细的情况可在如图 6-20 所示的 HTTP 数据流跟踪图中观察。

服务器使用 Cache-Control 首部来指定什么样的数据可以高速缓存。例如，关键字“public”描述了该数据可以被保存在本地主机和共享高速缓存中；关键字“private”说明响应是针对特定的用户，因此不应该在代理服务器的高速缓存中共享；关键字“no-cache”说明数据不应高速缓存。即使 Web 浏览器或代理服务器可以高速缓存它处理过的任何东西的副本，它们也必须遵从服务器的高速缓存指示。

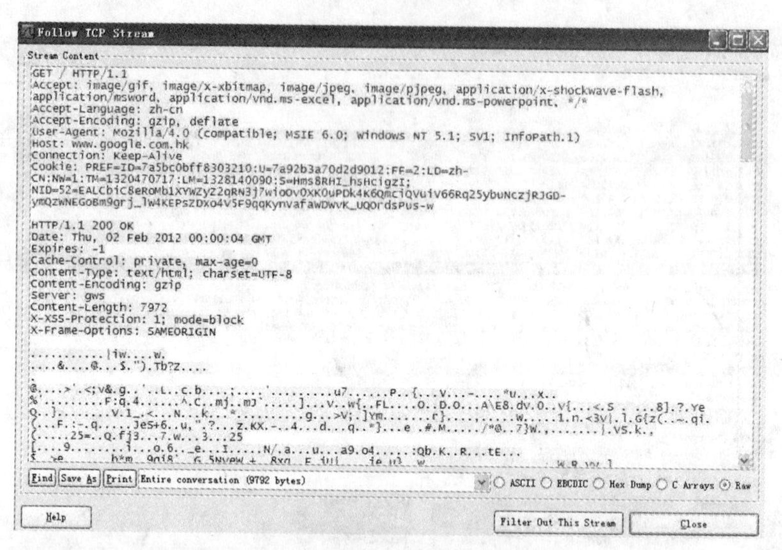

图 6-20　HTTP 数据流跟踪图

在 HTTP 请求中，Web 服务器列出其可接受的内容编码，本例中的内容编码为 gzip。这表明数据部分是压缩了的 HTML。

可以查看 Wireshark 中的数据，但由于它是被压缩过的，所以不会显示出含义。Web 浏览器收到这些数据后，会对其解压缩，显示 HTML 页面。在浏览器中，从“View”菜单中选择“Source”或“Page Source”就可以查看未压缩的 HTML 源代码。

（3）对每个 URL 的多重 GET 请求

虽然只在浏览器中输入了一个 URL，但在分组 74 中却出现了第二个到“www.baidu.com”的连接请求。为什么会有第二个连接请求？

在第一个到“www.baidu.com”的连接请求中已经获取了它的主页。第二个请求是“GET /static/superpage/js/root/superpage_min_c24a2686.js HTTP/1.1”，它请求获取的是 javascript 文件，这个文件并不与 HTML 的源文件存储于同一个文件内。

第二个请求并不是用户发出的，而是由 Web 浏览器本身发出的。在浏览器接收到 Web 服务器的响应和没有压缩的 HTML 时，它必须解释 HTML 文件来知道如何向用户显示这个页面。接着的第三、第四个 GET 请求（分组 75、76）也是由 Web 浏览器本身发出的，同样是请求获取 javascript 文件。

分组 109 中的 GET 请求是“GET/static/superpage/img/blank.gif HTTP/1.1”，它请求获得百度主页上显示的图标。同样的，这个图标并不与 HTML 的源文件存储于同一个文件内，而是被 HTML 源文件的图像标签所引用。

在浏览器中打开“www.baidu.com”主页后，单击“查看”菜单中的“查看源文件”选项，可以在该文件中看到以上相关的标签。

```
<script src="http://su.bdimg.com/static/superpage/js/root/superpage_min_c24a2686.js"> </script>
<img src=http://su.bdimg.com/static/superpage/img/blank.gif ……>
```

（4）HTTP 数据流跟踪

Wireshark 提供一种简单的方法来观察 Web 浏览器和 Web 服务器整个会话过程。从一连串的分组中选择一个，例如分组 196，从“Analyze”菜单中选择“Follow TCP stream”选项，整个 TCP 数据流便显示在一个独立窗口中。所有由 Web 浏览器发送的数据显示为一种颜色，而所有由 Web 服务器发送的数据显示为另一种颜色。HTTP 数据流跟踪图如图 6-20 所示。关闭此窗口，回到主列表框，如图 6-21 所示。74.125.71.94 是“www.google.com.hk”的 IP 地址，80 是它的 HTTP 端口号。端口号标识了一个应用程序的返回端点。本例中 Web 服务器所使用是端口 80，110.65.254.154 是本地机 IP 地址，Web 浏览器所使用的应用程序端口为 1181。

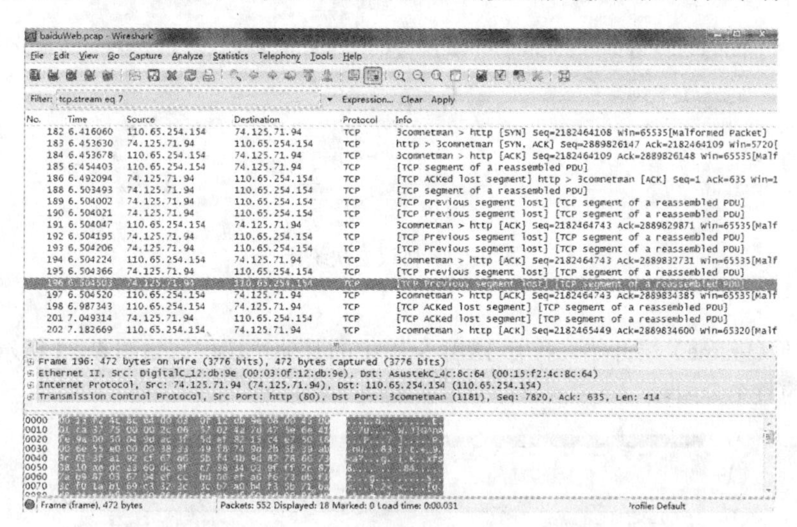

图 6-21　关闭数据流跟踪后的主列表窗口

过滤器可用来支持我们所要用的“Follow TCP Stream”选项。即使关闭了 TCP 流窗口，过滤器（tcp.stream eq 7）仍然是活动的，详见图 6-21。如果观察列表框，会看到只有与这个过滤器匹配的分组才被显示出来。例如，分组 1 到 181 被忽略了。可以选择过滤工具栏中的“Clear”按钮来恢复列表框的全部跟踪。

（5）多重 TCP 流

打开文件 HttpWebBws.pcap，找到分组 65、66 和 67。这些分组在 Web 浏览器和“www.baidu.com”服务器之间打开了三个 TCP 连接。这三个连接都是由同一个 IP 地址（119.75.215.103）指定的，甚至使用 Web 服务器上同样的端口 80，但本地机的端口是不一样的（49242、49243、49241）。这样做其实纯粹是出于性能考虑，并行地使用多个 TCP 连接总是更快些。

（6）协议层次统计

打开文件 baiduWeb.pcap，这个跟踪记录中包含了几种重要协议的实例。可以通过“Statistics”菜单中的“Protocol Hierarchy”菜单项来进行统计，其结果如图 6-22 所示。它按照协议在协议栈中出现的顺序把在分组中使用过的所有协议罗列出来。在 Packets 栏和 Bytes 栏中则列出了出现指定协议的分组的信息。End Packets 栏和 End Bytes 栏中反映得只是这样的分组，其中指定协议是最后一个协议（即嵌套最深的）。

从图中可以看到，捕获的帧 100%来源于链路层的以太网帧并且大部分使用了网络层的 IP 协议。这并不奇怪，因为是在一个以太网接口上进行分组捕获，而 IP 协议是因特网中标准的网络层协议。在传输层，分组分为 TCP 和 UDP 两种。所有的 UDP 分组都包含了应用层协议 HTTP，而 TCP 分组则可以进一步分出包含实际数据的分组。

Protocol	% Packets	Packets	% Bytes	Bytes	Mbit/s	End Packets	End Bytes	End Mbit/s
Frame	100.00 %	2241	100.00 %	870453	0.015	0	0	0.000
Ethernet	100.00 %	2241	100.00 %	870453	0.015	0	0	0.000
Address Resolution Protocol	12.32 %	276	1.88 %	16380	0.000	276	16380	0.000
Internet Protocol	[illegible]	1950	[illegible]	852309	0.015	0	0	0.000
User Datagram Protocol	[illegible]	1260	[illegible]	405537	0.007	1	354	0.000
NetBIOS Name Service	4.55 %	102	1.08 %	9384	0.000	102	9384	0.000
Data	[illegible]	690	[illegible]	247704	0.004	690	247704	0.004
Hypertext Transfer Protocol	15.22 %	341	14.18 %	123470	0.002	341	123470	0.002
Domain Name Service	1.96 %	44	0.52 %	4547	0.000	42	4195	0.000
Malformed Packet	0.09 %	2	0.04 %	352	0.000	2	352	0.000
NetBIOS Datagram Service	3.17 %	71	1.87 %	16268	0.000	0	0	0.000
SMB (Server Message Block Protocol)	3.17 %	71	1.87 %	16268	0.000	0	0	0.000
SMB MailSlot Protocol	3.17 %	71	1.87 %	16268	0.000	0	0	0.000
Microsoft Windows Browser Protocol	3.17 %	71	1.87 %	16268	0.000	71	16268	0.000
MS Proxy Protocol	0.04 %	1	0.04 %	354	0.000	1	354	0.000
eDonkey Protocol	0.09 %	2	0.08 %	708	0.000	2	708	0.000
Bootstrap Protocol	0.31 %	7	0.28 %	2394	0.000	7	2394	0.000
Bidirectional Forwarding Detection Control Message	0.04 %	1	0.04 %	354	0.000	1	354	0.000
Transmission Control Protocol	[illegible]	678	[illegible]	446178	0.008	585	386262	0.007
Hypertext Transfer Protocol	4.15 %	93	6.88 %	59916	0.001	53	30440	0.001
Line-based text data	0.85 %	19	1.37 %	11936	0.000	19	11936	0.000
Compuserve GIF	0.27 %	6	0.56 %	4860	0.000	6	4860	0.000

图 6-22　协议层次统计

（7）帧层

首先从帧（Frame）层开始，打开 18 号分组中的其他协议层，如图 6-23 所示。这代表出现在线路上的整个分组。

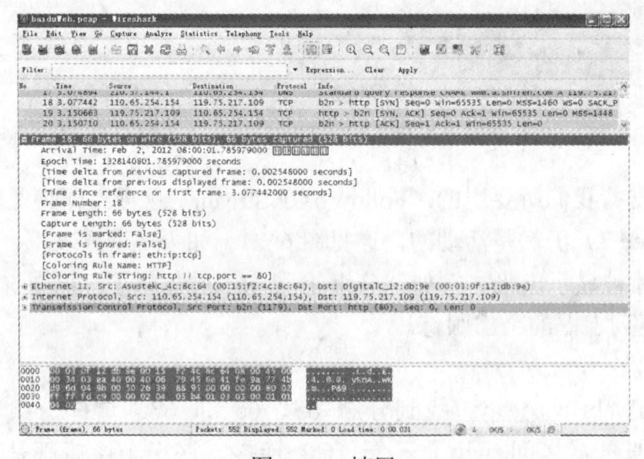

图 6-23　帧层

注意，当在协议框中选中 Frame 层的时候，整个分组将在原始框中突出显示。突出显示区域中，每一对数字表示一个字节。例如，前三个字节是“00 03 0f”。如果统计它们，总共有 66 对突出显示的数字。在 Frame 层，记录真实的捕获时间、第一个分组与前一个分组的相对时间增量、帧序号、分组长度以及捕获长度。

（8）以太网层

在协议框中选中 47 号分组的以太网（Ethernet II）层。常用的以太网 MAC 帧格式有两种标准，一种是 DIX Ethernet V2 标准（即以太网 V2 标准），另一种是 IEEE 的 802.3 标准，此处使用的是前一种标准，也是目前最常用的标准。以太网帧的首部与其他许多协议首部一样，指定了一系列位字段，而不是文本字段，如图 6-24 所示。因此在 Packet bytes（包字节）面板中的 ASCⅡ部分意义不大。然而，如果将协议框中的内容与突出显示的数据进行比较，可以注意到前 6 对数（00 23 0f 12 db 9e）与目的地址相匹配，而接下来的 6 对数（00 15 f2 4c 8c 64）与源地址相匹配。

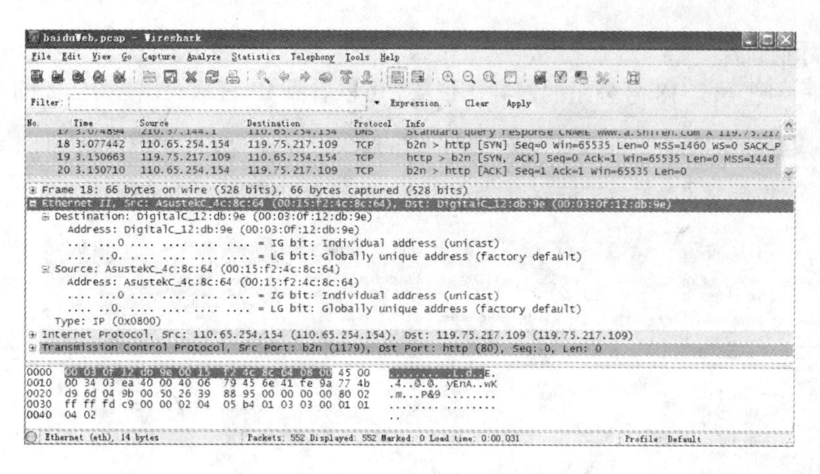

图 6-24　以太网帧首部

最后，类型（08 00）表示以太网帧中的数据应该传递给目的主机上的 IP 层实体（即操作系统中的 IP 层）。正是这个类型字段使以太网可以服务于多种网络层协议（如果需要）。当类型是 0x0800 时，它将传送给 IP 层，而当类型是其他值的时候，它将传送给其他不同的协议层。

以太网帧首部占用了 14 个字节，各有 6 个字节分别表示目的地址和源地址，另外 2 个字节则表示类型。读者能看到所有的字节是因为它在 Packet Bytes 面板中进行了记录，有 14 对突出显示的字节。分组中的其余字节（包括 IP 和 TCP 的首部）是以太网帧的数据。

在某些情况下，这里除了有一个首部外，还有一个以太网帧的尾部，是帧检验系列（FCS）占用 4 个字节。

注意，同样的捕获数据文件，Wireshark 软件运行在不同的操作系统下，可能会出现是否显示以太网帧的尾部的不同情况。分析时请留意。

可以将以太网帧首部和尾部中的每个元素单独突出显示，可以分别单击 Ethernet II 下面的各个项目。例如，单击“Destination:……”，其值就会在最下面的列表中加亮显示，如图 6-25 所示。

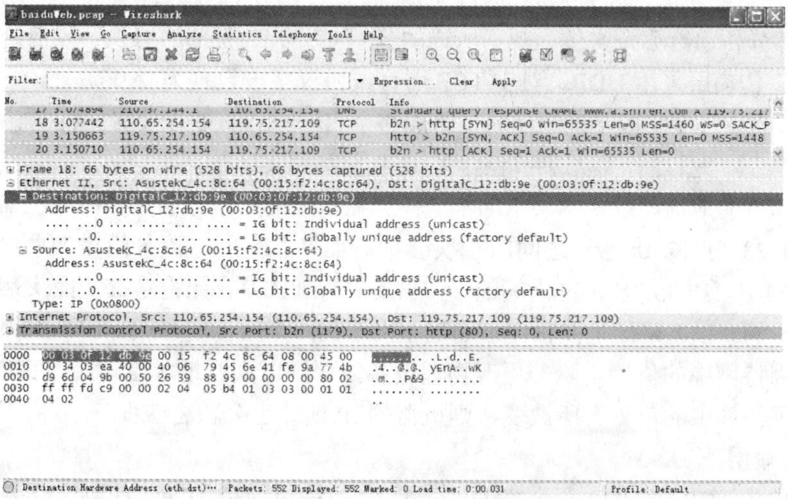

图 6-25　以太网帧的目的地址

(9) 网际协议层

在协议框中选择第 18 号分组的网际协议层，可以看到 IP 首部突出显示，如图 6-26 所示。

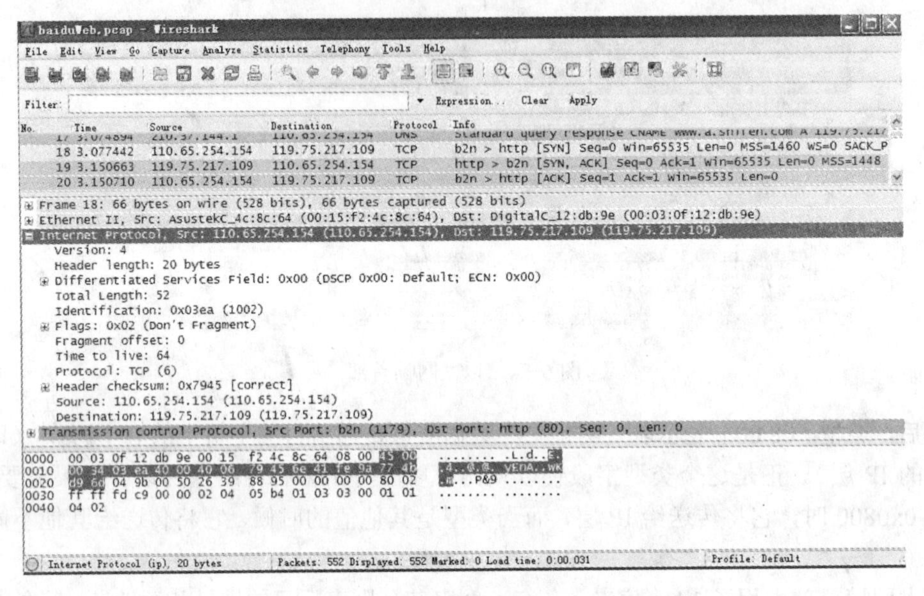

图 6-26 IP 数据包的首部格式

IP 首部有 20 个字节——4 个 bit 的版本号，4 个 bit 的首部长度，1 个字节的区分服务字段，2 个字节的总长度，2 个字节的标识号，3 个 bit 的标志（Flag），13 个 bit 的分片偏移量，1 个字节的“time to live”字段，1 个字节的协议类型，2 个字节的首部校验和，各为 4 个字节的源地址和目的地址。

由于 IP 首部的长度是可变的，因此提供 4 个 bit 的首部长度字段。然而，对本次跟踪的所有分组而言，IP 首部采取固定首部，其长度为 20 个字节。

1 个字节的协议类型，它与以太网帧首部中的类型字段功能是一样的。它允许多种传输层的协议与 IP 一起使用，因为它会告诉目的主机上的 IP 层，在处理了 IP 首部以后，将这个分组的剩余部分传递给哪个实体。观察所选的分组 47 的 IP 首部的协议字段值是 17，即十六进制的 0x11，传输层采用 UDP。对于 TCP 而言，协议字段设置为 0x06。

2 个字节的总长度字段精确地反映了组成整个 IP 分组的 55 个字节，20 个字节是首部，35 个字节是数据。这 35 个数据字节包含了 TCP 首部和实际数据。

源地址和目的地址与以太网层中的不一样。在以太网层该分组是在两台机器 00 15 f2 2c 8c 64 和 00 23 0f 12 db 9e 之间的一次会话。而在 IP 层，该分组是在两个因特网主机 110.65.254.154 和 119.75.217.109 之间的一次会话。有趣的是，无论是 IP 地址还是以太网地址都是全球唯一的。以太网地址是由制造商赋予网卡的一个唯一的号码。IP 地址则反映了这台机器在全球因特网中的位置。除非更改物理设备，否则以太网地址是不会改变的。然而，如果计算机在因特网中的位置有所改变，则机器的 IP 地址也会随之改变。

(10) 传输层

传输层包括 TCP 和 UDP 两个协议。分组 18 中采用的是 TCP。在协议框中选择第 18 号分组的传输控制协议，可以看到 TCP 首部突出显示，如图 6-27 所示。

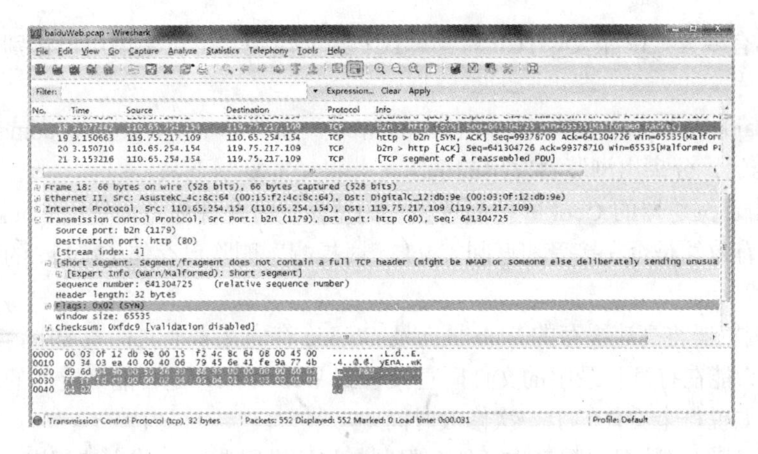

图 6-27　TCP 数据包的首部格式

TCP 固定首部长度是 20 个字节（如同 IP 首部一样），包括各有 2 个字节的源地址和目的地址的端口号，4 个字节的序号，4 个字节的确认号，4 个 bit 的数据偏移，各 6 个 bit 的保留和 URG 等特殊值，2 个字节的窗口大小，还有 2 个字节的校验和 2 个字节的紧急指针。还有长度可变的选项，最长可达 40 个字节。当没有使用选项时，TCP 的首部长度是 20 个字节。正是 TCP 首部大小的变化，使得这些没有数据的分组的大小完全不同。例如，在 18 号分组中 TCP 首部是 32 个字节，而在 20、21 号分组中 TCP 首部只有 20 个字节。

TCP 首部并不像以太网和 IP 首部一样含有唯一的源地址和目的地址。然而，它却含有源端口号和目的端口号。源端口号指的是源主机上的一个应用进程，它在源主机上是唯一的，但在网络中却不是唯一的。类似地，目的端口号指的是目的主机上的一个应用进程。可以把 IP 地址看成一栋大公寓楼的门牌号，将端口号想象为每一个公寓房间的房间号。每一个公寓房间里的人都住在育才路 1 号大道上，但要找到指定的人就需要指定他们的公寓房间号。类似地，在一台 IP 地址为 119.75.217.109 的机器上可能运行着许多的应用程序，但是要想找到正确的应用程序就需要正确的端口号。

观察一个 UDP 分组，以 16 号分组为例。以太网帧的首部和 IP 首部都是类似的。UDP 的首部非常简单，只有 8 个字节，包括分别各用 2 个字节显示源端口和目的端口，2 个字节表示长度，还有 2 个字节表示校验和。

TCP 首部更大，因此它有更大的首部开销。它使用了额外的空间来记录一些信息，这些信息通过检测数据丢失和重传丢失的数据来支持可靠的数据传输。UDP 有更低的分组首部开销，但是使用 UDP 的应用程序必须准备好处理数据的丢失。这就说明了为什么能在少于 1/10s 的时间内发送 10 个同样的 UDP 分组。

6.4.4　实验思考题

1）首次启动浏览器时发生了什么？跟踪并回答。

2）在我们的跟踪记录中，Web 服务器回答了“200 OK”来响应所有的请求。如果我们试图请求一个不存在的页面，例如 http://www.baidu.com/itlab，它将会应答什么？

3）IP 分组最大可能是多少？如何确定？

4）根据 baiduWeb.pcap 文件，分析 26 号分组。以太网帧首部是多大？整个以太网帧又有多大？IP 首部有多大？IP 报文、TCP 首部、TCP 报文段呢？可以考虑用已识别的这些片段画一幅分组的图片。

5）根据 baiduWeb.pcap 文件，跟踪自己的 Web 浏览器和 www. google. com Web 服务器之间的 TCP 数据流，分离出浏览器发出的请求，并将文本复制下来。

6）研究自己浏览器的 Cookie 控制选项，浏览器是否允许你完全禁用 Cookie，还是只针对某些站点才有效？是否在接受和返回 Cookie 时提醒？删除已存储 Cookie 的时候是否有提示？如何提示？

7）Web 浏览器将高速缓存的 Web 页面及 Cookie 存储在本地文件系统中，确定它们所存放的目录，是否能在打开目录中的文件时直接看到 Web 对象？是否能确定你的浏览器存储信息的位置，比如说每个文件的上一次修改时间？

8）你对高速缓存数据的数量作了什么限制？将这个限制大小与高速缓存 Web 页面的目录文件大小进行比较。

9）Cookie 和高速缓存数据通常被储存在本地文件系统中，授权信息（例如用户名和密码）只为当前会话所保存。想想这是为什么？

10）在一台计算机上启用网络监听时，对该计算机的运行性能是否有影响？为什么？

6.5 网络故障诊断和处理综合实验

计算机网络是一个复杂的综合系统，网络的“故障”往往是用户在某种应用不能正常实现时感知到的。在有些业务场合，需要迅速地找到故障并加以排除。除了设备在正常运行中出现故障的情况外；还有另外一种情形，当我们在实施某种应用，已经完成了配置，但却得不到预期的效果。对于从发现问题到解决问题过程中使用的技术，我们称为排错。显然，排除故障能力要求建立在掌握一定的网络基础以及设备配置技术上。

在目前的网络应用中，故障产生的原因是多样、复杂的。例如，网络传输速度不稳定，或者经常出现网络中断等现象，那么，网络就可能存在故障隐患。引起网络故障的原因很多，有硬件方面的原因，例如交换机端口故障使坏的数据包增加，传输介质故障等；也有软件的原因，有操作系统引起的，有应用程序引起的，也有软件引起的。例如，软件设置的错误引发各种各样问题，路由器不当引起某条链路负载量过大以至瘫痪等；或者是由协议标准自身的缺陷引起的。网络故障的原因涉及网络设备故障、应用服务故障、客户端 PC 操作系统故障以及物理线缆故障等多方面的因素。

6.5.1 实验目的

综合运用计算机网络的知识和实验技能，学习计算机网络故障诊断技术和处理方法，掌握网络故障诊断和处理的方法。

6.5.2 实验环境

在能够模拟中小型企业网或是校园网的环境中，搭建一个由交换机、路由器、各种服务器和 PC 等组成的局域网，并人为设置多种网络故障（连通性故障、交换机和路由器配置故障或 PC 的 TCP/IP 属性设置故障等）。

6.5.3 网络故障诊断和处理简介

网络故障诊断和处理包括分析故障的情况、定位和独立故障、解决和修复故障、在所有的子系统中测试修复结果、记录故障的情况和解决方法。

1．网络故障分类

按照故障的性质，常见的网络故障可分物理故障与逻辑故障两种。

物理故障一般是指线路或设备出现物理类问题或者说硬件类问题，又称为硬件故障。硬件设备或线路损坏、线路接触不良等情况都会引起物理故障。物理故障包括线路故障（该类故障的发生率是相当高的，约占发生故障的70%）、端口故障、交换机或路由器等网络设备故障及主机物理故障。通常表现为网络不通，或时通时断。一般可以通过观察硬件设备的指示灯或借助测线设备来排除故障。

逻辑故障中的最常见情况是配置错误，也就是指因为网络设备或入网终端设备的配置错误而导致的网络异常或故障。通常包括交换机或路由器等网络设备的逻辑故障、一些重要进程或端口关闭及主机逻辑故障。路由器逻辑故障通常包括路由器端口参数设定有误、路由器路由配置错误、路由器 CPU 利用率过高和路由器内存余量太小等。一些有关网络连接数据参数的重要进程或端口受系统或病毒影响而导致意外关闭。例如，路由器或交换机的 SNMP 进程意外关闭，这时网络管理系统将不能从这些网络设备中采集到任何数据，因此网络管理系统失去了对该网络设备的控制。主机逻辑故障所造成网络故障率是较高的，通常包括网卡的驱动程序安装不当、网卡设备有冲突、主机的网络地址参数设置不当、主机网络协议或服务安装不当和主机安全性故障等。

2．网络故障诊断与处理方法

网络故障诊断与处理主要实现三个方面的目标，确定网络故障原因和位置；处理故障，恢复网络的正常运行；总结故障原因，改进网络规划和配置以提高网络的性能。

由于网络协议和网络设备的复杂性，使得许多网络故障的解决绝非像计算机故障解决方法那样简单。网络故障的定位和处理，既需要有知识和经验的长期积累，还应学习有经验人员的检测与排除方法。只有这样才能快速准确地找到故障并排除。常用的方法包括三大类：分段法、分层法和替换法。

（1）分段法

分段法是指将网络分段，逐段排查故障。基本上将网络按照以下方面进行分段：主机、主机到交换机、交换机本身、交换机到交换机、交换机到路由器、路由器本身、路由器到路由器。

在确认用户网络故障点时，分段法是工程师优先采用的方法，也是高效的方法，通常使用 ping 命令来判定如下几个关键信息。

- 主机到自身所在网段的网关三层设备 LAN 接口的这一段是否可 ping 通？
- 主机到出口路由器 LAN 接口的这一段是否可 ping 通？
- 主机到出口路由器 WAN 接口的这一段是否可 ping 通？
- 主机到 ISP 运营商接口的这一段是否可 ping 通？
- 主机自身所在网段的网关三层设备到路由器 LAN 接口的这一段是否可 ping 通？
- 主机自身所在网段的网关三层设备到路由器 WAN 接口的这一段是否可 ping 通？

● 出口路由器到ISP运营商接口的这一段是否可ping通？

注意：目前网络应用中，从安全因素考虑，许多网络设备启用了禁止ping功能，此时会误导对故障的分析，这种情况需要留意。这里的分析中，暂不考虑到禁止ping这种特殊情况。

（2）分层法

分层法是指按照网络协议层由下至上诊断故障。分层法的思想很简单，当OSI模型的所有低层结构工作正常时，它的高层结构才能正常工作。在确信所有低层结构都正常运行之前，解决高层结构问题完全是浪费时间。下面是各层次的关注点。

按照网络协议由下至上网络故障诊断方法如表6-1所示。

表6-1 由下至上网络故障诊断方法表

协议层次	网络故障关注点及诊断方法
物理层	线缆、连接头和网络接口，这些都是可能导致接口处于DOWN状态的因素 检查接线、指示灯，通常使用show interfaces命令初步判断物理层的状态
数据链路层	数据链路层负责在网络层与物理层之间进行信息传输。封装不一致是导致数据链路层故障的最常见原因，网络设备的接口配置问题、端口状态、网卡驱动等 可以使用show interfaces命令初步判断数据链路层是否存在故障，此外，在封装PPPoE的以太网接口上，接口MTU值配置错误也会导致网络层或应用层的异常
网络层	IP地址/掩码错误是引起网络层故障最常见的原因；网络中的地址重复是网络故障的另一个可能原因；在目前ARP病毒高发区域，ARP信息学习错误也是造成网络异常的重要原因。另外，路由协议是网络层的一部分，在较复杂的网络中是排错重点关注的内容 可使用show ip interface命令初步判断路由口的状态；show interface vlan命令初步判断SVI的状态；show ip route命令初步判断路由表的状态
更高层	端到端的问题：设备性能或通信拥塞，应用层协议的不完善，主机的防火墙、应用程序，使用的TCP/UDP 端口是否受到屏蔽等

（3）替换法

替换法是检查硬件问题最常用的方法。例如：当怀疑是网线问题时，更换一根确定是好的网线试一试；当怀疑是用户PC问题时，更换一台确定是好的PC试一试；当怀疑是接口模块有问题时，更换一个其他接口的模块试一试。

在实际故障排查中，可根据实际情况灵活使用各种排查方法，使用各种排查方法将故障可能的原因所构成的一个大集合缩减（或隔离）成几个小的子集，从而使问题的复杂度迅速下降。在实际网络故障诊断时，可以先用分段法结合分层法找出故障点和大概位置，然后再用替换法确定之。

3．常见网络故障诊断与处理步骤

在开始动手进行网络故障诊断之前，最好将故障现象认真仔细地记录下来。记录不仅有助于阶段性地记录问题、跟踪问题并最终解决问题，而且也为其他网管员以后解决类似的问题提供完整的技术文档和帮助文件。

1）识别故障现象。分析网络故障时，首先要清楚故障现象。应该详细说明故障的症状和潜在的原因。为此，要确定故障的具体现象，然后确定造成这种故障现象的原因类型。例如，服务器不响应客户请求服务，可能的故障原因是服务器配置问题、接口卡故障或路由器表配置丢失等。

2）对故障现象进行描述。收集需要的信息有助于隔离可能的故障，能够向用户、网络管理员、管理者提供一些和故障有关的信息。广泛地从网络管理系统、协议分析跟踪、路由器诊断命令的输出报告或软件说明书收集有用的信息，尽力对故障现象进行准确描述。

3）制定诊断计划，列举可能导致错误的原因。根据收集到的情况考虑可能的故障原因。可以根据有关情况排除某些故障原因。例如，根据某些资料可以排除硬件故障，把注意力放在软件原因上。对于任何管理者应该设法减少可能的故障原因，以便尽快地策划有效的故障诊断计划。

4）根据最后可能的故障原因，建立一个诊断计划。开始仅用一个最可能的故障原因进行诊断活动，这样可以容易恢复到故障的原始状态。如果一次同时考虑一个以上的故障原因，试图返回故障原始状态就困难得多了。

5）排除故障。执行诊断计划，认真做好每一步测试和观察，直到形成一个故障症状有一个详细记录和总结，为以后故障定位和排除打好基础。

此外，有效测试的监视工具是预防、排除故障的有力助手。"工欲善其事，必先利其器"，掌握常用的工具是非常重要的，Windows 系统下常用的网络故障检测命令的用法详见 1.1 节。网络协议检测和分析软件 Wireshark 的使用详见 1.4 节及本章的第 4 节。还要懂得常用网络管理软件的使用及网络线缆测试仪等相关网络测试设备的使用。

6.5.4 实验内容与操作要点

1. 网络连通性故障的诊断

网络连通性是故障发生后首先应当考虑的原因。连通性的问题通常涉及网卡、交换机、路由器等通信设备和通信介质。其中，任何一个设备的损坏，都会导致网络连接的中断。通常可采用软件和硬件工具进行测试验证。

网络连通性故障通常表现为以下几种情况。计算机客户端无法登录到服务器；无法通过局域网接入 Internet；在"网上邻居"中只能看到自己，而看不到其他计算机，从而无法使用网络上的共享资源和共享打印机；网络中的部分计算机运行速度异常缓慢。

导致连通性故障原因：网卡未安装，或未安装正确，或与其他设备冲突；网络协议设置不正确；网线、跳线或信息插座等线路故障；交换机、路由器配置故障；交换机、路由器配置故障等。

诊断和处理的方法如下。

（1）确认连通性故障

当出现一种网络应用故障时（如无法接入 Internet），首先尝试使用其他网络应用，如查找网络中的其他计算机，或使用局域网中的 Web 浏览等。如果其他网络应用可正常使用，虽然无法接入 Internet，却能够在"网上邻居"中找到其他计算机；或使用 ping 命令测试网络连通性，即可排除连通性故障原因。如果其他网络应用均无法实现，继续检测。

（2）查看 LED 信息诊断网卡故障

首先查看网卡和对应接入交换机端口的指示灯是否正常。一般情况下，对于交换机的指示灯，凡是连接正在运行的计算机网线的接口，指示灯都亮。

网卡的指示灯一般有两个，其中绿色的是电源灯，这个灯亮着说明你的网卡已经通电了，没亮就说明没给网卡加载电源。先检查网卡是否松动或主机的网卡插槽是否有故障，再进一步检测是否网卡故障，可以更换一块网卡进行测试。另外一个灯亮的时候是黄色的，这个是信号灯，正常工作时这个黄色的灯是在不停地闪烁的，就是说如果网卡是好的的话，正常使用时，绿灯是常亮，而黄灯是不停地闪烁。绿灯亮、黄灯不亮，说明网卡已经供电，但是信号进来不了，也就是线路上有问题。

（3）用 ping 命令排除网卡故障

使用 ping 命令测试本地主机的 IP 地址，检查网卡和网络协议是否安装完好。如果测试正常，说明该主机的网卡和网络协议设置都正常，问题出现在网络的连接上，因此应当检查网线、交换机及交换机接口状态；如果使用 ping 命令测试没有通过，只能说明主机网络配置上有问题。这时可以查看网卡驱动是否已经安装成功和正确地添加和配置网络协议（一般指 TCP/IP）。

（4）交换机和网线故障诊断

如果确定网卡和协议都正确的情况下，网络还是不通，可初步断定是交换机或网线的问题。首先，检查网线的两端是否已经正确插入到网卡和交换机的接口，再查看交换机的电源指示灯、各端口的信号灯是否正常，如果连接正在运行中计算机的那个接口灯不亮说明该交换机的接口有故障，可以更换另一个接口测试一下。也可以换一台正常的交换机进行调试。

如果交换机没问题，使用专业测试仪检测计算机到交换机的那一段线路是否连通。

通过上面的故障诊断，就可以判断故障是否出现在网卡、双绞线或交换机上。

（5）配置故障诊断

如果网卡、交换机、通信线路都正常的情况下，却无法访问其他 VLAN 或无法接入 Internet，就要进一步检查本机的 TCP/IP 属性设置中的 IP 地址、子网掩码、网关地址以及 DNS 配置等信息，再进一步查看交换机和路由器的配置。

2．网络服务故障的排除方法

首先检测服务器是否存在物理故障，先确保没有物理故障后，再诊断是否存在逻辑故障。所有的网络服务都必须进行严格的配置或授权，否则，就会导致网络服务故障。例如，服务器权限的设置不当，会导致资源无法访问的故障；主目录或默认文件名的指定错误，会导致 Web 网站发布错误；端口映射错误，会导致无法提供某种服务。

故障诊断的常用方法如下。

（1）排除服务器硬件故障、操作系统故障

通过查看操作系统的设备管理和任务管理器，检查服务器硬件和操作系统是否正常。如服务器的 CPU、内存、硬盘有无故障，操作系统是否被病毒感染等。在确定故障后，通过及时地更换服务器的硬件和更新操作系统来处理故障。

（2）排除服务器服务故障

当发生网络服务故障时，通常都会在系统日志有记载，以 Windows 2003 Server 为例，可以通过“管理工具”→“事件查看器”窗口查看。通常情况下，系统故障会记录下来，如果是应用程序或非 Windows 内置的网络服务发生故障，则会记录在相应的文件中。

当服务器发生服务故障时，可以采用以下几个步骤进行处理。

- 检查发生故障服务器的相关配置。特别要留意一些有关网络连接数据参数的重要进程或端口是否受系统或病毒影响而导致意外关闭。如果发现错误，修改后再测试相应的网络服务能否实现。如果相应的网络服务不能启动，可继续进行下列操作。
- 重新启动服务。依次打开“管理工具”→“服务”窗口，右击已经发生故障的服务，选择“启动”或“重新启动”。如果网络服务通过其他控制台管理，也可以在相应的控制台中重新启动。

- 重新启动计算机。当重新启动服务仍然无法正常运行网络服务时，可以选择重新启动计算机，重新加载网络服务。

重新安装服务或应用程序。如果重新启动计算机仍然不能排除故障，做好必要的备份之后，可以卸载并重新安装相应的 Windows 组件或应用程序。

3．其他故障的排除方法

有时候网络的传输速度很慢，主要表现在上传或下载文件时间很长、浏览网页速度很慢。导致这种情况下故障原因有很多，主要的原因有：网络广播风暴、病毒侵袭等原因占用网络设备（交换机、路由器）的资源；Windows 系统本身也存在着许多系统和安全漏洞，容易招致蠕虫病毒或其他各种恶意攻击。

广播在网络中起着非常重要的作用。然而，随着网络计算机数量的增多，广播数据包的数量会急剧增加。当广播包的数量达到 30%时，网络传输效率将会明显下降；网络设备硬件的故障也会引起网速慢；另外，当网卡或网络设备损坏后，会不停地发送广播包，从而导致广播风暴，使网络通信陷于瘫痪。

蠕虫病毒侵袭对网络速度的影响越来越严重。这种病毒导致被感染的用户只要一连上网就不停地往外发邮件，成千上万的这种垃圾邮件排着队发送造成网络明显拥塞。

故障处理方法如下。

使用资源管理器查看服务器的性能，包括 CPU、内存的利用率，看是否过载。要及时升级、安装系统补丁程序；同时卸载不必要的服务，关闭不必要的端口，以提高系统的安全性和可靠性。安装病毒防火墙，以确保能够识别并清除最新的病毒。加强对网络资源和用户的管理，使用协议检测和分析软件如 Wireshark 捕获网络数据包，并进行协议分析、流量分析、问题诊断、实时监控，收集网络的数据。

6.5.5　实验思考题

1）如何判断故障发生在物理层？

2）如何判断故障发生存数据链路层？

3）如何判断故障发生在网络层？

4）当所有的用户无法访问服务器，或者无法访问服务器的某个应用时，应该如何进行故障诊断？

参 考 文 献

[1] 林元乖. 创新型计算机网络实验教学研究[J]. 实验技术与管理，2010，27（12）：174-177.

[2] 林元乖. 计算机网络实验室的建设[J]. 科技信息，2010，03：1-2.

[3] 林元乖. 项目驱动法在计算机网络实验教学中的应用[J]. 实验科学与技术，2011，08：1-5.

[4] 林元乖. 基于 CDIO 的计算机网络教学改革与实践[J]. 电子商务，2011，10：1-3.

[5] 李太君，林元乖，张晋，等. 计算机网络[M]. 北京：清华大学出版社，2009.

[6] 徐明伟，崔勇，徐恪. 计算机网络原理实验教程[M]. 北京：机械工业出版社，2008.

[7] 李环，赵宇明，邹蓉. 计算机网络综合实践教程[M]. 北京：机械工业出版社，2011.

[8] 谢希仁. 计算机网络[M]. 5 版. 北京：电子工业出版社，2008.

[9] Jeanna Matthews. 计算机网络实验教程[M]. 李毅超，曹跃，等译. 北京：人民邮电出版社，2006.

[10] 施晓秋，张纯容，金可仲. 网络工程实践教程[M]. 北京：高等教育出版社，2010.

[11] 李馥娟. 计算机网络实验教程[M]. 北京：清华大学出版社，2007.

精品教材推荐目录

序号	书号	书名	作者	定价	配套资源
1	978-7-111-32787-5	计算机基础教程(第2版)	陈卫卫	35.00	电子教案
2	978-7-111-08968-5	数值计算方法(第2版)	马东升	25.00	电子教案、配套教材
3	978-7-111-31398-4	C语言程序设计实用教程	周虹等	33.00	电子教案、配套教材
4	978-7-111-33365-4	C++程序设计教程——化难为易地学习C++	黄品梅	35.00	电子教案、全新编排结构
5	978-7-111-36806-9	C++程序设计	郑莉	39.80	电子教案、习题答案
6	978-7-111-33414-9	Java程序设计(第2版)	刘慧宁	43.00	电子教案、源程序
7	978-7-111-02241-6	VisualBasic程序设计教程(第2版)	刘瑞新	30.00	电子教案、源程序、实训指导、配套教材
8	978-7-111-38149-5	C#程序设计教程	刘瑞新	32.00	电子教案、配套教材
9	978-7-111-31223-9	ASP.NET 程序设计教程(C#版)(第2版)	崔淼	38.00	电子教案、配套教材
10	978-7-111-08594-2	数据库系统原理及应用教程(第3版)——"十一五"国家级规划教材	苗雪兰 刘瑞新	39.00	电子教案、源程序、实验方案、配套教材
11	978-7-111-19699-0	数据库原理与SQL Server 2005应用教程	程云志	31.00	电子教案、习题答案
12	978-7-111-38691-9	数据库原理及应用(Access 版)(第2版)——北京高等教育精品教材	吴靖	34.00	电子教案、配套教材
13	978-7-111-02264-5	VisualFoxPro程序设计教程(第2版)	刘瑞新	34.00	电子教案、源代码、实训指导、配套教材
14	978-7-111-08257-5	计算机网络应用教程(第3版)——北京高等教育精品教材	王洪	32.00	电子教案
15	978-7-111-30641-2	计算机网络——原理、技术与应用	王相林	39.00	电子教案、教学视频
16	978-7-111-32770-7	计算机网络应用教程	刘瑞新	37.00	电子教案
17	978-7-111-38442-7	网页设计与制作教程(Dreamweaver+Photoshop+Flash版)	刘瑞新	32.00	电子教案
18	978-7-111-12530-3	单片机原理及应用教程(第2版)	赵全利	25.00	电子教案
19	978-7-111-15552-1	单片机原理及接口技术	胡　健	22.00	电子教案
20	978-7-111-10801-9	微型计算机原理及应用技术(第2版)	朱金钧	31.00	电子教案、配套教材
21	978-7-111-20743-6	80x86/Pentium微机原理及接口技术(第2版)——北京高等教育精品教材	余春暄	42.00	配光盘、配套教材
22	978-7-111-09435-7	多媒体技术应用教程(第6版)——"十一五"国家级规划教材	赵子江	35.00	配光盘、电子教案、素材
23	978-7-111-26505-4	多媒体技术基础(第2版)——北京高等教育精品教材	赵子江	36.00	配光盘、电子教案、素材
24	978-7-111-32804-9	计算机组装、维护与维修教程	刘瑞新	36.00	电子教案
25	978-7-111-26532-0	软件开发技术基础(第2版)——"十一五"国家级规划教材	赵英良	34.00	电子教案